鸡病鉴别诊断图谱与安全用药

铂金视频版

主　编　孙卫东　程龙飞

副主编　吕英军　樊彦红　陈　甫　吴志强　郭东春

参　编　万　峰　王　权　王金勇　王秋生　邵煜波
刘大方　刘永旺　刘亚玲　李　鑫　李同峰
何成华　郎应仁　张　青　张　勇　羌　晶
姚太平　崔锦鹏　蒋佑帮　鲁　宁　谭应文

机械工业出版社

本书由南京农业大学动物医学院、南京惠牧生物科技有限公司、安徽顺安农业发展股份有限公司、福建省农业科学院畜牧兽医研究所等单位的专家、教授合作编写而成。本书从多位作者积累的近万张图片中精选出鸡场常见的60种鸡病的典型图片，从养鸡者如何通过临床症状和病理剖检变化认识鸡病，如何综合分析、鉴别诊断鸡病，如何针对鸡病安全用药等方面组织编写，让读者按图索骥，一看就懂，一学就会。全书共分为6章，主要内容包括被皮、运动和神经系统疾病，呼吸系统疾病，消化系统疾病，心血管系统疾病，泌尿生殖系统疾病，免疫抑制和肿瘤性疾病的鉴别诊断与防治。

本书可供基层兽医技术人员和养殖户使用，也可作为农业院校相关专业师生的参考（培训）用书。本书中编者的研究和技术服务工作得到了科技创新2030——“新一代人工智能”重大项目（2021 ZD0113800）和南京农业大学重点教改项目“误诊案例”融入CBL教学模式在《禽病学》线上线下教学中的应用（2021 Z008）的支持。

图书在版编目（CIP）数据

鸡病鉴别诊断图谱与安全用药：铂金视频版/孙卫东，程龙飞主编. —北京：机械工业出版社，2023.7

ISBN 978-7-111-73382-9

Ⅰ.①鸡…　Ⅱ.①孙…②程…　Ⅲ.①鸡病－鉴别诊断－图谱②鸡病－用药法　Ⅳ.①S858.31

中国国家版本馆CIP数据核字（2023）第114161号

机械工业出版社（北京市百万庄大街22号　邮政编码100037）
策划编辑：周晓伟　高　伟　　责任编辑：周晓伟　高　伟　刘　源
责任校对：肖　琳　梁　静　　责任印制：常天培
北京宝隆世纪印刷有限公司印刷
2023年7月第1版第1次印刷
184mm×260mm · 12印张 · 2插页 · 293千字
标准书号：ISBN 978-7-111-73382-9
定价：158.00元

电话服务
客服电话：010-88361066
010-88379833
010-68326294

网络服务
机　工　官　网：www.cmpbook.com
机　工　官　博：weibo.com/cmp1952
金　书　网：www.golden-book.com
机工教育服务网：www.cmpedu.com

前 言

目前养鸡业已经成为我国畜牧业的一个重要支柱，在丰富城乡菜篮子、增加农民收入、改善人民生活等方面发挥了巨大的作用。然而，集约化、规模化、连续式的生产方式使鸡病越来越多，致使鸡病呈现出老病未除，新病不断，多种疾病混合感染，非典型性疾病、营养代谢疾病和中毒性疾病增多的态势。这不但直接影响了养鸡者的经济效益，而且防治疾病过程中药物的大量使用使食品安全（药残）成了亟待解决的问题。因此，加强鸡病防控的意义重大，而鸡病防控的前提是要对疾病进行正确的诊断，因为只有进行正确的诊断，才能及时采取合理、正确、有效的防控措施。

目前广大养鸡者认识鸡病的专业技能和知识相对不足，使鸡场不能有效地控制好疾病，导致鸡场生产水平逐步降低，经济效益不高，甚至亏损，影响了养鸡者的积极性，阻碍了养鸡业的可持续发展。对此，我们组织了多年来一直在养鸡生产第一线为广大养鸡场（户）做鸡病防治、具有丰富经验的多位专家和学者，从他们积累的近万张图片中精选出鸡场常见的 60 种鸡病的典型图片，从养鸡者如何通过临床症状和病理剖检变化认识鸡病，如何综合分析、鉴别诊断鸡病，如何在饲养过程中对鸡病做出及时防治的角度，编写了本书，让养鸡者按图索骥，做好鸡病的早期干预工作，克服鸡病防治的盲目性，降低养殖成本，使广大养殖户获取最大的经济效益。书中同时配有鸡病临床症状、病理剖检变化、防治操作的典型视频 67 个，读者可以扫描相应位置的二维码观看（建议在 Wi-Fi 环境下扫码观看）。

需要特别说明的是，本书所用药物及其使用剂量仅供读者参考，不可照搬。在生产实际中，所用药物学名、常用名和实际商品名称有差异，药物浓度也有所不同，建议读者在使用每一种药物之前，参阅厂家提供的产品说明以确认药物用量、用药方法、用药时间及禁忌等。

本书在编写过程中力求图文并茂，文字简洁易懂，科学性、先进性和实用性兼顾，内容系统、准确、深入浅出，使鸡病治疗方案具有很强的操作性和合理性，让广大养鸡者一看就懂，一学就会。本书可供基层兽医技术人员和养殖户使用，也可作为农业院校相关专业师生参考（培训）用书。

在此向为本书的编写直接提供资料的秦卓明、李银、张文明、张永庆、廖斌、李鹏飞等，以及本书所引用其他资料的作者表示最诚挚的谢意！

由于作者水平有限，书中的缺点乃至错误在所难免，恳请广大读者和同仁批评指正，以便再版时改正。

孙卫东

目 录

第一章　被皮、运动和神经系统疾病的鉴别诊断与防治

第一节　被皮、运动和神经系统疾病概述及发生的因素

一、概述

鸡全身分为头、颈、躯干、尾和附肢5部分。全身皮肤的大部分区域覆有羽毛。皮肤在一定部位形成皮肤褶，在翼部有翼膜，肩部与腕部之间的为前翼膜，腕部后方的为后翼膜，利于飞翔。皮肤的衍生物包括羽毛、鸡冠、肉髯、耳叶、喙、距、爪等，无汗腺和皮脂腺，在尾部的背侧有尾脂腺。鸡的外貌特征见图1-1。

图1-1　鸡的外貌特征

健康的鸡精神饱满、活泼，行动敏捷（图1-2a）；翅膀自然紧贴躯干，羽毛整洁、富

有光泽（图 1-2b）；勤于饮水和觅食（图 1-2c、图 1-2d、视频 1-1 和视频 1-2），产蛋和生长性能良好（图 1-2e、视频 1-3 和图 1-2f）；头伸缩自如，嘴角清洁干净，眼睛干净且灵活有神；嗉囊不胀不硬，胸部肌肉丰满；呼吸自然，鸣声长而响亮；泄殖腔周围干净无污迹。

a) 精神饱满、活泼，行动敏捷

b) 羽毛整洁、富有光泽

c) 勤于饮水和觅食1

d) 勤于饮水和觅食2

e) 产蛋性能良好

f) 生长性能良好

图 1-2　健康鸡的临床表现

二、疾病发生的因素

（1）生物性因素　病毒（如禽脑脊髓炎病毒、新城疫病毒、禽流感病毒等）、细菌（如脑炎性大肠杆菌、沙门菌、盲肠球菌、鼻气管鸟杆菌等）等除引起神经系统病变外，还引起鸡的运动障碍（视频 1-4）。此外，一些病毒（如鸡病毒性关节炎引起腓肠肌断裂）、细菌（如大肠杆菌、葡萄球菌、链球菌、巴氏杆菌、滑液囊支原体等感染引起关节炎、腱鞘炎或脚垫炎）等均可引起鸡的被皮系统损害和运动障碍；一些引起鸡呼吸困难的疾病或引起鸡贫血的疾病还可引起鸡皮肤颜色的变化。

视频 1-1
雏鸡勤于饮水

视频 1-2
蛋鸡勤于觅食

视频 1-3
蛋鸡具有良好的产蛋性能

视频 1-4
鸡运动障碍

（2）营养因素 如维生素 E、B 族维生素（维生素 B_1、维生素 B_2）缺乏等不仅可引起鸡神经系统的损害，也会引起运动障碍；维生素 D 缺乏、钙磷缺乏可引起雏鸡的佝偻病、成年鸡的骨软症或笼养鸡产蛋疲劳综合征；生物素（维生素 B_7）缺乏可引起鸡的皮肤损害（红掌病）；锰缺乏可引起鸡的骨短粗症；饲料中维生素 A 缺乏、动物蛋白质含量过高、高钙等引起的关节型痛风等也可引起鸡的运动障碍。

（3）饲养管理因素 垫料内含尖锐的异物、垫网粗糙或强碱消毒的地面引起鸡脚垫或关节的损伤；圈养鸡水线密封不好（图 1-3）或水壶固定不牢固（图 1-4）、漏水导致地面或垫料潮湿；散养鸡运动场积水（图 1-5）、潮湿；鸡的脚趾形成趾“泥瘤”（图 1-6）等会引起鸡的运动障碍。

图 1-3 圈养鸡的水线漏水导致垫料潮湿

（4）中毒因素 如食盐中毒，不仅会引起鸡的脑水肿和颅内压升高，也会引起鸡的运动障碍等。

（5）医源性因素 某些肠道吸收比较差的抗生素（如庆大霉素），由于使用不当引起鸡肠道菌群紊乱，导致鸡因能量不足而蹲伏不动。

（6）其他因素 如夏季高温时，鸡舍通风不良或突然停电等引起鸡的中暑（热应激）等。

图 1-4 圈养鸡的水壶固定不牢固、漏水导致地面潮湿

图 1-5 散养鸡运动场地不能及时排出积水

图 1-6 鸡的脚趾形成趾“泥瘤”

第二节　运动障碍的诊断思路及鉴别诊断要点

一、诊断思路

当发现鸡群中出现运动障碍或跛行的病鸡时，首先应考虑的是运动系统的疾病，其次要考虑病鸡的被皮系统是否受到侵害，神经支配系统是否受到损伤，最后还要考虑营养的平衡及其他因素。其诊断思路见表 1-1。

表 1-1　鸡运动障碍的诊断思路

所在系统	损伤部位	临床表现	初步印象诊断
运动系统	关节	感染、红肿、坏死、变形	异物损伤、细菌或病毒性关节炎
	骨骼	变形、有弹性、可弯曲	雏鸡佝偻病、钙磷代谢紊乱、维生素 D 缺乏症
		变形或畸形、断裂，明显跛行	骨折、骨软症、笼养鸡产蛋疲劳综合征、股骨头坏死、钙磷代谢紊乱、氟骨症
		骨髓发黑或形成小结节	骨髓炎、骨结核
		胫骨骺端肿大、断裂	肉鸡胫骨软骨发育不良
	肌肉	腓肠肌（腱）断裂或损伤	病毒性关节炎
	肌腱	腱鞘炎症、肿胀	滑液囊支原体病
被皮系统	脚垫	肿胀	滑液囊支原体病
		表皮脱落	化学腐蚀药剂使用不当、湿度过大等
	脚趾	肿瘤或趾“泥瘤”	趾瘤病、鸡舍及场地地面的湿度太大（趾“泥瘤”）
神经支配系统	中枢神经	脑水肿	食盐中毒、鸡传染性脑脊髓炎
		脑软化	硒缺乏症、维生素 E 缺乏症
		脑脓肿	大肠杆菌性脑病、沙门菌性脑病等
	脊髓	瘫痪	盲肠球菌病
	外周神经	坐骨神经肿大，劈叉姿势	鸡马立克氏病
		迷走神经损伤，扭颈	神经型新城疫
		颈神经损伤，软颈	肉毒梭菌毒素中毒
营养平衡系统	脚垫	粗糙	维生素 A 缺乏症
		红掌病（表皮脱落）	生物素缺乏症
	关节	肿胀、变形	鸡痛风
	肌肉	变性、坏死	硒缺乏症、维生素 E 缺乏症
	肌腱	滑脱	锰缺乏症
	神经	多发性神经炎，观星姿势	维生素 B_1 缺乏症
		趾蜷曲姿势	维生素 B_2 缺乏症
其他	眼	损伤	眼型马立克氏病、禽传染性脑脊髓炎、氨气灼伤等
	肠道	消化吸收不良（障碍）	长期腹泻、消化吸收不良等
		慢性消耗性、免疫抑制性疾病	线虫病、绦虫病、白血病、霉菌毒素中毒等

二、鉴别诊断要点

引起鸡运动障碍的常见疾病鉴别诊断要点见表 1-2。

表 1-2　引起鸡运动障碍的常见疾病鉴别诊断要点

病名	鉴别诊断要点										
	易感时间	流行季节	群内传播	发病率	病死率	典型症状	神经	肌肉肌腱	关节	关节腔	骨、关节软骨
神经型马立克氏病	2~5 月龄	无	慢	有时较高	高	劈叉姿势	坐骨神经肿大	正常	正常	正常	正常
病毒性关节炎	2~16 周龄	无	慢	高	小于 6%	蹲伏姿势	正常	腱鞘炎	明显肿胀	有草黄色或血样渗出物	有时有坏死
细菌性关节炎	3~8 周龄	无	较慢	较高	较高	跛行或跳跃步行	正常	正常	明显肿胀	有脓性或干酪样渗出物	有时有坏死
滑液囊支原体病	4~16 周龄	无	较慢	较高	较高	跛行	正常	腱鞘炎	明显肿胀	有奶油样或干酪样渗出物	滑膜炎
关节型痛风	全龄	无	无	较高	较高	跛行	正常	正常	明显肿胀	有黏稠的白色尿酸盐	有时有溃疡
维生素 B_1 缺乏症	无	无	无	较高	较高	观星姿势	正常	正常	正常	正常	正常
维生素 B_2 缺乏症	2~3 周龄	无	无	较高	较高	趾向内蜷曲	坐骨、臂神经肿大	正常	正常	正常	正常
锰缺乏症	无	无	无	不高	不高	腿骨短粗、扭转	正常	腓肠肌腱滑脱	明显肿胀	正常	骨骺肥厚
雏鸡佝偻病	雏鸡	无	无	高	不高	橡皮喙、龙骨“S”状弯曲	正常	正常	正常	正常	肋骨、跖骨变软
笼养鸡产蛋疲劳综合征	产蛋期	无	无	高	不高	蹲伏、瘫痪	正常	正常	正常	正常	正常

第三节 常见疾病的鉴别诊断与防治

一、鸡痘

鸡痘（Fowl Pox）是由禽痘病毒引起的家禽和鸟类的一种急性、热性、高度接触性传染病。临床上以传播快，发病率高，病鸡在皮肤无毛处形成增生性皮肤损伤并形成结节（皮肤性），或在上呼吸道、口腔和食道黏膜引起纤维素性坏死和增生性损伤（白喉型）为特征。我国将其列为三类动物疫病。

【流行特点】

（1）易感动物 各种品种、日龄的鸡和火鸡都可受到侵害，但以雏鸡和青年鸡较多见，并且大冠品种鸡的易感性较高。所有品系的产蛋鸡都能感染本病，特别是产褐壳蛋的种鸡最易感。鹅、鸭虽能感染本病，但不严重。许多鸟类，如金丝雀、麻雀、鸽、鹌鹑、野鸡、松鸡和一些野鸟也有易感性。

（2）传染源 病鸡为传染源。

（3）传播途径 病毒随病鸡的皮屑和脱落的痘痂等散布到饲养环境中，通过受损伤的皮肤、黏膜和蚊蝇及其他吸血昆虫等的叮咬传播。

（4）流行季节 无明显的季节性。

【临床症状】本病的潜伏期为4~10天，鸡群常是逐渐发病。根据发病部位的不同可分为皮肤型、黏膜型、混合型3种。

（1）皮肤型 在鸡冠、肉髯、眼睑、嘴角等部位（图1-7），有时也见于下颌（图1-8）、耳垂（图1-9）、腿（图1-10）、爪、泄殖腔和翅内侧等无毛或少毛部位（图1-11）出现痘斑。典型的发痘过程是红斑→痘疹（呈黄色）→糜烂（呈暗红色）→痂皮（呈巧克力色）→脱落→痊愈。人为剥去痂皮会露出出血病灶。病程持续30天左右，一般无明显全身症状，若感染细菌，结节则形成化脓性病灶。雏鸡的症状较重，产蛋鸡产蛋减少或停止。

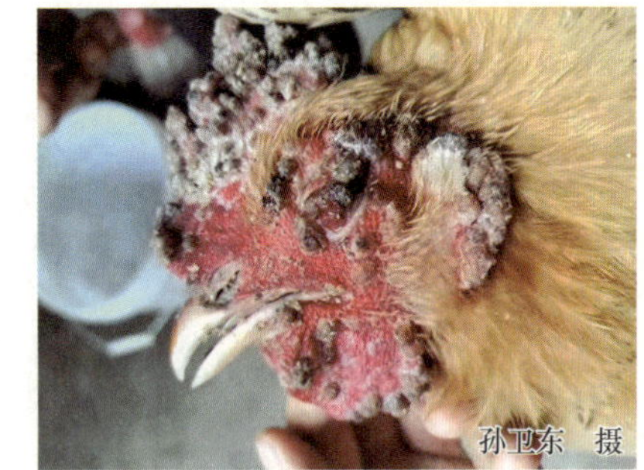

图1-7 病鸡鸡冠、肉髯、眼睑、嘴角等部位的痘斑

图1-8 病鸡眼睑、下颌等部位的痘斑

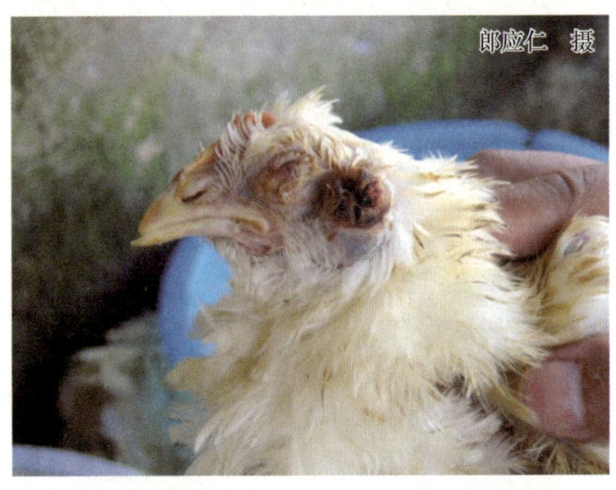

图1-9 病鸡眼睑、耳垂等部位的痘斑

图 1-10 病鸡后腿上的痘斑

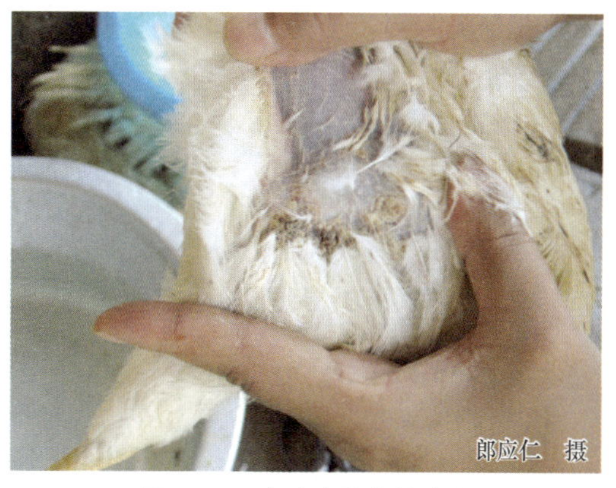

图 1-11 病鸡皮肤上的痘斑

（2）**黏膜型** 痘斑发生于口腔、咽喉、食道或气管，初期呈圆形黄色斑点，以后小结节相互融合形成黄白色伪膜，随后变厚成棕色痂块，不易剥离，常引起呼吸、吞咽困难，甚至窒息而死。

（3）**混合型** 指病鸡的皮肤和黏膜同时受到侵害。

【病理剖检变化】在口腔、咽喉（图 1-12）、食道或气管（图 1-13）黏膜上可见到处于不同时期的病灶，如小结节、大结节、结痂或疤痕等。肠黏膜可出现小点状出血，肝脏、脾脏、肾脏肿大，心肌有时呈实质性变性。

图 1-12 病鸡口腔、咽喉部的痘斑

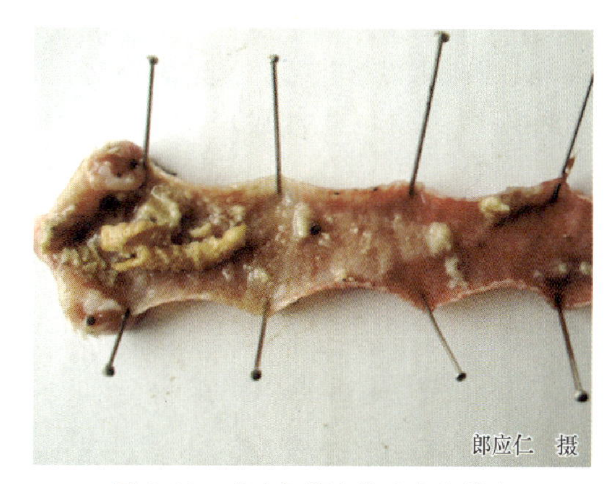

图 1-13 病鸡气管内的痘斑和结痂

【类症鉴别】本病与维生素 A 缺乏症有相似之处，应加以区别。区别是本病黏膜上的伪膜常与其下的组织紧密相连，强行剥离后则露出粗糙的溃疡面，皮肤上多见痘疹；而维生素 A 缺乏症的病鸡黏膜上的干酪样物质易于剥离，其下面的黏膜常无损害。

【预防】

（1）**免疫接种** 免疫接种使用的是活疫苗，常用的有鸡痘鹌鹑化疫苗 F282E 株（适合 20 日龄以上的鸡接种）、鸡痘汕系弱毒苗（适合小日龄的鸡接种）和澳大利亚引进的自然弱毒 M 株。疫苗开启后应在 2 小时内用完。接种方法采用刺种法或毛囊接种法，刺种法更常用，是用消过毒的钢笔尖或带凹槽的特制针蘸取疫苗，在鸡翅内侧无血管处皮下刺种；毛囊接种法适合 40 日龄以内的鸡群，用消过毒的毛笔或小毛刷蘸取疫苗涂擦在颈背部或腿外侧拔去羽毛后的毛囊上。一般刺种后 14 天即可产生免疫力。雏鸡的免疫期为 2 个月，成年鸡免疫期为 5 个月。一般免疫程序为：20~30 日龄时进行首免，开产前进行二免；或 1 日龄用弱毒苗进行首免，20~30 日龄时进行二免，开产前再免疫 1 次。

注意　少数品种的鸡接种疫苗后可能会出现异常反应（出现发病情况等）。

（2）**做好卫生防疫，杜绝传染源**　引进鸡种时应隔离观察，证明其无病时方可入场。驱除蚊蝇和其他吸血昆虫。经常检查鸡笼和器具，以避免鸡受外伤。

【临床用药指南】一旦发现病鸡，应先将其隔离，再进行治疗。而对重病鸡或死亡鸡应做无害化处理（烧毁或深埋）。

（1）**特异疗法**　用患过鸡痘的康复鸡血液，每天给病鸡注射 0.2~0.5 毫升，连用 2~5 天，疗效较好。

（2）**抗病毒**　请参考第二章中低致病性禽流感临床用药指南部分的叙述。

（3）**对症治疗**　皮肤型鸡痘一般不进行治疗，必要时可用镊子剥除痂皮，伤口涂擦甲紫溶液或碘酊消毒。黏膜型鸡痘的病鸡口腔和喉黏膜上的伪膜，妨碍病鸡的呼吸和吞咽运动，可用镊子除去伪膜，黏膜伤口涂以碘甘油（碘化钾 10 克、碘片 5 克、甘油 20 毫升，混合后加蒸馏水 100 毫升）。眼部肿胀的，可用 2% 的硼酸溶液或 0.1% 的高锰酸钾溶液冲洗干净，再滴入一些 5% 的蛋白银溶液。剥离的痘痂、伪膜或干酪样物质要集中销毁，避免散毒。在饲料或饮水中添加抗生素（如环丙沙星）防止继发感染。同时在饲料中增添维生素 A、鱼肝油等有利于鸡体的恢复。

（4）**中药治疗**

① 将金银花、连翘、板蓝根、赤芍、葛根各 20 克，蝉蜕、甘草、竹叶、桔梗各 10 克，水煎取汁，备用。此为 100 只鸡用量。用药液拌料喂服或饮服，连服 3 天，对治疗混合型鸡痘有效。

② 将大黄、黄檗、姜黄、白芷各 50 克，生南星、陈皮、厚朴、甘草各 20 克，天花粉 100 克，共研为细末，备用。临用前取适量药物置于干净盛器内，水酒各半调成糊状，涂于剥除鸡痘痂皮的创面上，每天 2 次，第 3 天即可痊愈。

二、禽传染性脑脊髓炎

禽传染性脑脊髓炎（Avian Encephalomyelitis）俗名为流行性震颤，是由禽脑脊髓炎病毒引起的一种主要侵害雏鸡的病毒性传染病。临床上以两腿不全麻痹、瘫痪，头颈震颤，产蛋鸡产蛋量急剧下降等为特征。

【流行特点】

（1）**易感动物**　鸡、雉、日本鹌鹑、火鸡，各种日龄均可感染，以 1~3 周龄的雏鸡最易感。雏鸭、雏鸽可被人工感染。

（2）**传染源**　病禽、带毒的种蛋为传染源。

（3）**传播途径**　病毒可经蛋垂直传播，也可经消化道水平传播。

（4）**流行季节**　本病一年四季均可发生。

视频 1-5
禽传染性脑脊髓炎：鸡头部震颤

【临床症状】本病的潜伏期为 6~7 天。通常 1~7 日龄和 11~20 日龄为发病和死亡的高峰期，前者为病毒垂直传播所致，后者为水平传播所致。典型症状多见于雏鸡，病雏鸡初期眼神呆滞，走路不稳，随后头颈部震颤（图 1-14 和视频 1-5），共济失调或完全瘫痪（图 1-15），后期衰竭卧地，被驱赶时摇摆不定或以翅膀扑地。死亡率一般为10%~20%，最高可达50%。1月龄以上的鸡感染后很少表现临床症状，产蛋鸡感染后可见产蛋量急剧下降，蛋重减轻，一般经15天后产蛋量尚可恢复。种鸡感染后2~3周所产种蛋带有病毒，孵化率会降低（下降幅度为5%~20%），孵化出的雏鸡往往发育不良，此过程会持续3~5周。

图1-14 病鸡出现走路不稳，向一侧摔倒，头颈部震颤

图1-15 病鸡共济失调或完全瘫痪

【病理剖检变化】病雏鸡或病死雏鸡可见腺胃的肌层及胰腺中有浸润的淋巴细胞团块所形成的数目不等的从针尖大小到米粒大小的灰白色斑点，脑组织变软，有不同程度瘀血，在大小脑表面有针尖大小的出血点（图1-16），有时仅见到脑水肿。在成年鸡中偶尔会见到脑水肿。病毒接种鸡胚后发现鸡胚发育不良、弱小（图1-17），感染鸡胚的肝脏出现斑斓肝病变（图1-18）。

图1-16 病鸡的脑部瘀血、出血明显

图1-17 鸡胚感染病毒后，鸡胚发育不良、弱小（右为健康对照）

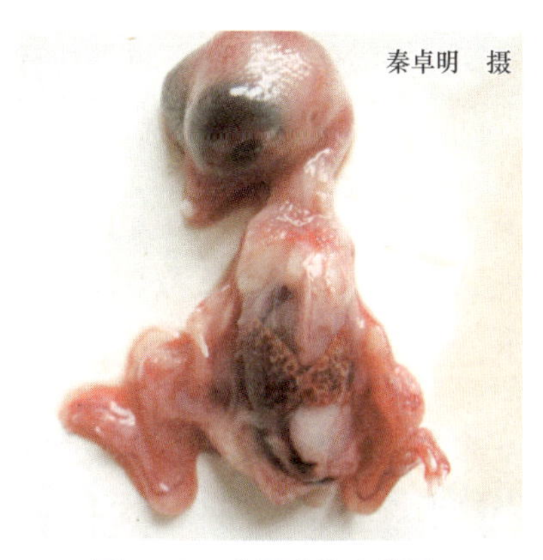

图1-18 鸡胚感染病毒后，鸡胚出现斑斓肝病变

【预防】

（1）免疫接种

1）疫区的免疫程序。蛋鸡在75~80日龄时用弱毒苗饮水接种，开产前肌内注射灭活苗；或蛋鸡在90~100日龄用弱毒苗饮水接种。种鸡在120~140日龄饮水接种弱毒苗或肌内注射禽传染性脑脊髓炎病毒油乳剂灭活苗。

注意　接种后6周内，种蛋不能孵化。

2）非疫区的免疫程序。一律于90~100日龄时用禽传染性脑脊髓炎病毒油乳剂灭活苗进行肌内注射。禁止使用弱毒苗进行免疫。

（2）严格检疫　不引进本病污染场的雏鸡。种鸡在患病1个月内所产的种蛋不能用于孵化。

【临床用药指南】本病目前尚无有效的治疗方法。对已发病的病雏鸡和死雏鸡及时焚烧或深埋，以免散布病毒，减少同群感染。如发病率高，可考虑全群扑杀并做无害化处理，彻底消毒鸡舍。舍内的垫料清理后在远离鸡舍的下风口处集中发酵处理，舍内地面清扫冲刷干净后，连同周围场地用3%的氢氧化钠溶液喷洒消毒，鸡舍和饲养用具要进行熏蒸消毒。

三、病毒性关节炎

病毒性关节炎（Viral Arthritis）是一种由呼肠孤病毒引起的鸡的传染病，临床上以腿部关节肿胀、腱鞘发炎，继而使腓肠肌（腱）断裂，导致鸡运动障碍为特征。我国将其列为三类动物疫病。

【流行特点】

（1）易感动物　鸡和火鸡是已知的本病的自然宿主和试验宿主。

（2）传染源　病鸡和火鸡为传染源。

（3）传播途径　病毒主要经空气传播，也可通过污染的饲料经消化道传播，经蛋垂直传播的概率很低，约为1.7%。

（4）流行季节　本病一年四季均可发生。

【临床症状】本病潜伏期一般为1~13天，常为隐性感染。2~16周龄的鸡多发，尤以5~7周龄的鸡易感。可发生于各种类型的鸡群，但肉仔鸡比其他鸡的发病概率高。鸡群的发病率可达100%，死亡率从0到6%不等。病鸡多在感染后3~4周发病，初期步态稍见异常，逐渐发展为跛行（图1-19），跗关节肿胀，常蹲伏，驱赶时才跳动。患肢不能伸张，不敢负重，当肌腱断裂时（图1-20），趾屈曲，病程稍长时，患肢多向外扭转，步态蹒跚，这种症状多见于大雏鸡或成年鸡。种鸡及蛋鸡感染后，产蛋率下降10%~15%，种鸡受精率下降。病程为7~30天。

图1-19　病鸡跛行

图 1-20 病鸡的肌腱断裂形成的凸出肿胀

【病理剖检变化】病鸡或病死鸡剖检时可见关节囊及腱鞘水肿、充血或出血（图 1-21），趾伸肌腱和趾屈肌腱发生炎性水肿（图 1-22），造成病鸡小腿肿胀增粗，跗关节较少肿胀，关节腔内有少量渗出物，呈黄色透明状或带血或有脓性分泌物。慢性型可见腱鞘粘连（图 1-23）、硬化，软骨上出现点状溃疡、糜烂、坏死，骨膜增生、出血（图 1-24），使骨干增厚。严重病例可见肌腱断裂或坏死（图 1-25）。

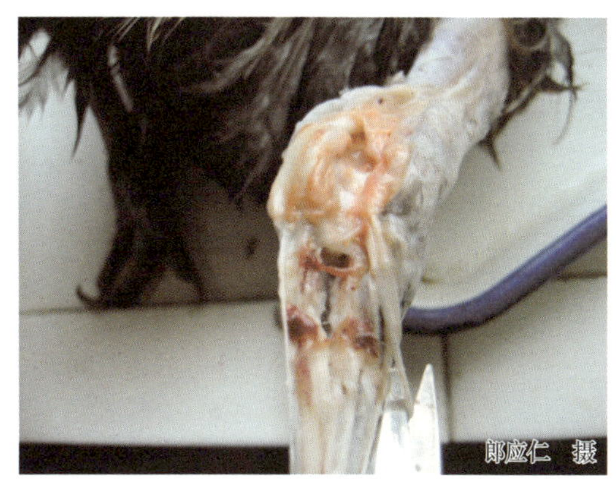

图 1-21 病鸡的关节囊及腱鞘水肿、充血或出血

图 1-22 病鸡的趾伸肌腱和趾屈肌腱发生炎性水肿

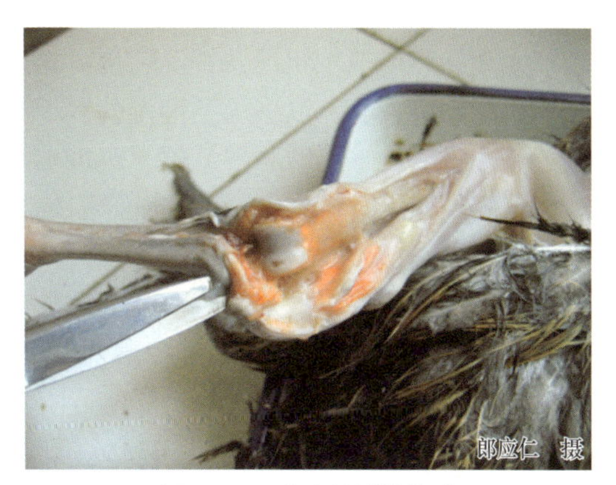

图 1-23 病鸡的腱鞘粘连

【类症鉴别】在临床上应与滑液囊支原体引起的腱鞘炎、滑膜炎及细菌性关节炎等引起的跛行相区别。具体方法请参考本章第二节内容。

【预防】

（1）免疫接种 1~7 日龄和 4 周龄各接种 1 次弱毒苗，开产前 2~3 周接种 1 次灭活苗。

注意 不要和马立克氏病疫苗同时免疫，以免产生干扰现象。

图 1-24 病鸡的骨膜增生、出血

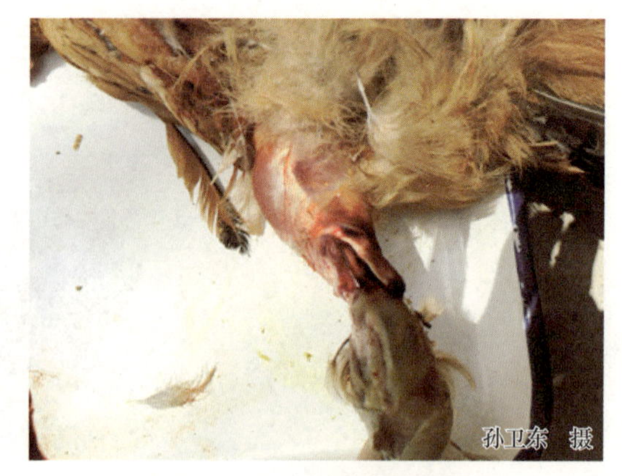

图 1-25 病鸡肌腱断裂或坏死

（2）加强饲养管理 做好环境的清洁、消毒工作，防止感染源传入。对肉鸡、种鸡采用全进全出的饲养程序是预防本病的重要措施。不从受本病感染的种鸡场引进种鸡。

【临床用药指南】 目前尚无有效的治疗方法。一旦发病，应淘汰病鸡，加强病鸡的隔离，以及鸡舍和环境的消毒。

四、葡萄球菌病

葡萄球菌病（Staphylococcosis）是由金黄色葡萄球菌引起的一种人畜共患传染病。其发病特征是雏鸡呈急性败血症，育成鸡和成年鸡呈慢性型，表现为关节炎或翅膀坏死。本病的流行往往可造成较高的淘汰率和病死率，给养鸡生产带来较大的经济损失。

【流行特点】 白羽、产白壳蛋的轻型鸡种易发生本病，而褐羽、产褐壳蛋的中型鸡种很少发生本病。4~12 周龄多发，地面平养和网上平养较笼养鸡发病多。其发病率与饲养管理水平、环境卫生状况及饲养密度等因素有直接的关系，死亡率一般为 2%~50%。本病一年四季均可发生，以多雨、潮湿的夏季和秋季多发。该细菌主要经皮肤创伤、毛孔、消化道、呼吸道、雏鸡的脐带入侵。鸡群拥挤互相啄斗，鸡笼破旧致使铁丝刺伤皮肤，患皮肤型鸡痘或其他因素造成皮肤破损等都是本病的诱因。

【临床症状和病理剖检变化】

（1）脑脊髓炎型 多见于 10 日龄内的雏鸡，表现为扭颈、头后仰、两翅下垂、腿轻度麻痹等神经症状，有的病鸡以喙着地支持身体平衡，一般发病后 3~5 天死亡。

（2）急性败血型 以 30 日龄左右的雏鸡多见，肉鸡较蛋鸡发病率高。病鸡表现为体温升高，精神沉郁，食欲减退，羽毛蓬乱，缩颈闭目，呆立一隅，腹泻；同时在翼下、下腹部等处有局部炎症，呈散发性，病死率较高。剖检有时可见到肝脏、脾脏有小化脓灶。

（3）浮肿性皮炎型 以 30~70 日龄的鸡多发，病鸡的精神极度沉郁，羽毛蓬松、逆立（图 1-26），翅膀、胸部、背部、臀部和下

图 1-26 病鸡的精神极度沉郁，羽毛蓬松、逆立

腹部的皮下有浆液性的渗出液，呈现紫黑色的浮肿，用手触摸有明显的波动感，轻摸羽毛即掉下（图 1-27），有时皮肤破溃或结痂（图 1-28），有的流出紫红色有臭味的液体。有的因疫苗接种或断喙消毒不严，常引起注射部位和断喙处的感染（图 1-29）。本病的发展过程较缓慢，但出现上述症状后 2~3 天死亡，尸体极易腐败。这种类型的死亡率为 5%~10%，严重时高达 100%。

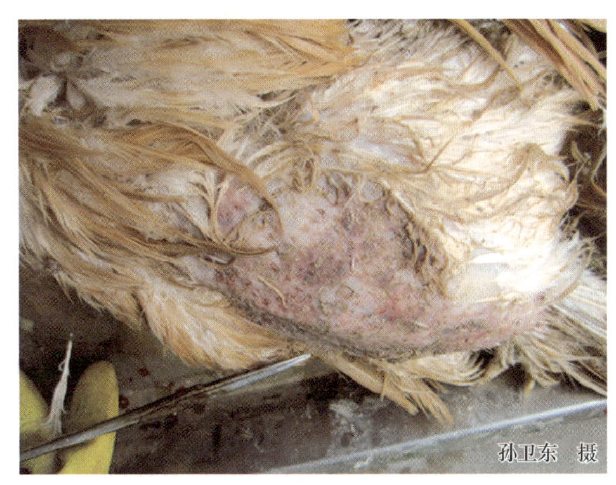

图 1-27　病鸡的背部、臀部皮肤呈现浮肿，羽毛易脱落

图 1-28　病鸡皮肤上的破溃与结痂

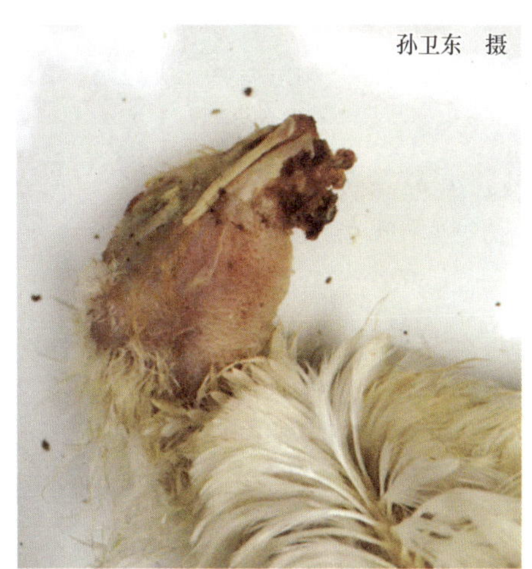

图 1-29　病鸡胸部疫苗注射部位（左）和断喙处（右）的感染

（4）脚垫肿和关节炎型　多发生于成年鸡和肉种鸡的育成阶段，感染发病的关节主要是胫跗关节、趾关节和翅关节。发病时关节肿胀（图 1-30），有的呈紫红色（图 1-31），破溃后形成黑色的痂皮（图 1-32）。病鸡精神较差，食欲减退，跛行、不愿走动。严重者不能站立。剖检可见受害关节及邻近的腱鞘肿胀、变形，关节周围结缔组织增生，关节腔内有浆液性至干酪样渗出物（图 1-33 和视频 1-6）。

视频 1-6
葡萄球菌病：从感染关节流出浆液性至干酪样渗出物

（5）肺炎型　多见于中雏，表现为呼吸困难。剖检特征为肺瘀血、水肿和肺实质变化等。

图 1-30　病鸡脚趾关节肿胀

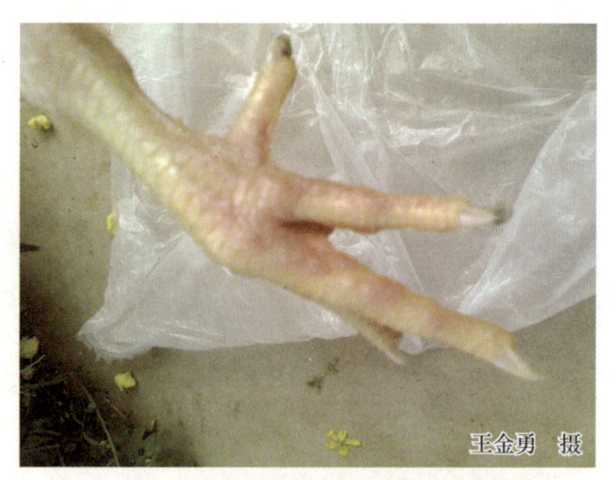

图 1-31　病鸡的感染脚趾关节呈紫红色

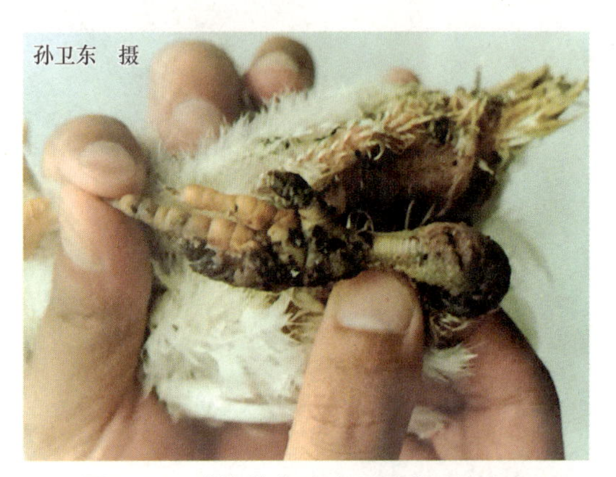

图 1-32　感染关节破溃后形成黑色痂皮

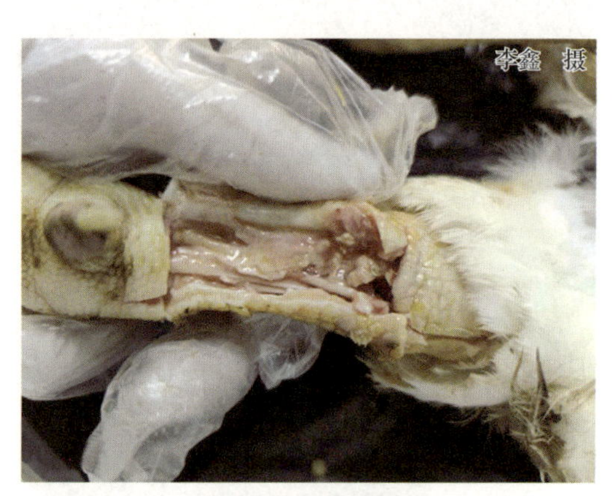

图 1-33　感染关节内的浆液性至干酪样渗出物流出至肌腱

（6）**卵巢囊肿型**　剖检可见卵巢表面密布着粟粒大小或黄豆大小的橘黄色囊泡，囊泡腔内充满红黄色积液。输卵管肿胀、湿润，黏膜面有弥漫性、针尖大小的出血点，泄殖腔黏膜弥漫性出血。少数病鸡的输卵管内滞留未完全封闭的连柄畸形卵，卵表面沾满暗紫色的瘀血。

（7）**眼型**　病鸡表现为头部肿大，眼睑肿胀，闭眼，有脓性分泌物，病程长者眼球下陷、失明。

【类症鉴别】本病与硒缺乏症、病毒性关节炎、滑液囊支原体滑膜炎、大肠杆菌病、禽霍乱等有相似之处，应注意区别诊断。硒缺乏症，即雏鸡的渗出性素质，在腹部皮下有渗出，与本病的皮肤病变有相似之处。但在硒缺乏症时皮肤无任何外伤，且其渗出液呈蓝绿色，局部的羽毛不易脱落，属非炎性水肿的渗出液，这些有助于二者的鉴别诊断。

【预防】

（1）**免疫接种**　可用葡萄球菌多价氢氧化铝灭活菌苗或油佐剂灭活菌苗给 20~30 日龄的鸡皮下注射 1 毫升。

（2）**防止发生外伤**　在鸡饲养过程中，要定期检查笼具、垫料等是否光滑平整，有无外露的铁丝尖头或其他尖锐物，网眼是否过大。平养的地面应平整，垫料宜松软，防止硬物刺伤鸡的脚垫。防止鸡群互斗和啄伤等。

（3）做好皮肤外伤的消毒处理 在断喙、戴翅号（或脚号）、剪趾及免疫刺种时，要做好消毒工作。

（4）加强饲养管理 注意舍内通风换气，防止密集饲养，喂给必需的营养物质，特别要供给足够的维生素。做好孵化过程和鸡舍卫生及消毒工作。

【临床用药指南】

（1）隔离病鸡，加强消毒 一旦发病，应及时隔离病鸡，对可能被污染的鸡舍、鸡笼和环境，可进行带鸡消毒。常用的消毒药有2%~3%的苯酚、0.3%的过氧乙酸等。

（2）西药治疗 投药前最好进行药物敏感试验，选择最有效的敏感药物进行全群投药。

① 青霉素：注射用青霉素钠或钾按每千克体重5万国际单位1次肌内注射，每天2~3次，连用2~3天。

② 维吉尼亚霉素：50%的维吉尼亚霉素预混剂按每千克饲料5~20毫克混饲（以维吉尼亚霉素计）。产蛋期及超过16周龄母鸡禁用。休药期为1天。

③ 阿莫西林：阿莫西林片按每千克体重10~15毫克1次内服，每天2次。

④ 头孢氨苄：头孢氨苄片或胶囊按每千克体重35~50毫克1次内服，雏鸡2~3小时1次，成年鸡可6小时1次。

⑤ 林可霉素：30%的盐酸林可霉素注射液按每千克体重30毫克1次肌内注射，每天1次，连用3天。盐酸林可霉素片按每千克体重20~30毫克1次内服，每天2次。11%的盐酸林可霉素预混剂按每千克饲料22~44毫克混饲1~3周。40%的盐酸林可霉素可溶性粉按每升饮水200~300毫克混饮3~5天。以上均以林可霉素计。产蛋期禁用。

此外，其他抗葡萄球菌病的药物还有庆大霉素、新霉素、土霉素（用药剂量请参考第三章中鸡白痢临床用药指南部分），头孢噻呋、氟苯尼考（用药剂量请参考第二章中大肠杆菌病临床用药指南部分），磺胺甲噁唑（用药剂量请参考第三章中禽霍乱临床用药指南部分），泰妙菌素、替米考星（用药剂量请参考第二章中鸡毒支原体感染临床用药指南部分）。

（3）外科治疗 对于脚垫肿、关节炎的病例，可用外科手术排出脓汁，然后用碘酊消毒创口，并配合抗生素治疗。

（4）中药治疗

① 黄芩、黄连叶、焦大黄、黄檗、板蓝根、茜草、大蓟、车前子、神曲、甘草各等份加水煎汤，取汁拌料，按每只鸡每天2克生药计算，每天1剂，连用3天。

② 鱼腥草、麦芽各90克，连翘、白及、地榆、茜草各45克，大黄、当归各40克，黄檗50克，知母30克，菊花80克，粉碎混匀，按每只鸡每天3.5克拌料，4天为1个疗程。

五、盲肠球菌病

盲肠球菌病是指由盲肠肠球菌（*Enterococcus cecorum*）引起的一种脊椎骨关节炎或关节炎。在肉鸡中较为常见。

【流行特点】 在肉鸡（尤其是公鸡）、处于育成期（4~9周龄）的肉种鸡的公鸡中最常出现。其发病率与水壶/水线（图1-34），或料线中垫料的污染等有直接的关系。本病一年四季均可发生。

图 1-34 粪便污染的水壶

【临床症状和病理剖检变化】病鸡表现为跛行、瘫痪或完全瘫痪（图 1-35）。剖检可见受害髋关节附近有浆液性至干酪样渗出物（图 1-36），有的病鸡可见股骨头坏死（图 1-37），有的可见胸椎之间有肿块，并伴有椎体骨髓炎和脊椎炎（图 1-38）。

图 1-35 病鸡瘫痪或完全瘫痪

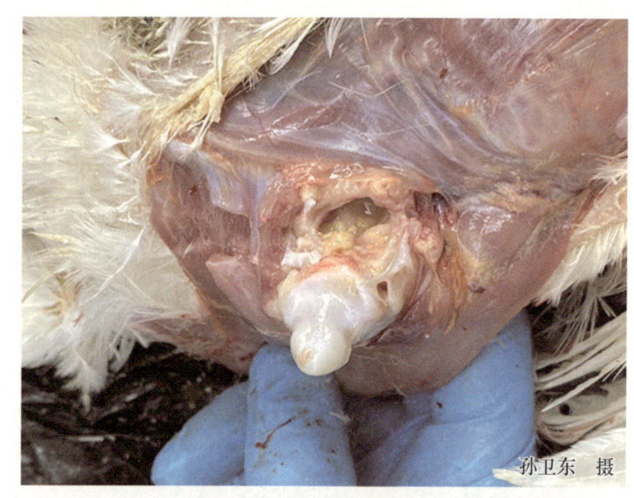

图 1-36 病鸡髋关节附近有浆液性至干酪样渗出物

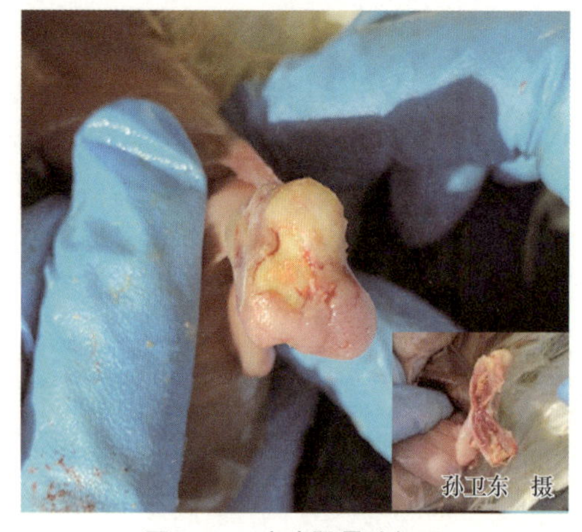

图 1-37 病鸡股骨头坏死

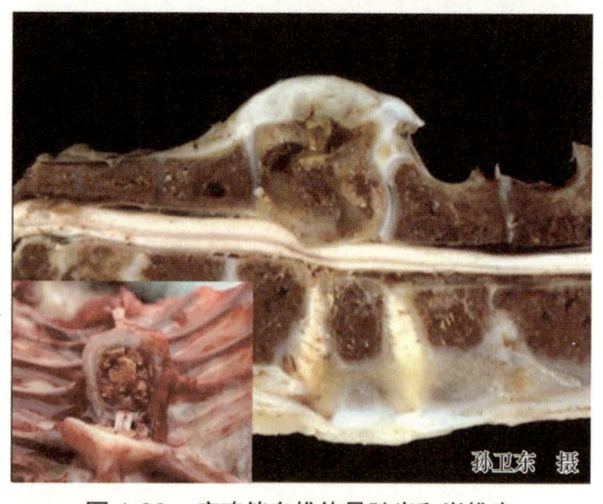

图 1-38 病鸡伴有椎体骨髓炎和脊椎炎

【类症鉴别】本病与鸡葡萄球菌病的临床表现类似，可以从脊柱炎等病灶中培养出盲肠肠球菌而确诊。

【预防】避免粪便进入水壶 / 水线，或垫料进入料槽 / 料盘是防控本病最有效的措施。

【临床用药指南】请参照葡萄球菌病。

六、滑液囊支原体感染

滑液囊支原体感染（Mycoplasma Synoviae Infection）是由滑液囊支原体引起的，以关节肿大、滑液囊炎和腱鞘炎，进而引起运动障碍的疾病。

【流行特点】多发于 4~16 周龄的鸡，以 9~12 周龄的青年鸡最易感。在一次流行之后，很少再次流行。经蛋传递感染的雏鸡可能在 6 日龄发病，在雏鸡群中会造成很高的感染率。

【临床症状和病理剖检变化】潜伏期为 11~21 天。病鸡表现为不愿运动、蹲伏（图 1-39）或借助翅膀向前运动（图 1-40），跗关节（图 1-41）及脚趾关节或脚垫部发红、肿胀（图 1-42）且有热感和波动感，久病不能走动，病鸡消瘦，排浅绿色粪便且含有大量的尿酸。剖检可见腱鞘处及关节皮下有黄白色渗出物（图 1-43 和视频 1-7），跗关节（图 1-44 和视频 1-8）或脚垫内有黏液性呈灰白色的乳酪样渗出物（图 1-45），有时关节软骨出现糜烂，严重病例在颅骨和颈部背侧有干酪样渗出物。肝脏、脾脏肿大，肾脏苍白呈花斑状。偶尔会看见气囊炎的病变。

孙卫东　摄

图 1-39　病鸡表现为不愿运动、蹲伏

孙卫东　摄

图 1-40　病鸡借助翅膀向前运动

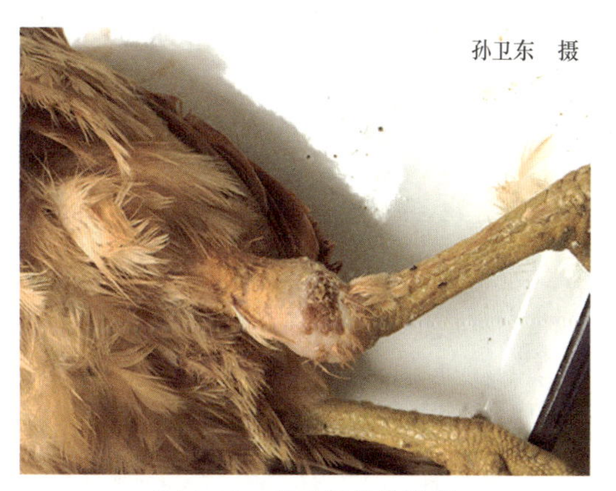
孙卫东　摄

图 1-41　病鸡跗关节肿胀

【类症鉴别】具体方法请参考本章第二节内容。

【预防】请参考第二章中鸡毒支原体感染预防部分的叙述。

【临床用药指南】请参考第二章中鸡毒支原体感染临床用药指南部分的叙述。

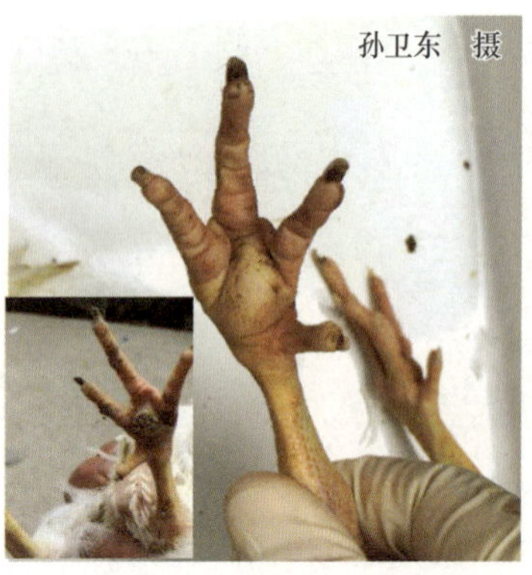

图 1-42 病鸡脚趾关节及脚垫部发红、肿胀

图 1-43 病鸡剖检见腱鞘处及关节皮下有黄白色渗出物

视频 1-7 滑液囊支原体感染：腱鞘处流出黄白色液体

视频 1-8 滑液囊支原体感染：跗关节刺破后流出黏液性渗出物

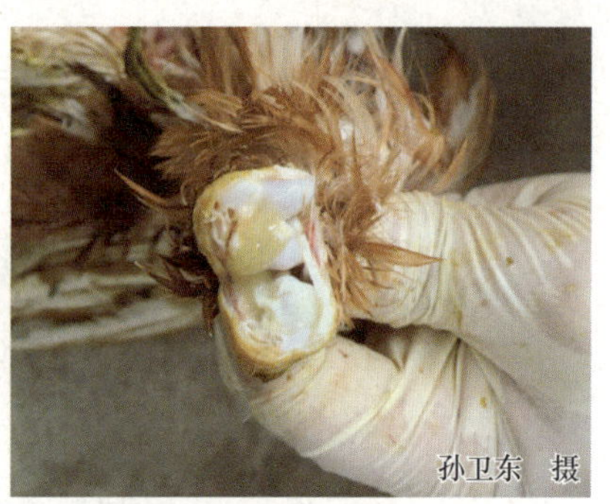

图 1-44 病鸡剖检见跗关节内有黏液性渗出物

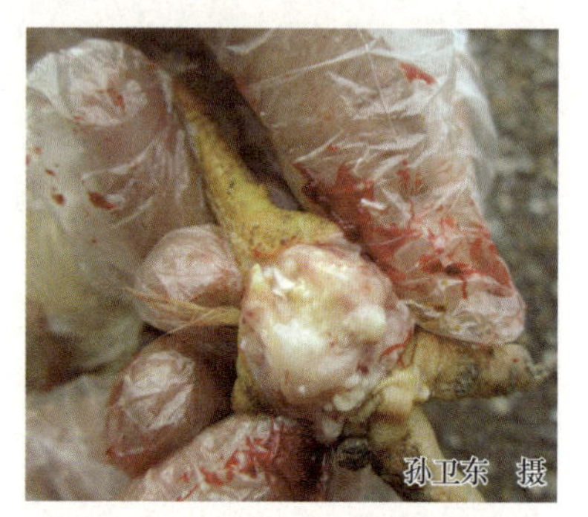

图 1-45 病鸡剖检见脚垫内有黏液性呈灰白色的乳酪样渗出物

七、鸡冠癣

鸡冠癣（Lophophytosis），又称头癣或黄癣，是由头癣真菌引起的一种慢性皮肤传染病。在临床上以在患病鸡的头部无毛处，尤其是在鸡冠上形成黄白色、鳞片状的癣痂为特征，是造成鸡皮肤感染和损伤、骚动不安、产品外观质量下降的较为严重的疾病之一。

【流行特点】各种年龄、各种品种（尤其是重型品种）的鸡均易感染，偶见于岩鸡和其他禽类。通常情况下，6 月龄以内的鸡很少发病。病禽和带毒禽是本病主要传染源，库蠓是本病的主要传播媒介。一般通过皮肤伤口传染或互相接触传染。病鸡脱落的鳞屑和污染的器具物品可引起广泛传播。本病多发于多雨潮湿的夏、秋季，在鸡群拥挤、通风不良以及卫生条件较差等情况下均可加剧本病的发生与传播。

【临床症状和病理剖检变化】冠部最先受到损害，其病变为一种白色或灰黄色的圆斑或小丘疹（图 1-46）。鸡冠皮肤表面有一层麦麸状的鳞屑（图 1-47），逐渐由冠部蔓延到肉髯、眼睑和耳（图 1-48）。重症病例可蔓延到颈部和躯体，羽毛逐渐脱落（图 1-49）。随着病情的发展，鳞屑增多，结痂，使病鸡痒痛不安，体温升高，精神萎靡，羽毛松乱，排黄白色或黄绿色稀粪，逐渐瘦弱、贫血，黄疸，母鸡产蛋量下降甚至停产。

重症病鸡剖检时可见上呼吸道和消化道黏膜有点状坏死，形成一种坏死结节和浅黄色的干酪样沉着物，肺及支气管偶见炎症变化。

图 1-46 病鸡鸡冠部有白色或灰黄色的圆斑或小丘疹

图 1-47 病鸡鸡冠部皮肤表面有一层麦麸状的鳞屑

图 1-48 病鸡鸡冠部皮肤表面麦麸状的鳞屑由冠部蔓延到肉髯、眼睑和耳

图 1-49 重症病鸡病变可蔓延到颈部，羽毛逐渐脱落

【类症鉴别】本病在鸡冠、肉髯、眼睑、耳垂等部位的病变与葡萄球菌感染、鸡痘、某些喹诺酮类药物中毒的症状类似，应注意鉴别。

【预防】主要是扑灭传播媒介库蠓，在流行季节对鸡舍内外每周喷洒杀虫药（可用 0.01% 的敌百虫或 0.03% 的蝇毒磷溶液），同时在鸡饲料中添加磺胺间甲氧嘧啶（泰灭净）等药物进行预防。搞好环境卫生，饲养密度适当，并保证良好通风换气。此外，应注意检疫，严防本病传入。

【临床用药指南】发现病鸡及时隔离，重症病鸡必须淘汰，以防疫情扩散，轻症病鸡可治疗。病鸡治疗时，先用肥皂水清洗患部皮肤表面的结痂和污垢，然后选用下列药物：

（1）西药治疗

① 酮康唑软膏（或 3%~5% 克霉唑软膏）：涂抹患部，每天 2 次，连用 3~5 天，疗效显著。

② 用福尔马林软膏（福尔马林 1 份、凡士林 20 份，凡士林熔化后加入福尔马林，在玻璃瓶中摇匀）（或用碘甘油）：涂抹患部，每天 2 次，连用 2~3 天。

③ 磺胺间甲氧嘧啶（泰灭净）：拌料（2.5 千克饲料中加入 1 克原粉），连用 5~7 天，或用甲氧苄啶，每千克体重用 25 毫克拌料喂服，首次用量可以加倍，连用 3~4 天。

（2）**中药治疗** 取苦参 1000 克、白矾 750 克、蛇床子 250 克、地肤子 250 克、黄连 150 克、黄檗 500 克、五倍子 100 克，将其混合后加 8 倍水浸泡 2 小时，然后大火煎煮，水开后，再用文火继续煎煮 2 小时，滤出药液；药渣中再加 6 倍量水继续煎煮，水开后维持 1.5 小时，滤出药液；将 2 次药液混合，加入食醋 500 毫升，然后用文火浓缩至每毫升含 1 克生药备用。在西药治疗约 1 小时后，将备用中药药液装入小型喷雾器，操作人员对准鸡冠两侧喷雾，使全部鸡冠湿润即可，每天 3 次，连用 7 天。

注意 本病治愈后易复发，故应加强饲养管理。鸡群出栏后，应对鸡舍用福尔马林或氢氧化钠彻底消毒。

八、鸡螨病

鸡螨病是由多种对鸡具有侵袭、寄生性质的螨类引发的，临床上以鸡群贫血、骚动不安、食欲减退、消瘦等为特征的鸡体内外寄生螨病的总称。目前人们对鸡螨病的危害尚未有足够的重视。

【流行特点】鸡和其他家禽均易感。病鸡、带虫鸡、野鸟、老鼠等为传染源。主要的传播方式是通过宿主间的直接接触传播，也可以通过公共用具间接传播。一年四季均可发病，但是炎热的夏季及秋季是鸡螨病的高发期。

【临床症状】由于螨的特殊生物习性，传播快，一旦感染螨病，引起鸡只不安，影响采食，继而消瘦体弱，生长缓慢，生产性能下降，容易并发其他传染病，甚至死亡，从而给养鸡场带来巨大经济损失。由于螨的种类不同，其临床表现有一定的差异：如突变膝螨寄生于脚和脚趾皮肤鳞片下面（俗称“石灰脚”），可引发病鸡的食羽癖，在我国分布广泛；膝螨通常侵入羽毛的根部，以致诱发炎症（视频 1-9 和图 1-50），羽毛变脆、脱落，体表形成了赤裸裸的斑点，皮肤发红，上覆鳞片，抚摸时觉有脓疱，因其寄生部剧痒，病鸡啄拔羽毛，使羽毛脱落，故通常称为脱羽痒症，病灶常见于背部、翅膀、腹部、尾部（图 1-51）等处，在我国分布广泛；各类羽螨主要寄生在鸡羽毛上（图 1-52），能损坏部分或全部羽毛等。

视频 1-9

鸡螨病：膝螨引起的皮炎及损害

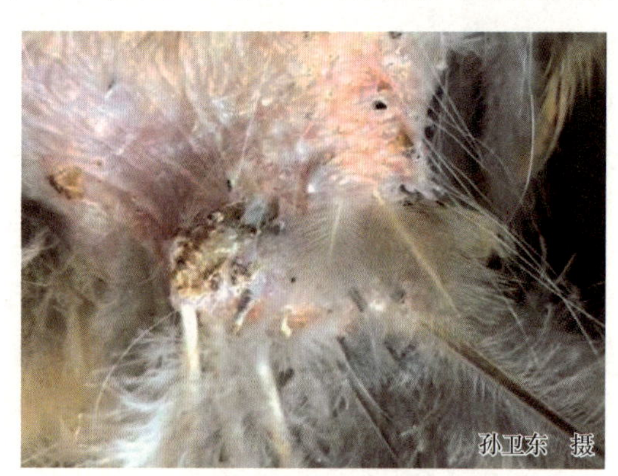

图 1-50 膝螨诱发尾根部皮炎

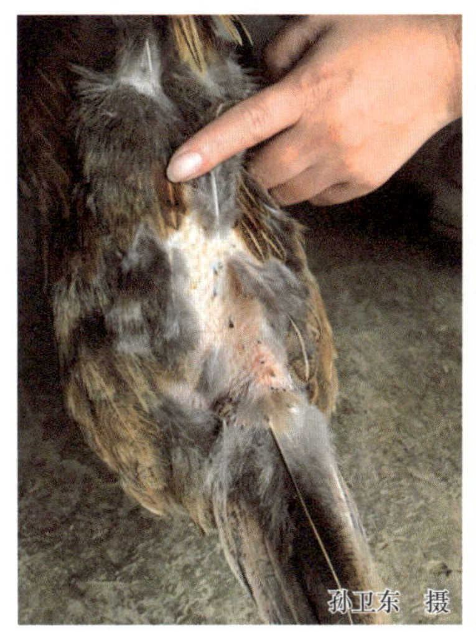

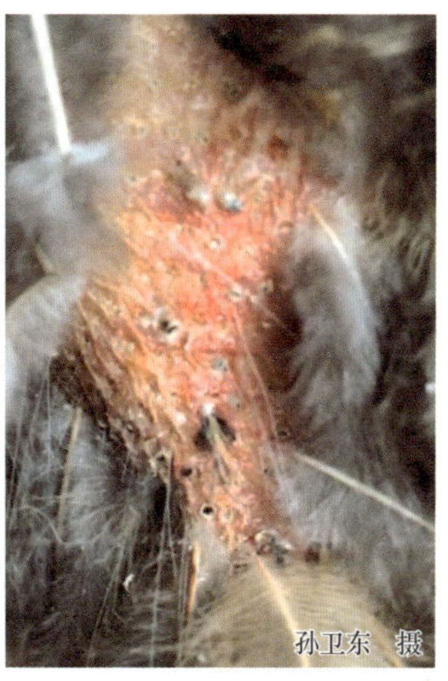

图 1-51 膝螨引起的脱羽部位见于背部、尾部等

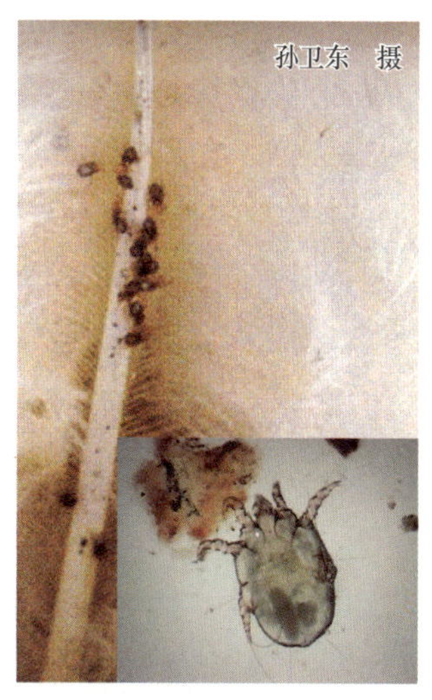

图 1-52 鸡羽毛上的羽螨（右下角为显微镜下的羽螨）

【诊断】根据临床症状，翻开羽毛能发现小的羽螨可做出初步诊断。刮取病变处的组织碎片、羽毛、羽管等，收集食槽附近的饲料残渣、羽毛等，加少许甘油或盐水于载玻片上，在显微镜下观察（视频 1-10），发现有螨即可确诊。

视频 1-10 显微镜下的螨虫

【预防】防止野鸟和老鼠进入鸡舍。严格执行卫生防疫制度，进出鸡场的人员应洗澡更衣，进出鸡场的运输车辆和工具应用热水、酸、碱彻底消毒。定期检查，每月检查 3 次，每次可抽检 10 只，检查其泄殖腔周围的皮肤和羽毛上有无虫体。同时加强饲养管理，降低饲养密度，保持鸡舍清洁和干燥，良好的饲养管理可以提高鸡群抵抗力，螨病的发病率可控制在最低限度。

【临床用药指南】

① 喷洒药物：用0.5%的乐果与0.1%的溴氰菊酯（或氯氰菊酯、速灭菊酯）混合悬液，喷药时要让鸡羽毛湿透，间隔 7 天再喷洒 1 次，要求用药前让鸡群饮水充足。有条件的鸡场应对笼具用洗涤液彻底清洗，晾干后再用火焰烤 1 次，同时对鸡舍墙壁也烘烤一下。

② 0.1% 伊维菌素注射液：按每千克体重 0.2 毫升皮下注射，1 个月后再注射 1 次；或用阿维菌素拌料，间隔 1 个月再用 1 次。

九、鸡虱病

鸡虱病是由鸡虱寄生于鸡体表的一种外寄生虫病。临床上以皮肤发痒，鸡因啄痒而咬断自体羽毛，病鸡逐渐消瘦，雏鸡生长发育受阻，母鸡产蛋率下降等为特征。

【流行特点】鸡虱只寄生于鸡。病鸡、带虫鸡为传染源。主要的传播方式是通过宿主间的直接接触传播，也可以通过公共用具间接传播。一年四季均可发病，但是炎热的夏季及秋季是鸡虱病的高发期，这主要是由于天气炎热、温度较高，并且湿度较大的环境下，适合鸡虱繁殖。另外，冬季由于鸡的羽毛较为浓密，适合鸡虱生长，因此冬季鸡虱病的发病率也较高。

【临床症状】用手逆翻鸡头颈部、翅下及尾部的羽毛，可见到浅黄色或灰白色、针尖大小的鸡虱在羽毛、绒毛或皮肤上爬动（图 1-53）。皮肤出现炎症，并有大量皮屑（图 1-54）。鸡虱往往藏在鸡笼的水线等的接头处（图 1-55 和视频 1-11）。因鸡虱会啮食宿主的羽毛和皮屑，从而导致鸡受到虱的刺激而皮肤发痒，表现为用喙啄痒，而使羽毛和皮肤受伤，严重时会导致羽毛脱落，皮肤发生损伤，患有皮炎或者出现皮肤出血（图 1-56）；有的病鸡的鸡冠被啄，鸡冠损伤，鲜血直流（图 1-57）。病鸡因皮肤痒得不到良好的休息，食欲减退，逐渐消瘦，病情严重时会导致雏鸡死亡，生长发育阶段的鸡生长发育受阻，甚至会停止发育，蛋鸡的产蛋量下降。虽然单纯患本病的致死率较低，但是会导致病鸡对疾病的抵抗力下降，易继发感染其他疾病而使死亡率升高。

图 1-53　鸡羽毛上的鸡虱（右下角为显微镜下的羽虱）

视频 1-11

鸡虱病：鸡虱平时主要潜藏在水线的接头处

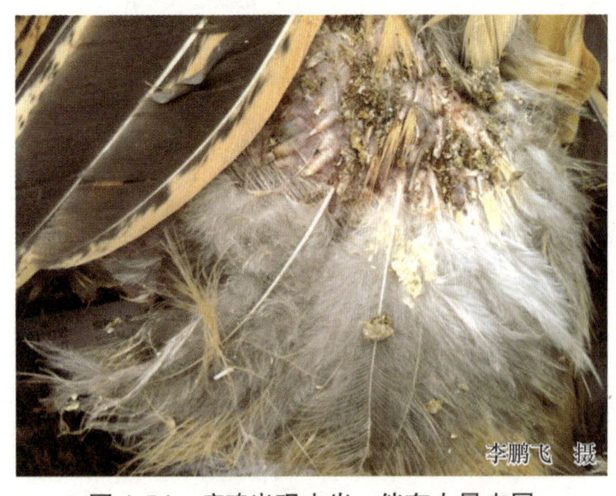

图 1-54　病鸡出现皮炎，伴有大量皮屑

图 1-55　鸡虱常集结在水线的接头处（左上角是放大的鸡虱）

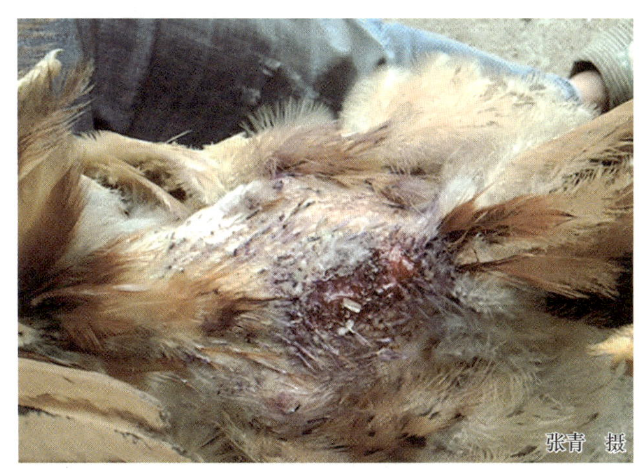

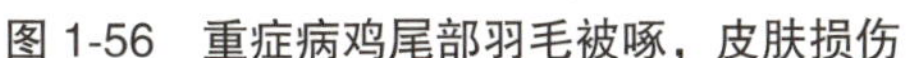
图 1-56 重症病鸡尾部羽毛被啄，皮肤损伤

图 1-57 鸡冠被啄，鲜血流出

【诊断】根据临床症状可以做出初步诊断，用手拨开病鸡的羽毛看见鸡虱在羽毛与皮肤间运动，或在羽毛上发现虱卵即可确诊。

【预防】对于本病的预防主要是通过加强鸡群的饲养管理，提高鸡体的抗病能力。进行合理的饲喂，加强养殖环境的控制工作，每天都要及时清理鸡舍的粪污，保持鸡舍的环境卫生，做好定期的消毒工作。加强鸡舍通风换气的力度，减少舍内有害气体的浓度。调整鸡群的饲养密度，避免鸡群过于拥挤。保持鸡舍环境干燥，勤换垫料。

【临床用药指南】

（1）樟脑丸治虱 将樟脑丸研成粉末后在夜晚鸡入窝休息时均匀地撒在鸡舍内，3 天后检查病鸡身上，如果还存在鸡虱则可加大用量，或者使用樟脑粉擦鸡身，让其进入羽毛丛中，可起到更好的防治效果。

（2）药液喷雾灭虱 将精制敌百虫片研细后与灭毒威（含氯消毒粉）一起与水混合后喷雾，可起到良好的防治效果。用量为每 1000 只成年鸡使用规格为 0.3 克的敌百虫片 250 片、灭毒威粉 75 克，混入 15 千克温水中，等完全溶解后进行全方位的喷雾，1 周后再喷雾 1 次，可彻底杀灭鸡虱。也可选用 0.7%~1% 的氟化钠水溶液药浴。

在鸡虱高发季节，选用无毒灭虱精（胺菊・氯菊酯）或无毒多灭灵（甲胺磷）等配制成稀释液后再进行喷雾，方法是将鸡抓起后逆羽毛生长的方向喷雾。同时使用上述药剂对养殖环境，包括鸡舍、运动场、墙壁、垫草等进行喷洒，以杀灭环境中的鸡虱。也可选用 5% 马拉硫磷粉、10% 二氯苯醚菊酯喷雾。

（3）卫生球治虱 根据鸡舍和鸡的大小将卫生球用布包起来，将其固定在鸡舍的几个角落，可消除鸡舍内的鸡虱，对于鸡身上的鸡虱，则可以将包好的卫生球绑在鸡的翅膀下，一般每只鸡用 2 颗，2~3 天即可驱除体表的鸡虱。

（4）洗衣粉灭虱 洗衣粉水溶液可以有效地脱去虫体体表的蜡质，堵塞气孔，使虫体窒息死亡。使用方法是将洗衣粉水溶液洗涤鸡体，杀灭效果较好，同时还可以起到清洗鸡体污垢、保持体表清洁卫生的作用。

（5）灭虫素治虱 灭虫素是防治鸡虱的有效药物，每毫升灭虫素中含有伊维菌素 10

毫克，使用时按 1 千克体重 0.2 毫克注射于病鸡翅内侧皮下，隔 10 天后再注射 1 次，一般 2 次即可治好。

（6）白酒治虱 在 500 毫升白酒中，放入 20~30 克百部草，每天摇晃 2~5 次，3 天后用棉球蘸药酒涂抹在病鸡的皮肤上，每天 1 次，连用 3~4 天，即可根治。

十、维生素 A 缺乏症

维生素 A 缺乏症（Vitamin A Deficiency）是由于日粮中维生素 A 供应不足或吸收障碍而引起的以鸡生长发育不良、器官黏膜损害、上皮角化不全、视觉障碍、产蛋率和孵化率下降、胚胎畸形等为特征的一种营养代谢性疾病。

【发病原因】日粮中缺乏维生素 A 或胡萝卜素（维生素 A 原）；饲料储存、加工不当，导致维生素 A 缺乏；日粮中蛋白质和脂肪不足，导致鸡发生功能性维生素 A 缺乏症；需要量增加，许多学者认为鸡维生素 A 的实际需要量应高于 NRC 标准。此外，胃肠吸收障碍，发生腹泻或其他疾病，使维生素 A 消耗或损失过多；肝病使其不能利用及储存维生素 A，均可引起维生素 A 缺乏症。

【临床症状】雏鸡和初产蛋鸡易发生维生素 A 缺乏症，一般发生在 6~7 周龄。若 1 周龄的雏鸡发病，则与种鸡缺乏维生素 A 有关。成年鸡通常在 2~5 个月出现症状。

雏鸡主要表现为精神委顿，衰弱，运动失调，羽毛松乱，生长缓慢，消瘦。流泪，眼睑内有干酪样物质积聚，常将上下眼睑粘在一起（图 1-58），角膜混浊不透明，病情严重的角膜软化或穿孔，失明。喙和小腿部皮肤的黄色消退，趾关节肿胀，脚垫粗糙、增厚（图 1-59）。有些病鸡受到外界刺激即可引起阵发性的神经症状，做圆圈式扭头并后退和惊叫，病鸡在发作的间隙期尚能采食。成年鸡发病呈慢性经过，主要表现为食欲减退，羽毛松乱，消瘦，爪、喙色浅，冠白有皱褶，趾爪粗糙，两腿无力，步态不稳，往往用尾支地。母鸡产蛋率和孵化率降低，血斑蛋增加。公鸡性机能降低，精液品质下降。病鸡的呼吸道和消化道黏膜受损，易感染多种病原微生物，使死亡率增加。

图 1-58 病鸡眼睑肿胀，上下眼睑粘连

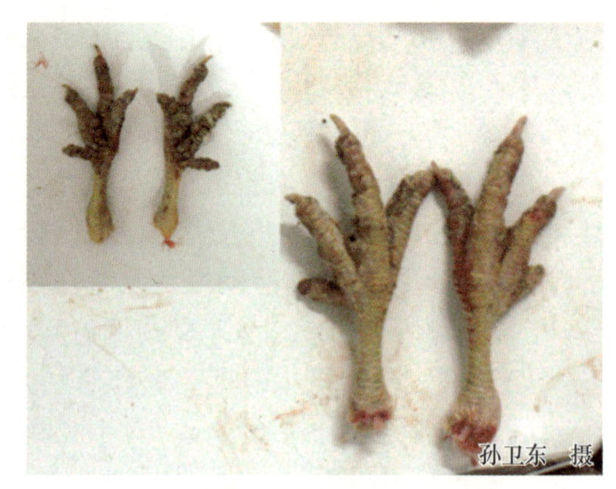

图 1-59 病鸡腿部鳞片褪色，趾关节肿胀，脚垫粗糙、增厚（左上角小图）

【病理剖检变化】病鸡或病死鸡口腔、咽喉和食道黏膜过度角化，有时从食道上端

直至嗉囊入口有散在粟粒大小的白色结节或脓疱（图 1-60），或覆盖一层白色的豆腐渣样的薄膜。呼吸道黏膜被一层鳞状角化上皮代替，鼻腔内充满水样分泌物，液体流入眶下窦后，导致一侧或两侧颜面肿胀，泪管阻塞或眼球受压，视神经损伤，严重病例角膜穿孔。肾脏呈灰白色，肾小管和输尿管充塞着白色尿酸盐沉积物（图 1-61），心包、肝脏和脾脏表面有时可见尿酸盐沉积（图 1-62）。

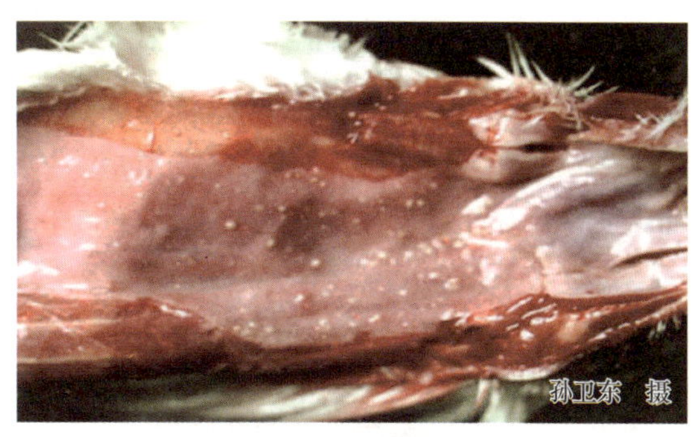

图 1-60　病鸡食道黏膜有散在粟粒大小的白色结节或脓疱

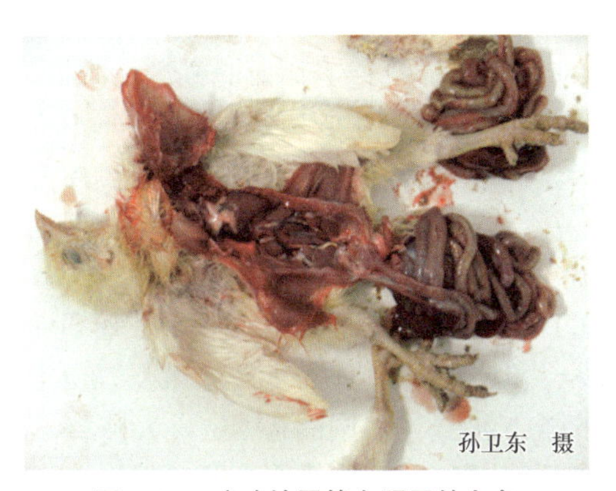

图 1-61　病鸡输尿管有明显的白色尿酸盐沉积

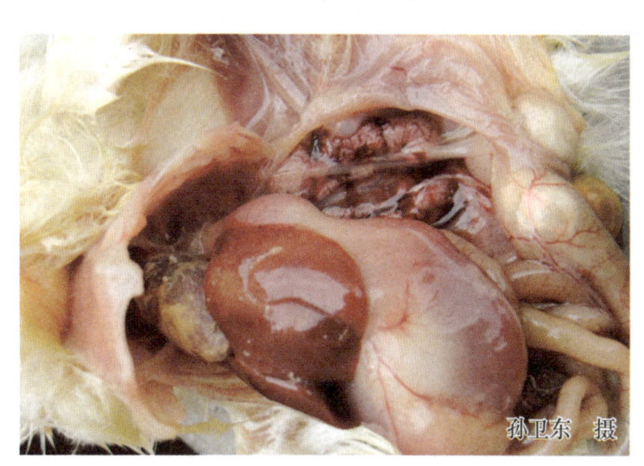

图 1-62　病鸡心包等内脏表面有明显的白色尿酸盐沉积

【类症鉴别】本病出现的呼吸道症状与传染性鼻炎、传染性喉气管炎等病的症状类似，应注意鉴别；本病出现的产蛋率、孵化率下降和胚胎畸形等临床症状与产蛋下降综合征、低致病性禽流感、传染性支气管炎等病的症状类似，应注意鉴别；本病出现的眼及面部肿胀症状与鸡传染性鼻炎、眼型大肠杆菌病、氨气眼部灼伤等病的症状类似，应注意鉴别；本病出现的“花斑肾”病变与鸡传染性法氏囊病、肾病型传染性支气管炎、鸡痛风等病的病变类似，应注意鉴别；鸡食道黏膜覆盖的白色豆腐渣样薄膜与鸡黏膜型鸡痘的病变类似，应注意鉴别。

【预防】防止本病的发生，须从日粮的配制、保管、储存等多方面采取措施。

（1）优化饲料配方，供给全价日粮　鸡因消化道内微生物少，大多数维生素在体内不能合成，必须从饲料中摄取。因此要根据鸡的生长与产蛋不同阶段的营养要求特点，添加足量的维生素 A，以保证其生理、产蛋、抗应激和抗病的需要。调节维生素、蛋白质和能量水平，以保证维生素 A 的吸收和利用。如硒和维生素 E，可以防止维生素 A 遭氧化破坏，蛋白质和脂肪有利于维生素 A 的吸收和储存，如果这些物质缺乏，即使日粮中有足够的维生素 A，也可能发生维生素 A 缺乏症。

（2）饲料最好现配现喂，不宜长期保存　由于维生素 A 或胡萝卜素存在于油脂中而易被氧化，因此饲料放置时间过长或预先将脂式维生素 A 掺入到饲料中，尤其是在大量不饱和脂肪酸的环境中更易被氧化。鸡易吸收黄色及橙黄色的类胡萝卜素，所以黄色玉米和绿叶粉等富含类胡萝卜素的饲料可以增加蛋黄和鸡皮肤的色泽，但这些色素随着饲料储存过长也易被破坏。此外，储存饲料的仓库应阴凉、干燥，防止饲料发生酸败、霉变、发酵、发热等，以免维生素 A 被破坏。

（3）**完善饲喂制度** 饲喂时，应勤添少加，饲槽内不应留有剩料，以防维生素 A 或胡萝卜素被氧化失效。必要时，平时可以补充饲喂一些含维生素 A 或胡萝卜素丰富的饲料，如牛奶、肝粉、胡萝卜、菠菜、南瓜、黄玉米、苜蓿等。

（4）**加强胃肠道疾病的防控** 保证鸡的肠胃、肝脏功能正常，以利于维生素 A 的吸收和储存。

（5）**加强种鸡维生素 A 的监测** 选用维生素 A 检测合格的种鸡所产的种蛋进行孵化，以防雏鸡发生先天性维生素 A 缺乏症。

【临床用药指南】消除致病病因，立即对病鸡或鸡群用维生素 A 治疗，剂量为日维持需要量的 10~20 倍。

（1）**使用维生素 A 制剂** 可投服鱼肝油，每只鸡每天喂 1~2 毫升，雏鸡则酌情减少。对发病鸡所在的鸡群，在每千克饲料中拌入 2000~5000 国际单位的维生素 A，或在每千克配合饲料中添加精制鱼肝油 15 毫升，连用 10~15 天。或补充含有抗氧化剂的维生素 A 含量高的食用油，日粮约补充维生素 A 11000 国际单位 / 千克。对于病重的鸡应口服鱼肝油丸（成年鸡每天可口服 1 粒）或滴服鱼肝油数滴，也可肌内注射维生素 AD 注射液，每只鸡 0.2 毫升。其眼部病变可用 2%~3% 的硼酸溶液进行清洗，并涂以抗生素软膏。在短期内给予大剂量的维生素 A，对急性病例疗效迅速而安全，但慢性病例不可能完全康复。由于维生素 A 不易从机体内迅速排出，因此，必须注意防止长期过量使用引起维生素 A 中毒。

（2）**其他疗法** 用羊肝拌料，取鲜羊肝 0.3~0.5 千克切碎，沸水烫至变色，然后连汤加肝一起拌于 10 千克饲料中，连续喂鸡 1 周，此法主要适用于雏鸡。或取苍术末，按每次每只鸡 1~2 克，每天 2 次，连用数天。

十一、维生素 D 缺乏症

维生素 D 的主要功能是诱导钙结合蛋白质的合成和调控肠道对钙的吸收及血液对钙的转运。维生素 D 缺乏可降低雏鸡骨钙沉积而出现佝偻病、成年鸡骨钙流失而出现骨软症。维生素 D 缺乏症（Vitamin D Deficiency）临床上以骨骼、喙和蛋壳形成受阻为特征。

【发病原因】在生产实践中要根据实际情况灵活掌握维生素 D 用量，如果日粮中有效磷少则维生素 D 需要量就多，钙和有效磷的比例以 2∶1 为宜；在鸡皮肤表面及食物中含有维生素 D 源经紫外线照射转变为维生素 D，日光照射不足则会影响维生素 D 源转变为维生素 D；消化吸收功能障碍等因素影响脂溶性维生素 D 的吸收；患有肾脏、肝脏疾病，维生素 D_3 羟化作用受到影响而易发病。

【临床症状】雏鸡通常在 2~3 周龄时出现明显的症状，最早可在 10~11 日龄发病。病鸡生长发育受阻，羽毛生长不良，喙柔软易变形，跖骨易弯曲成弓形（图 1-63）。腿部衰弱无力，行

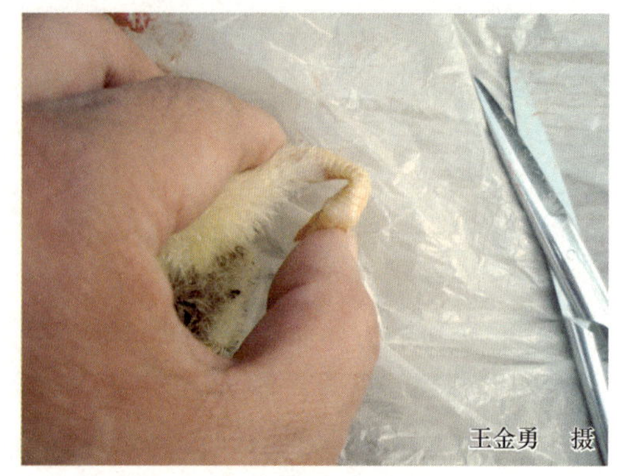

图 1-63 病雏鸡跖骨弯曲成弓形

走时步态不稳，躯体向两边摇摆，站立困难，不稳定地移行几步后即以跗关节着地伏下。

产蛋鸡往往在缺乏维生素 D 2~3 个月后才开始出现症状。表现为产薄壳蛋和软壳蛋的数量显著增多，蛋壳强度下降、易碎（图 1-64）。随后产蛋量明显减少。产蛋量和蛋壳的硬度下降一个时期之后，接着会有一个相对正常的时期，可能循环反复，形成几个周期。有的产蛋鸡可能出现暂时性的不能走动，常在产 1 个无壳蛋之后即能复原。病重母鸡表现出像“企鹅状”蹲伏的特殊姿势，以后鸡的喙、爪和龙骨逐渐变软，胸骨常弯曲（图 1-65）。胸骨与脊椎骨接合部向内凹陷，产生肋骨沿胸廓呈内向弧形的特征。种蛋孵化率降低，胚胎多在孵化后 10~17 日龄之间死亡。

图 1-64 产蛋母鸡产薄壳蛋，蛋壳强度下降、易碎

图 1-65 产蛋母鸡胸骨弯曲成“S”状

【病理剖检变化】 病雏鸡或病死雏鸡，其特征性病理变化是龙骨呈“S”状弯曲（图 1-66），肋骨与肋软骨、肋骨与椎骨连接处出现串珠状结节（图 1-67）。在胫骨或股骨的骨骺部可见钙化不良。

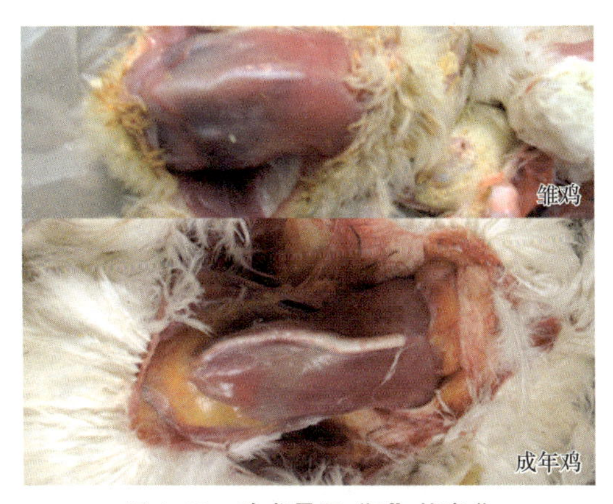

图 1-66 鸡龙骨呈“S”状弯曲

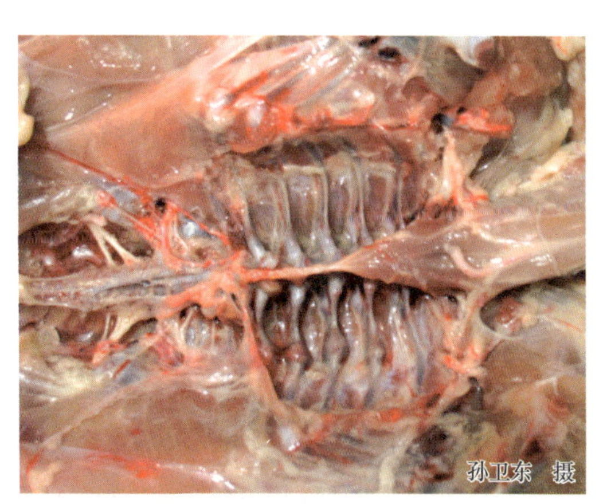

图 1-67 病雏鸡肋骨与肋软骨、肋骨与椎骨连接处出现串珠状结节

成年产蛋鸡或种鸡死于维生素 D 缺乏症时，其尸体剖检所见的特征性病变局限于骨骼

和甲状旁腺。骨骼软而容易折断。腿骨组织切片呈现缺钙和骨样组织增生现象。胫骨用硝酸银染色，可显示出胫骨的骨骺有未钙化区。

【类症鉴别】本病出现的运动障碍与钙、磷不足，钙、磷比例失调，锰缺乏症等出现的症状类似，详细鉴别诊断见本章第二节内容。

【预防】改善饲养管理条件，补充维生素 D；将病鸡置于光线充足、通风良好的鸡舍内；合理调配日粮，注意日粮中钙、磷比例，喂给含有充足维生素D的混合饲料。此外，还需加强饲养管理，尽可能让病鸡多晒太阳，笼养鸡还可在鸡舍内用紫外线进行照射。

【临床用药指南】首先应找出病因，针对病因采取有效措施。雏鸡佝偻病可一次性大剂量喂给维生素 D_3 1.5 万 ~2.0 万国际单位，或一次性肌内注射维生素 D_3 1 万国际单位，或滴服鱼肝油数滴，每天 3 次，或用维丁胶性钙注射液肌内注射 0.2 毫升，同时配合使用钙片，连用 7 天左右。发病鸡群除在其日粮中增加富含维生素 D 的饲料（如苜蓿等）外，还应在每千克饲料中添加鱼肝油 10~20 毫升。但在临床实践中，应根据维生素 D 缺乏的程度补充适宜的剂量，以防止添加剂量过大而引起鸡维生素 D 中毒。

十二、维生素 B_1 缺乏症

维生素 B_1 是由一个嘧啶环和一个噻唑环结合而成的化合物，因分子中含有硫和氨基，故又称为硫胺素（Thiamine）。因维生素 B_1 缺乏而引起鸡碳水化合物代谢障碍及神经系统病变的疾病，称为维生素 B_1 缺乏症（Vitamin B_1 Deficiency）。

【发病原因】大多数常用饲料中维生素 B_1 均很丰富，特别是禾谷类籽实的加工副产品糠麸及饲用酵母中每千克含量可达 7~16 毫克。植物性蛋白质饲料每千克含 3~9 毫克。所以家禽实际应用的日粮中都含有充足的维生素 B_1，无须补充。然而，鸡仍有维生素 B_1 缺乏症发生，主要是由于日粮中维生素 B_1 遭受破坏（如饲粮被蒸煮加热、碱化处理）所致。此外，日粮中含有维生素 B_1 拮抗物质而使维生素 B_1 缺乏，如日粮中含有蕨类植物，球虫抑制剂氨丙啉，某些植物、真菌、细菌产生的拮抗物质，均可能使维生素 B_1 缺乏而致病。

【临床症状】雏鸡对维生素 B_1 缺乏十分敏感，饲喂缺乏维生素 B_1 的饲料后约经 10 天即可出现多发性神经炎症状。病鸡表现为突然发病，鸡蹲坐在其屈曲的腿上，头缩向后方呈现特征性的“观星”姿势。由于腿麻痹不能站立和行走，病鸡以跗关节和尾部着地，坐在地面或倒地侧卧，严重时会突然倒地，抽搐死亡。鸡维生素 B_1 缺乏时的临床症状见图 1-68。

孙卫东　摄

病鸡以跗关节和尾部着地

孙卫东　摄

病鸡头后仰、以翅支撑

图 1-68　鸡维生素 B_1 缺乏时的临床症状

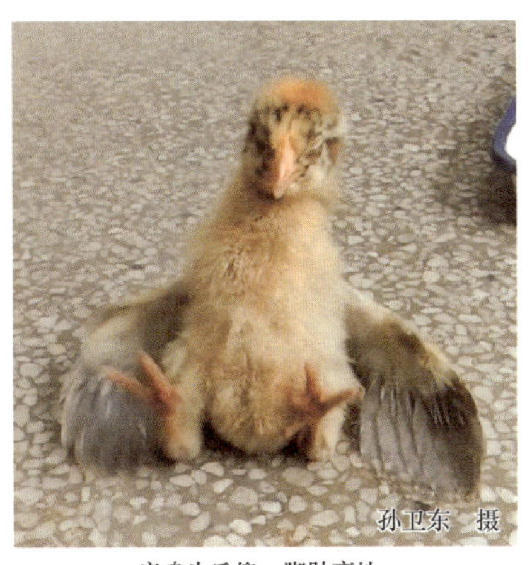

病鸡头后仰、脚趾离地

病鸡倒地、抽搐

图 1-68 鸡维生素 B_1 缺乏时的临床症状（续）

成年鸡维生素 B_1 缺乏约 3 周后才出现临床症状。病初食欲减退，生长缓慢，羽毛松乱无光泽，腿软无力和步态不稳。鸡冠常呈蓝紫色。以后神经症状逐渐明显，开始是脚趾的屈肌麻痹，随后向上发展，其腿、翅膀和颈部的伸肌明显地出现麻痹。有些病鸡出现贫血和腹泻。体温下降至 35.5℃。呼吸次数呈进行性减少，衰竭死亡。种蛋孵化率降低，死胚增加，有的因无力破壳而死亡（图 1-69 和视频 1-12）。能出壳的雏鸡呈现明显的“观星”姿势（图 1-70 和视频 1-13）。

视频 1-12
雏鸡维生素 B_1 缺乏症：死胚增加

视频 1-13
雏鸡维生素 B_1 缺乏症：刚出壳呈现明显的“观星”姿势

图 1-69 死胚增加，有的因无力破壳而死亡

图 1-70 刚出壳的雏鸡呈现明显的“观星”姿势

【病理剖检变化】病雏鸡或病死雏鸡的皮肤呈广泛水肿，其水肿的程度决定于肾上腺的肥大程度。肾上腺肥大，雌鸡比雄鸡的更为明显，肾上腺皮质部的肥大比髓质部更大一些。心脏轻度萎缩，右心可能扩大，肝脏呈浅黄色，胆囊肿大。肉眼可观察到胃和肠壁的萎缩，而十二指肠的肠腺（里贝昆氏腺）却扩张。

【类症鉴别】本病出现的“观星”等神经系统症状与鸡新城疫、禽传染性脑脊髓炎、维生素 E 缺乏症等出现的症状类似，详细鉴别诊断见本章第二节内容。

【预防】饲养标准规定每千克饲料中维生素 B_1 含量为：肉用仔鸡和 0~6 周龄的育成蛋鸡 1.8 毫克，7~20 周龄鸡 1.3 毫克，产蛋鸡和母鸡 0.8 毫克，注意按标准饲料搭配和合理调制，就可以预防维生素 B_1 缺乏症。注意日粮配合，添加富含维生素 B_1 的糠麸、青绿饲料或添加维生素 B_1。对种鸡要监测血液中丙酮酸的含量，以免影响种蛋的孵化率。某些药物（抗生素、磺胺类药物、球虫药等）是维生素 B_1 的拮抗剂，不宜长期使用，若用药应加大维生素 B_1 的用量。天气炎热时，需求量高，注意额外补充维生素 B_1。

【临床用药指南】发病严重者，可给病鸡口服维生素 B_1，在数小时后即可见到疗效。由于维生素 B_1 缺乏可引起鸡极度的厌食，因此在急性缺乏尚未痊愈之前，在饲料中添加维生素 B_1 的治疗方法是不可靠的，所以要先口服维生素 B_1，然后再在饲料中添加，雏鸡的口服量为每只每天 1 毫克，成年鸡每只内服量为每千克体重 2.5 毫克。对神经症状明显的病鸡应肌内或皮下注射维生素 B_1 注射液，雏鸡每次 1 毫克，成年鸡每次 5 毫克，每天 1~2 次，连用 3~5 天。此外，还可取大活络丹 1 粒，分 4 次投服，每天 1 粒，连用 14 天。

十三、维生素 B_2 缺乏症

维生素 B_2 是由核醇与二甲基异咯嗪结合构成的，由于异咯嗪是一种黄色色素，故又称之为核黄素（Riboflavin）。维生素 B_2 缺乏症（Vitamin B_2 Deficiency）是由于饲料中维生素 B_2 缺乏或被破坏引起鸡机体内黄素酶形成减少，导致物质代谢性障碍，临床上以脚趾向内蜷曲、飞节着地、两腿发生瘫痪为特征的一种营养代谢病。

【发病原因】常用的禾谷类饲料中维生素 B_2 特别贫乏，每千克不足 2 毫克。所以，肠道比较缺乏微生物的鸡，又以禾谷类饲料为食，若不注意添加维生素 B_2，易发生缺乏症。维生素 B_2 易被紫外线、碱及重金属破坏；另外还要注意，饲喂高脂肪、低蛋白质日粮时维生素 B_2 需要量增加；种鸡比非种用蛋鸡的需求量高 1 倍；低温时供给量应增加；患有胃肠病时，会影响维生素 B_2 转化和吸收。这些因素都可能引起维生素 B_2 缺乏症。

【临床症状】雏鸡饲喂缺乏维生素 B_2 日粮后，多在 1~2 周龄发生腹泻，食欲尚良好，但生长缓慢，逐渐变得衰弱消瘦。其特征性症状是脚趾向内蜷曲，以跗 / 趾关节着地行走（图 1-71 和视频 1-14），强行驱赶则以跗关节支撑并在翅膀的帮助下走动，两腿瘫痪（图 1-72），腿部肌肉萎缩和松弛，皮肤干而粗糙。维生素 B_2 缺乏症的后期，病雏鸡不能运动，只是伸腿俯卧，多因吃不到食物而饿死。

视频 1-14

鸡维生素 B_2 缺乏症：运动障碍，以跗关节着地行走

育成鸡病至后期，腿叉开而卧，瘫痪。母鸡的产蛋量下降，蛋清稀薄，种鸡则出现产蛋率、受精率、孵化率下降。种母鸡日粮中维生素 B_2 的含量低，其所产的蛋和出壳雏鸡的维生素 B_2 含量也低，而维生素 B_2 是胚胎正常发育和孵化所必需的物质，孵化种蛋内的维生素 B_2 用完，鸡胚就会死亡（入孵第二周死亡率高）。死胚呈现皮肤结节状绒毛，颈部弯曲，躯体短小，关节变形，水肿，贫血和肾脏变性等病理变化。有时也能孵出雏鸡，但多数带有先天性麻痹症状，体小、浮肿。

图 1-71 病雏鸡脚趾向内蜷曲，以跗 / 趾关节着地行走

图 1-72 病雏鸡脚趾向内蜷曲，瘫痪、行走困难

【病理剖检变化】 病雏鸡或病死雏鸡胃肠道黏膜萎缩，肠壁薄，肠内充满泡沫状内容物（图 1-73）。病产蛋鸡或病死产蛋鸡皆出现肝脏增大和脂肪量增多；有些病例出现胸腺充血和成熟前期萎缩；病成年鸡或病死成年鸡的坐骨神经和臂神经显著肿大和变软，尤其是坐骨神经的变化更为显著，其直径比正常大 4~5 倍。

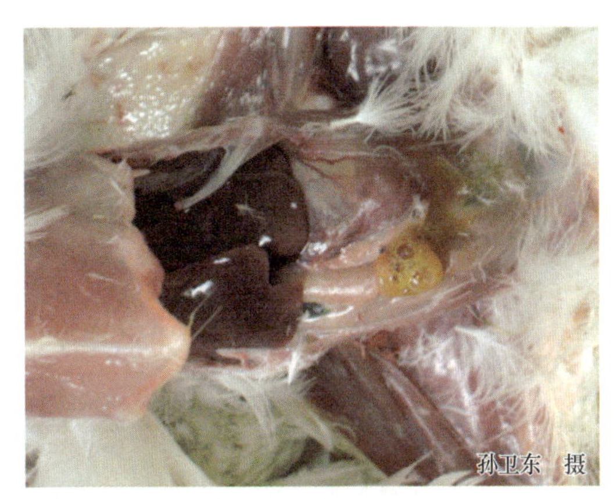

图 1-73 病雏鸡肠道内充满泡沫状内容物

【类症鉴别】 本病出现的趾爪蜷曲、两腿瘫痪等症状与禽传染性脑脊髓炎、维生素 E- 硒缺乏症、鸡马立克氏病等出现的症状类似，详细鉴别诊断见本章第二节内容。

【预防】 饲喂的日粮必须能满足鸡生长、发育和正常代谢对维生素 B_2 的需求量。0~7 周龄的雏鸡，每千克饲料中维生素 B_2 含量不能低于 3.6 毫克；8~18 周龄时，不能低于 1.8 毫克；种鸡不能低于 3.8 毫克；产蛋鸡不能低于 2.2 毫克。配制全价日粮，应遵循多样化原则，选择谷类、酵母、新鲜青绿饲料和苜蓿、干草粉等富含维生素 B_2 的原料，或在每吨饲料中添加 2~3 克维生素 B_2，对预防本病的发生有较好的作用。维生素 B_2 在碱性环境及暴露于可见光特别是紫外光中，容易分解变质，混合料中的碱性药物或添加剂也会破坏维生素 B_2，因此，饲料储存时间不宜过长。防止鸡群因胃肠道疾病（如腹泻等）或其他疾病影响对维生素 B_2 的吸收而诱发本病。

【临床用药指南】 雏鸡按每只 1~2 毫克，成年鸡按每只 5~10 毫克口服维生素 B_2 片或肌内注射维生素 B_2 注射液，连用 2~3 天。或在每千克饲料中加入维生素 B_2 20 毫克治疗 1~2 周，即可见效。但对趾爪蜷曲、腿部肌肉萎缩、卧地不起的重症病例疗效不佳，应将其及时淘汰。此外，可取山苦荬（别名七托莲、小苦麦菜、苦菜、黄鼠草、小苦苣、活血草、隐血丹），按 10%（预防按 5%）的比例在饲料中添喂，每天 3 次，连喂 30 天。

十四、锰缺乏症

锰是鸡生长、生殖和骨骼、蛋壳形成所必需的一种微量元素，鸡对这种元素的需求量是相当高的，对缺锰最为敏感，易发生缺锰。锰缺乏症（Manganese Deficiency）又称为骨短粗症或滑腱症，是以跗关节粗大和变形、蛋壳硬度及蛋孵化率下降、鸡胚畸形为特征的一种营养代谢病。

【发病原因】饲料中玉米、大麦和大豆的锰含量很低，若锰补充不足，则可引起锰缺乏；饲料中磷酸钙含量过高可影响肠道对锰的吸收；锰与铁、钴在肠道内有共同的吸收部位，饲料中铁和钴含量过高，可竞争性地抑制肠道对锰的吸收。此外，饲养密度过大可诱发本病。

【临床症状】病鸡的特征性症状是生长停滞，骨短粗症。胫 - 跗关节增大，胫骨下端和跖骨上端弯曲扭转，使腓肠肌腱从跗关节的骨槽中滑出而呈现脱腱症状，多数是一侧腿向外弯曲，甚至呈 90 度角（图 1-74 和视频 1-15），极少有向内弯曲的。病鸡腿部变弯曲或扭曲，腿关节扁平而无法支撑体重，将身体压在跗关节上。病鸡运动时多以跗关节着地行走（视频 1-16）。严重病例多因不能行动无法采食而饿死。

图 1-74 病鸡左腿向外翻转呈 90 度角

成年蛋鸡缺锰时产蛋量下降，种蛋孵化率显著下降，还可导致胚胎的软骨营养不良。这种鸡胚的死亡高峰发生在孵化的第 20 天和第 21 天。胚胎躯体短小，骨骼发育不良，翅短，腿短而粗，头呈圆球样，喙短弯呈特征性的“鹦鹉嘴”。有研究表明，锰是保持最高蛋壳质量所必需的元素，当锰缺乏时，蛋壳会变得薄而脆。孵化成活的雏鸡有时表现出共济失调，且在受到刺激时尤为明显。

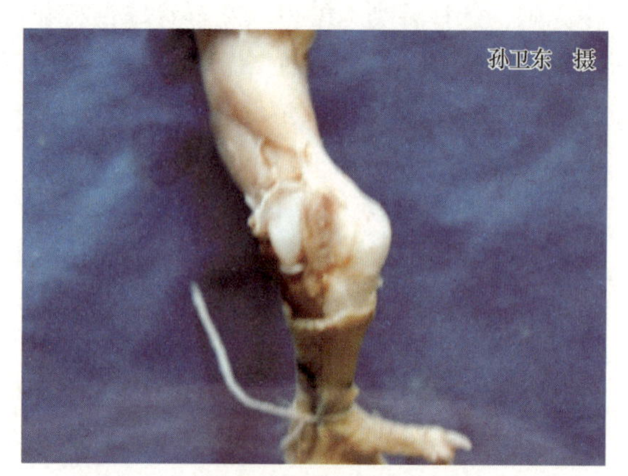

图 1-75 病鸡腓肠肌腱从跗关节骨槽中滑出（福尔马林固定标本）

【病理剖检变化】病鸡或病死鸡见胫骨下端和跖骨上端弯曲扭转，使腓肠肌腱从跗关节骨槽中滑出而出现滑腱症（图 1-75）。严重者管状骨短粗、弯曲，骨骺肥厚，骨板变薄，剖面可见密质骨多孔，在骺端尤其明显。骨骼的硬度尚良好，相对重量未减少或有所增多。消化、呼吸等各系统内脏器官均无明显眼观病理变化。

【类症鉴别】本病跛行、骨短粗和变形症状与大肠杆菌、葡萄球菌等引起的关节炎，滑液囊关节炎，病毒性关节炎，关节型痛风，胆碱缺乏症，叶酸缺乏症，维生素D缺乏症，维生素 B_2 缺乏症，钙磷缺乏和钙磷比例失调等出现的症状类似，详细鉴别诊断见本章第二节内容。

【预防】由于普通配制的饲料都缺锰，特别是以玉米为主的饲料，即使加入钙磷不多，也要补锰，一般用硫酸锰作为饲料中添加锰的原料，每千克饲料中添加硫酸锰 0.1~0.2 克。也可多喂些新鲜青绿饲料，饲料中的钙、磷、锰和胆碱的配合要平衡。对于雏鸡，饲料中的骨粉量不宜过多，玉米的比例也要适当。

【临床用药指南】在出现锰缺乏症病鸡时，可提高饲料中锰的加入剂量至正常加入量的 2~4 倍。也可用 1∶300 的高锰酸钾溶液作为饮水，以满足鸡体对锰的需求量。对于饲料中钙、磷比例高的，应降至正常标准，并增补 0.1%~0.2% 的氯化胆碱，适当添加复合维生素。虽然锰是毒性最小的矿物元素之一，鸡对其的日耐受量可达 2000 毫克 / 千克，且这时并不表现出中毒症状，但高浓度的锰可降低血红蛋白和红细胞压积及肝脏铁离子的水平，导致贫血，影响雏鸡的生长发育，且过量的锰对钙和磷的利用有不良影响。

对由锰缺乏引起的已经发生骨变形和滑腱症的重症病例，若无恢复希望，建议淘汰。

十五、肉鸡胫骨软骨发育不良

肉鸡胫骨软骨发育不良（Tibial Dyschondroplasia in Chicken）是在 1965 年由 Leach 和 Nesheim 首次发现的。临床上是以胫骨近端生长板的软骨细胞不能肥大发育成熟，出现无血管软骨团块，积聚在生长板下，深入干骺端甚至骨髓腔为特征的一种营养代谢性骨骼疾病。本病已在世界范围内发生，可引起屠宰率降低和屠宰酮体品质的下降而造成较为严重的经济损失。

【发病原因】引起本病的因素很复杂，其中有营养、遗传和环境等因素。

1）营养因素：

① 饲料中钙磷水平是导致胫骨软骨发育不良的主要营养因素。随着鸡日粮中钙与可利用磷比例的增加，本病的发生率也会降低。由于高磷破坏了机体酸碱平衡，进而影响钙的代谢，使肾脏 25-（OH）D_3 转化为 1，25-（OH）$_2D_3$ 所需的 α- 羟化酶的活性受到干扰。

② 日粮中氯离子的水平对胫骨软骨发育不良的发生影响显著。日粮中氯离子水平越高，本病的发病率和严重程度越高，而镁离子的增加会使胫骨软骨发育不良发病率下降。

③ 铜是构成赖氨酸氧化酶的辅助因子，而这种酶对合成软骨具有很重要的作用；锌缺乏会引起骨端生长盘软骨细胞的紊乱，导致骨胶原的合成和更新过程被破坏，从而可能使本病的发病率增高。

④ 含硫氨基酸、胆碱、生物素、维生素 D_3 等缺乏时会影响胫骨软骨的形成。

2）镰刀菌毒素或二硫化四甲基秋兰姆也可诱发本病。

3）此外，遗传选育与日常饲养管理使鸡生长速度加快也增加了本病的发病率。

【临床症状】肉鸡的发病高峰期在 2~8 周龄，其发病率在正常饲养条件下可达 30%，在某种特定条件下（如酸化饲料）高达 100%。多数病例呈慢性经过，初期症状不明显，随着时间的延长病鸡表现为运动不便，采食受限，生长发育缓慢，增重明显下降，进而不愿走动，步履蹒跚，步态如踩高跷，双侧性股 - 胫关节肿大，并多伴有胫跗骨皮质前端肥大。由于发育不良的软骨块不断增生和形成，病鸡双腿弯曲，胫骨骨密度和强度显著下降，胫骨发生骨折，从而导致严重的跛行。跛行的比例可高达 40%。

【病理剖检变化】患病鸡胫骨骺端软骨繁殖区内不成熟的软骨细胞极度增长，形成无血管软骨团块（图 1-76），积聚在生长板下，深入干骺端甚至骨髓腔。不成熟软骨细胞大，而软骨囊小，排列较紧密；繁殖区内血管稀少，缺乏血管周细胞、破骨细胞和成骨细胞，有的血管段增生的软骨细胞挤压而萎缩、变性甚至坏死；有时软骨钙化区骨针排列紊乱、扭曲，不成熟的软骨细胞呈杵状伸向钙化区（图 1-77）。

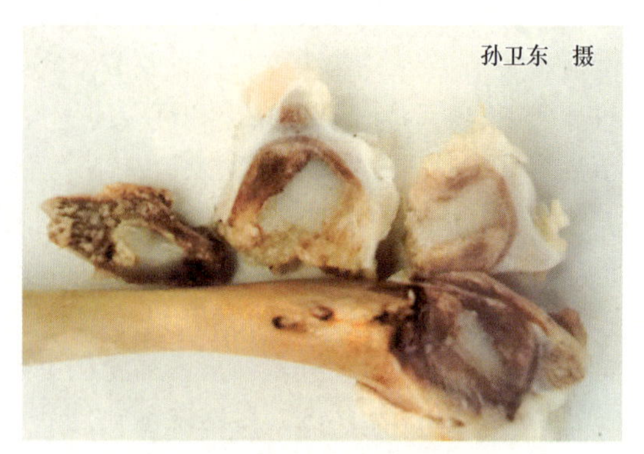

图 1-76 软骨繁殖区内形成软骨团块
（福尔马林固定标本）

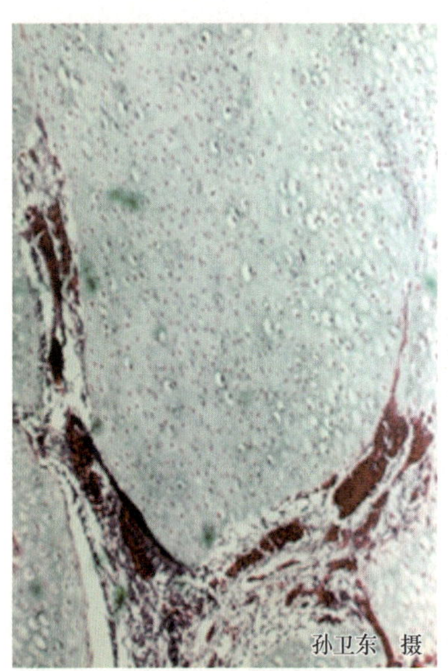

病鸡不成熟的软骨细胞

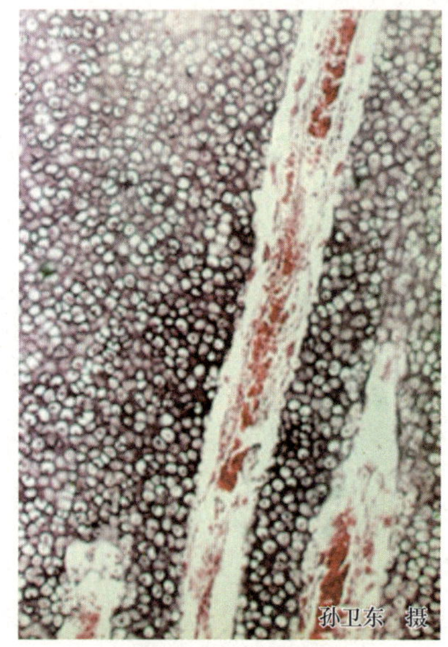

健康鸡成熟的软骨细胞

图 1-77 组织病理学表明病鸡不成熟的软骨细胞呈杵状伸向钙化区

【类症鉴别】本病引起的运动障碍（病变）与维生素 D 缺乏症、维生素 B_1 缺乏症、维生素 B_2 缺乏症、锰缺乏症等出现的症状类似，详细鉴别诊断见本章第二节内容。

【预防】建立适宜胫骨生长发育的营养和管理计划。根据当地的具体情况，制订和实施早期限饲、控制光照等措施，控制肉鸡的早期生长速度，以有效降低肉鸡胫骨软骨发育不良的发生，且不影响肉鸡的上市体重。采用营养充足的饲料，保证日粮组分中动物蛋白质、复方矿物质及复方维生素等配料的质量，减少肉鸡与霉菌毒素接触的机会。加强饲养管理，减少应激因素。

通过遗传选育培养出抗胫骨软骨发育不良的新品种。在肉鸡 2 周龄时，应用小能量的便携式 X 线机透视可清楚地观察到肉鸡胫骨软骨发育不良的病变，故可用于早期剔除具有肉鸡胫骨软骨发育不良遗传倾向的鸡只，以降低选育品种肉鸡胫骨软骨发育不良的发生率。

【临床用药指南】维生素 D_3 及其代谢物在软骨细胞分化成熟中具有重要的作用。维

生素 D_3 及其衍生物 1，25（OH）$_2D_3$、1-（OH）D_3、25-（OH）D_3、1，24，25-（OH）$_3D_3$、1，25-（OH）$_2$-24-F-D_3 等，单独或配合使用，可口服、皮下注射、肌内注射、静脉注射和腹腔内注射预防和治疗肉鸡胫骨软骨发育不良。

十六、食盐中毒

食盐是鸡体生命活动中不可缺少的成分。饲料中加入一定量食盐，对促进食欲、增强消化机能、促进代谢、保持体液的正常酸碱度、增强体质等有十分重要的作用。若采食过量，可引起食盐中毒（Salt Poisoning）。

【发病原因】饲料配制工作中的计算失误，或混入时搅拌不匀；使用食盐疗法治疗啄癖时操作不当；用含盐量高的鱼粉、农副产品或废弃物（剩菜剩饭）喂鸡时，未加限制，且未及时供给足量的清洁饮水。

【临床症状】鸡轻微食盐中毒时，表现为口渴，饮水量增加，食欲减退，精神不振，粪便稀薄或呈稀水样，死亡较少；严重中毒时，病鸡精神沉郁，食欲减退或废绝，有强烈口渴表现，拼命喝水，直到死前还喝，口鼻流出黏性分泌物，嗉囊胀大，腹泻粪便呈稀水样，肌肉震颤，两腿无力，行走困难或步态不稳（图 1-78），甚至完全瘫痪，有的还出现神经症状，快速转圈，惊厥，头颈弯曲，胸腹朝天，仰卧挣扎，呼吸困难，衰竭死亡（视频 1-17）。产蛋鸡中毒时，还表现出产蛋量下降和停止。

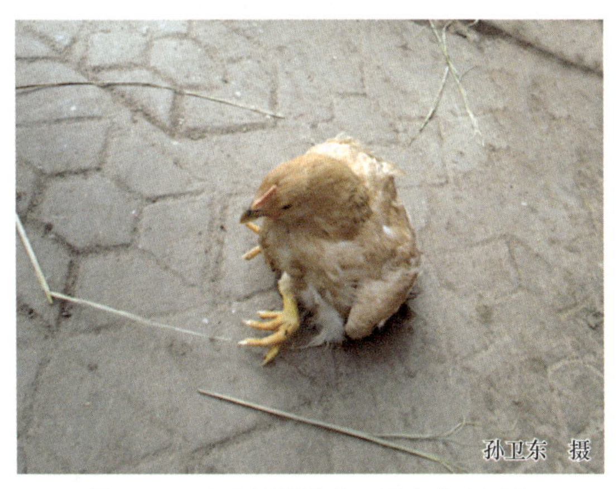

图 1-78 病鸡两腿无力，行走步态不稳

视频 1-17
食盐中毒：鸡快速转圈，伸腿

【病理剖检变化】病鸡或病死鸡剖检时可见皮下组织水肿；口腔（图 1-79）、嗉囊中充满黏性液体，黏膜脱落；食道、腺胃黏膜充血或出血（图 1-80），黏膜脱落或形成伪膜；小肠发生急性卡他性肠炎或出血性肠炎，黏膜红肿、出血；心包积液，血液黏稠，心脏出血（图 1-81）；腹水增多，肺水肿；脑膜血管扩张充血，小脑有明显的出血斑点（图 1-82）；肾脏和输尿管内有尿酸盐沉积（图 1-83）。

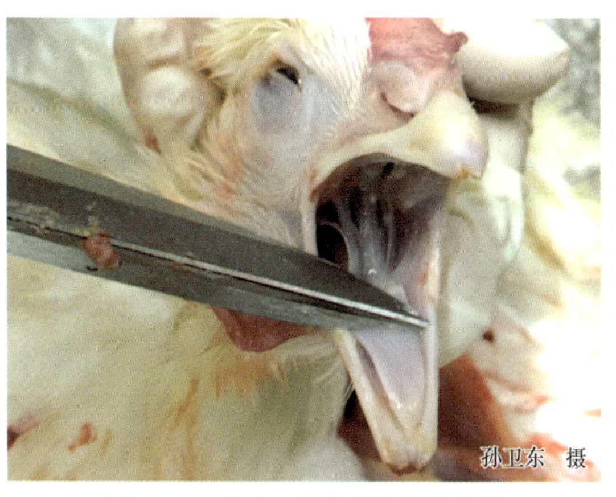

图 1-79 病鸡口腔中充满黏性液体

图 1-80 病鸡食道、腺胃黏膜充血、出血

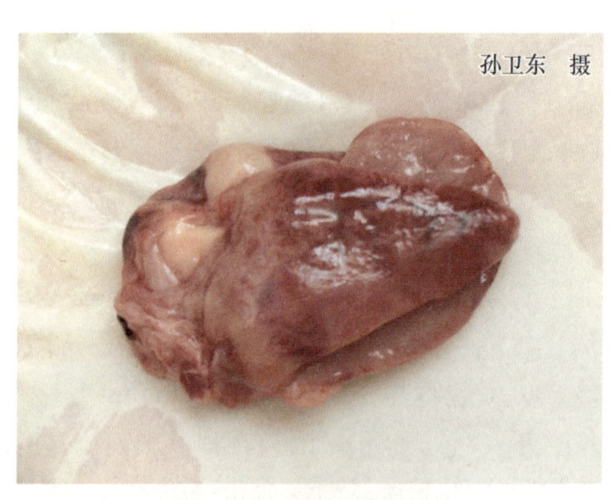

图 1-81 病鸡心脏出血

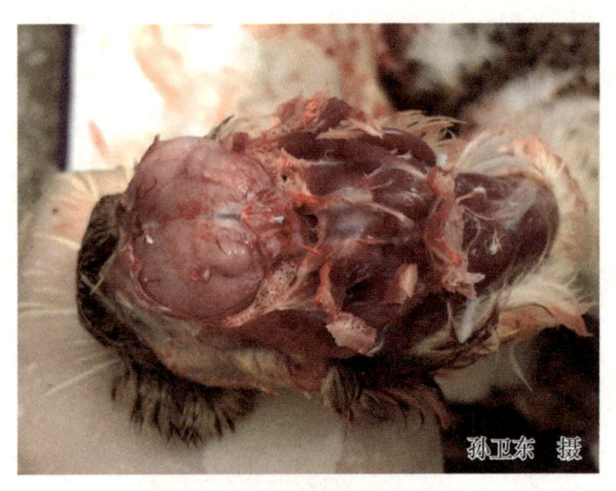

图 1-82 病鸡的小脑出血

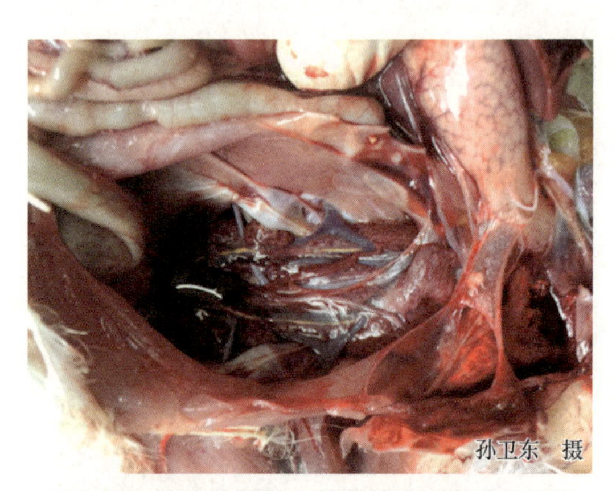

图 1-83 病鸡的肾脏和输尿管内有尿酸盐沉积

【预防】按照饲料配合标准，加入质量占 0.3%~0.5% 的食盐，严格执行饲料的加工程序，搅拌均匀。

【临床用药指南】当有鸡出现食盐中毒症状时，应立即停喂含食盐的饲料和饮水，改换新配饲料，供给鸡群足量清洁的饮水，这样轻度或中度中毒的鸡可以恢复。对于严重中毒的鸡群，要实行间断供水，防止其因饮水过多而使颅内压进一步提高（水中毒）。

十七、肉毒梭菌毒素中毒

肉毒梭菌毒素中毒（Clostridium Botulinum Toxin Poisoning）又称软颈病，是由于鸡采食了含有肉毒梭菌产生的外毒素而引起的一种急性中毒病。临床上以全身肌肉麻痹、头下垂、软颈、共济失调、皮肌松弛、被毛脱落为特征。夏季多发，多见于散养山地鸡。

【临床症状】本病潜伏期通常为几小时至 1~2 天，在临床上可分急性和慢性两种。急性中毒表现为全身痉挛、抽搐，很快死亡。慢性中毒表现为迟钝，嗜睡，衰弱，两腿麻痹，羽毛逆立，翅下垂，呼吸困难，头颈呈痉挛性抽搐或下垂，不能抬起（软颈病）（图 1-84 和视频 1-18），常于 1~3 天后死亡。轻微中毒者，仅见步态不稳，给予良好护理几天后则可恢复健康。

图 1-84 病鸡软颈，不能抬起

【病理剖检变化】无明显的特征性病变，仅见整个肠道出血、充血，以十二指肠最为严重。有时心肌及脑组织出现小点出血，泄殖腔中可见尿酸盐沉积。有时可见肌胃内尚有未消化的蛆虫（图 1-85）。

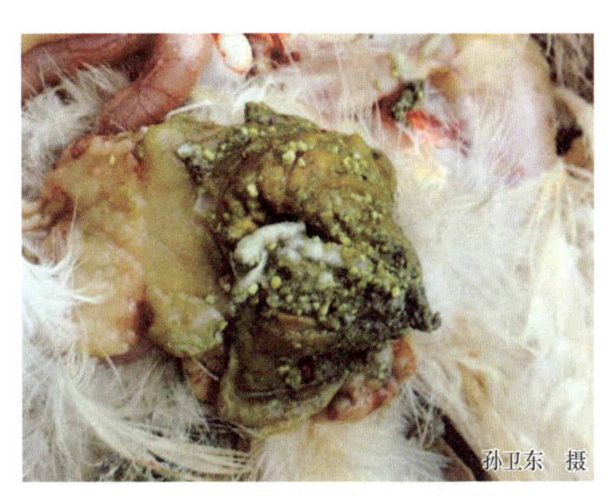

图 1-85 病鸡肌胃内尚未消化的蛆虫

【预防】应注意环境卫生，严禁饲喂腐败的鱼粉、肉骨粉等饲料，在夏季，散养场地上的死亡动物的尸体应及时清除。

【临床用药指南】对病鸡可用肉毒梭菌 C 型抗毒素，每只鸡注射 2~4 毫升，常可奏效。此外，采取对症治疗，补充维生素 E、硒、维生素 A、维生素 D_3 等，也可用链霉素每升水 1 克混饮，可降低死亡率；也可用胶管投服硫酸镁（2~3 克，加水配成 5% 的溶液）或蓖麻油等轻泻剂，排出毒素，并喂糖水，也可降低死亡率；也可取仙人掌洗净切碎，并按 100 克仙人掌加入 5 克白糖，捣烂成泥，每只病鸡每次灌服仙人掌泥 3 克（可根据体重大小增减用量），每天 2 次，连服 2 天。

十八、中暑

中暑（Heat Stroke）是指鸡群在气候炎热、舍内温度过高、通风不良、缺氧的情况下，因机体产热增加，散热不足所导致的一种全身功能紊乱的疾病。我国南方地区夏、秋季节气温高，在开放式或半开放式鸡舍中饲养的种鸡和商品鸡，当气温达到 33℃以上时，可发生中暑，雏鸡和成年鸡均易发生。

【临床症状】轻症时主要表现为翅膀展开，呼吸急促，张口呼吸（图 1-86）甚至发生热性喘息（视频 1-19），烦渴频饮，出现水泻；鸡冠肉髯鲜红，精神不振（图 1-87），有的病鸡出现不断摇晃头部的神经症状（视频 1-20）；蛋鸡还表现为产蛋量下降，蛋形变小，蛋壳色泽变浅。重症时表现为体温升高，触其胸腹，手感灼热，急速张口喘息，最后呼吸衰竭时减慢，反应迟钝，很少采食或饮水（图 1-88）。在大多数鸡出现上述症状时，通常伴有个别或少量死亡，夜间与午后死亡较多，上层鸡笼的鸡死亡较多。最严重的可在短时间内使大批鸡昏迷后死亡。

视频 1-19

中暑：雏鸡热性喘息

图 1-86 鸡张口呼吸（左），展翅（右）

视频 1-20

中暑：肉种鸡中暑出现神经症状

图 1-87 病鸡鸡冠肉髯鲜红，精神不振

图 1-88 病鸡反应迟钝，很少采食或饮水

【病理剖检变化】病死鸡剖检可见胸部肌肉苍白似煮肉样（图 1-89），脑部有出血斑点（图 1-90），肺部严重瘀血，心脏周围组织呈灰红色出血性浸润，心室扩张（图 1-91）；腺胃黏膜自溶，胃壁变薄（图 1-92），腺胃乳头内可挤出灰红色糊状物（图 1-93），有时可见腺胃穿孔。

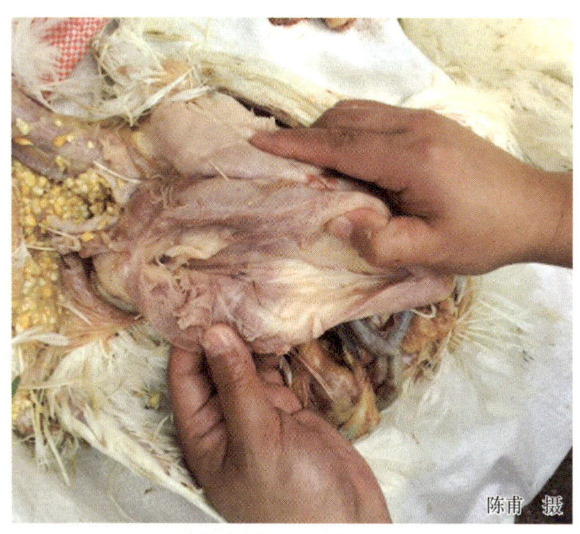

图 1-89 病鸡胸部肌肉苍白似煮肉样

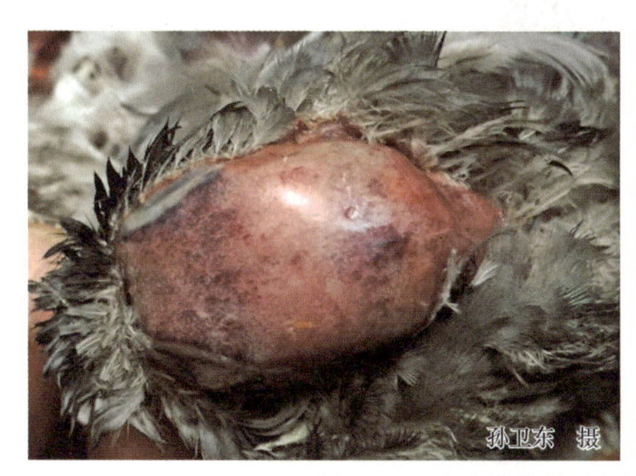

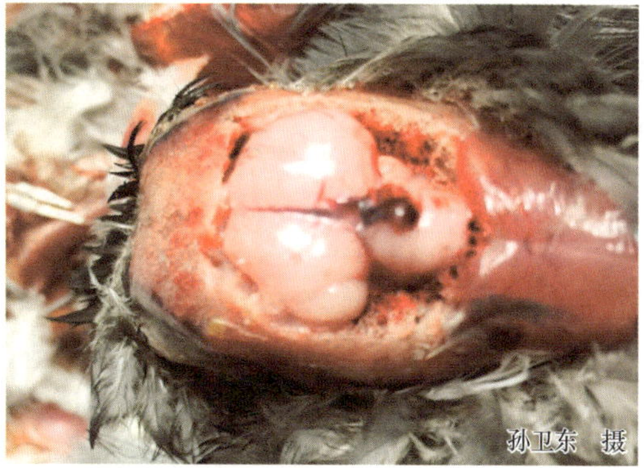

图 1-90 病鸡脑盖骨（左）和脑组织（右）水肿出血

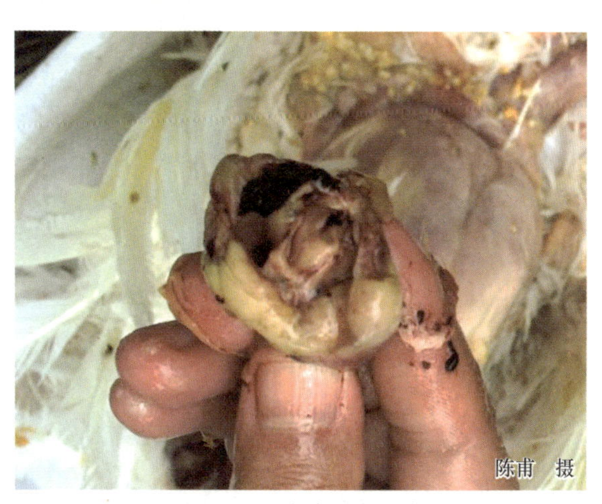

图 1-91 病鸡心室扩张

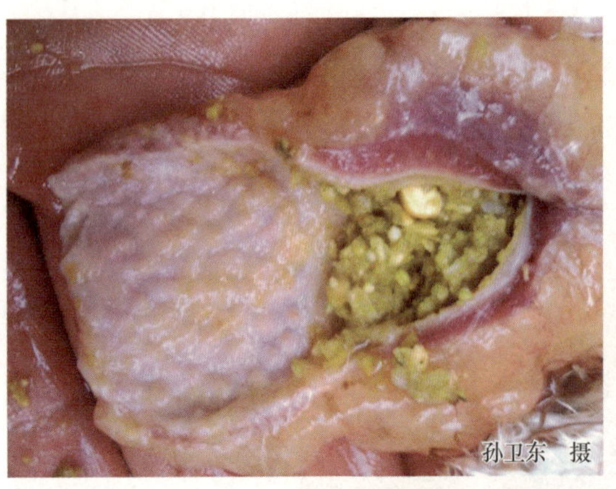

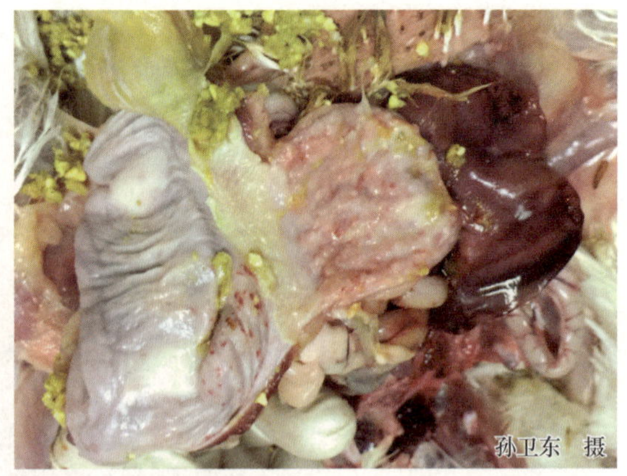

图 1-92 病鸡腺胃黏膜自溶，胃壁变薄

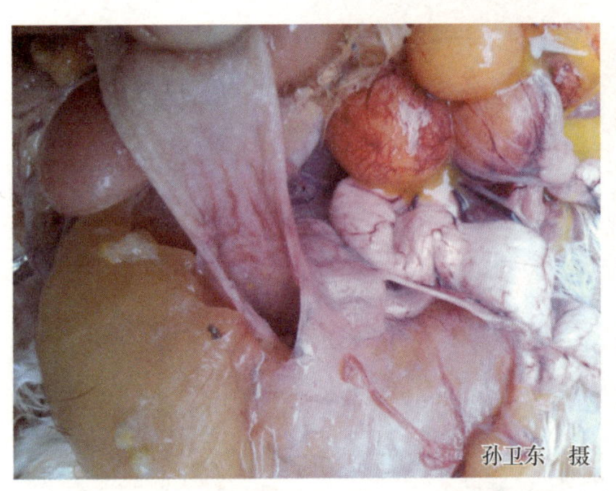

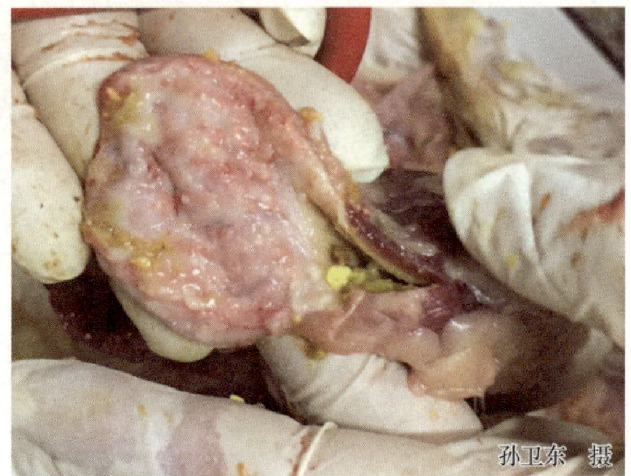

图 1-93 病鸡腺胃乳头内可挤出灰红色糊状物

【预防】在鸡舍上方搭建防晒网，可使舍温降低 3~5℃；也可于春季在鸡舍前后多种丝瓜、南瓜，夏季藤蔓绿叶爬满屋顶，遮阳保湿，舍内温度可明显降低；根据鸡舍大小，分别选用大型落地扇或吊扇；饮水用井水，少添勤添，保持清凉；产蛋鸡舍除常规照明灯之外，再适当安装几个弱光小灯泡（如用 3 瓦节能灯），遇到高温天气，晚上常规灯仍按时关，随即开弱光灯，直至天亮，使鸡群在夜间能看见饮水，这对防止夜间中暑死亡非常重要；遇到高温天气，中午适当控制喂料，不要喂得太饱，可防止鸡午后中暑死亡；平时可往鸡的头部、背部喷洒纯净的凉水，特别是在每天的 14：00 以后，气温高时每 2~3 小时喷 1 次；在鸡舍设计时应采用双回路供电，停电后应及时开启备用发电机。

【临床用药指南】发现病鸡应尽快将其取出放置到阴凉通风处或浸于冷水中几分钟。

① 维生素 C：当舍温高于 29 ℃时，鸡对维生素 C 的需要量增加而体内合成减少，因此，整个夏季应持续补充，可于每 100 千克饮水中加 5~10 克，或每 100 千克饲料中加 10~20 克。在采食明显减少时，以饮服为好。

说明：其他各种维生素，尤其是维生素 E 与 B 族维生素，在夏季也有广泛的保健作用，可促使鸡产蛋水平较高、较稳，蛋壳质量较好，并能抑制鸡多饮多泻，增强鸡的免疫力。

② 碳酸氢钾：当舍温达34℃以上时在饮水中加0.25%碳酸氢钾，日夜饮服，可促使体内钠、钾平衡，对防止鸡中暑死亡有显著效果。

③ 碳酸氢钠：可于饲料中加0.3%碳酸氢钠，或于饮水中加0.1%碳酸氢钠，日夜饮服；若自配饲料，可相应减少食盐用量，将碳酸氢钠在饲料中加到0.4%~0.5%，或在饮水中加到0.15%~0.2%。

④ 氯化铵：在饮水中加0.3%氯化铵，日夜饮服。

十九、异食癖

异食癖（Allotriphagia）是由于营养代谢机能紊乱、味觉异常和饲养管理不当等引起的一种非常复杂的多种疾病的综合征，常见的有啄羽癖、啄肛癖、啄蛋癖、啄趾癖、啄头癖等。本病在鸡场时有发生，往往难以制止，会造成创伤，影响鸡的生长发育，甚至引起鸡的死亡。其危害性较大，应加以重视。鸡有异食癖的原因不一定都是营养物质缺乏和代谢紊乱，有的属于恶癖。

【发病原因】此综合征发生的原因多种多样，目前尚未完全弄清楚，并因家禽的种类和地区而异，不同的品种和年龄表现也不相同。一般认为有以下几种原因。

1）日粮中某些蛋白质和氨基酸缺乏常常是鸡啄肛癖发生的根源，鸡啄羽癖可能与含硫氨基酸缺乏有关。

2）矿物质缺乏，如钠、铜、钴、锰、钙、铁、硫和锌等矿物质不足，都可能成为异食癖的病因，尤其是钠盐不足会使鸡喜啄食带咸味的血迹等。

3）维生素缺乏，如维生素A、维生素B_2、维生素B_5、维生素D、维生素E缺乏，会导致鸡体内许多与代谢关系密切的酶和辅酶的组成成分缺乏，可导致鸡体内的代谢机能紊乱而发生异食癖。

4）饲养管理不当，射入育雏室的光线不适宜，有的雏鸡误啄脚趾上照射出的血管，迅速引起恶癖；或产蛋窝位置不适当，光线过强或过亮，使鸡下蛋时泄殖腔凸出，好奇的鸡啄食之；鸡舍潮湿、蚊子多等因素都可致病。

5）鸡群中有疥螨病、羽虱外寄生虫病，以及皮肤外伤感染等也可能成为诱因。

【临床症状】鸡异食癖临床上常见的有以下几种类型。

（1）啄羽癖 鸡在开始生长新羽毛或换小毛时易发生，蛋鸡在盛产期和换羽期也可发生。先由个别鸡自食或相互啄食羽毛，被啄处出血（图1-94和视频1-21），然后很快传播开，影响鸡群的生长发育或产蛋。

图1-94 啄羽癖鸡自食或互啄羽毛，被啄处出血

（2）**啄肛癖** 多发生在雏鸡和初产母鸡或蛋鸡的产蛋后期。雏鸡患白痢时，引起其他雏鸡啄食病鸡的肛门或泄殖腔（图 1-95），肛门被啄伤和出血，严重时直肠被啄出，以鸡死亡告终。蛋鸡在产蛋初期或后期由于难产或腹部韧带和肛门括约肌松弛，产蛋后泄殖腔不能及时收缩回去而较长时间留露在外，造成互相啄肛（图 1-96），易引起输卵管脱垂和泄殖腔炎。

图 1-95 啄肛癖雏鸡泄殖腔被啄处出血、结痂

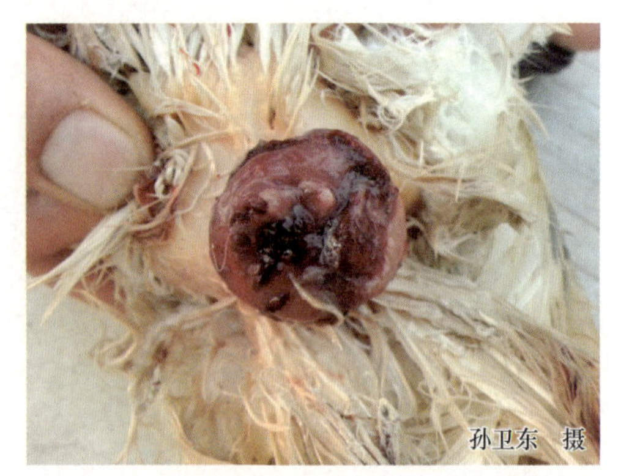

图 1-96 啄肛癖蛋鸡泄殖腔被啄处出血、坏死

（3）**啄蛋癖** 多见于产蛋旺盛的季节，最初由蛋被踩破而啄食引起，以后母鸡产下蛋后就争相啄食，或啄食自己产的蛋。

（4）**啄趾癖** 多发生于雏鸡，表现为啄食脚趾，造成脚趾流血，跛行，严重者脚趾被啄光。

【预防】 鸡异食癖发生的原因多样，可从断喙、补充营养、完善饲养管理入手。

（1）**断喙** 雏鸡 7~9 日龄时进行断喙，一般上喙切断 1/2，下喙切断 1/3，70 日龄时再修喙 1 次。

（2）**及时补充日粮所缺的营养成分** 检查日粮配方是否达到了全价营养，找出缺乏的营养成分及时补给，并使日粮的营养平衡。

（3）**完善饲养管理** 消除各种不良因素或应激源的影响，如保证合理的饲养密度，防止拥挤；及时分群，使之有宽敞的活动场所；通风，使室温适度；调整光照，防止光线过强；产蛋箱避开曝光处；及时捡蛋，以免蛋被踩破或打破后被鸡啄食；饮水槽和料槽放置要合适；饲喂时要安排合理，肉鸡和种鸡在饲喂时要防止过饱，限饲日要少量给饲，防止过饥；防止笼具等设备引起外伤；发现鸡群有体外寄生虫时，及时用药物驱除。

【临床用药指南】 发现鸡群有异食癖现象时，立即查找、分析病因，采取相应的治疗措施。被啄伤的鸡及时挑出，隔离饲养，并在啄伤处涂 2% 的甲紫、墨汁或锅底灰。症状严重的予以淘汰。

（1）**西药治疗**

1）啄肛癖：如果啄肛发生较多，可于 10：00~13：00 在饮水中加食盐 1%~2%，此水咸味超过血液，当天即可基本制止啄肛，但应连用 3~4 天。或在饲料中酌情加多维素与微量元素，必要时向饮水中加蛋氨酸 0.2%，连续加 1 周左右。此外，若因饲料缺硫引起啄肛癖，应在饲料中加入 1% 的硫酸钠，3 天之后即可见效，啄肛停止以后，改为 0.1% 的硫酸钠加入饲料内，进行暂时性预防。

> 注意 水与盐必须称准，浓度不可加大，每天饮用 3 小时不能延长，到时未饮完的盐水要撤去，换上清水，以防鸡食盐中毒，发现粪便太稀时应停用此法。

2）啄羽癖：先在饮水中加蛋氨酸0.2%，连用5~7天，再改为在饲料中加蛋氨酸0.1%，连用1周；青年鸡饲料中麸皮用量应不低于10%，鸡群密度太大时要疏散，有体外寄生虫时要及时治疗；饲料中加干燥的硫酸钠1%，连喂5~7天后改为0.3%，再喂1周；或在饲料中加生石膏粉2%~2.5%，连喂5~7天。此外，若因缺乏铁和维生素B_2而引起啄羽癖，每只成年鸡每天可以补充硫酸亚铁1~2克和维生素B_2 5~10毫克，连用3~5天。

注意　饲料中加干燥的硫酸钠时，1%的用量不可加大，5~7天不可延长，粪便稍稀在所难免，太稀时应停用，以防钠中毒。

3）啄趾癖：不用药物治疗。将灯适当吊高，降低光照强度。

4）啄蛋癖：不用药物治疗。笼养蛋鸡在鸡笼结构良好的情况下应该啄不到蛋，在鸡笼陈旧、结构变形后才能啄到。虽能啄到，但母鸡天性惜蛋，也不会啄。发生啄蛋的原因往往是饲料中蛋白质含量偏低，蛋壳较薄，偶尔啄一次，尝到美味，便成癖好，见蛋就啄。制止啄蛋的基本方法是维修鸡笼，使其啄不到。

（2）中药治疗

① 取茯苓8克、远志10克、柏子仁10克、甘草6克、五味子6克、浙贝母6克、钩藤8克，供10只鸡1次煎水内服，每天3次，连用3天。

② 取牡蛎90克，按每千克体重每天3克拌料内服，连用5~7天。

③ 取茯苓250克、防风250克、远志250克、郁金250克、酸枣仁250克、柏子仁250克、夜交藤250克、党参200克、栀子200克、黄檗500克、黄芩200克、麻黄150克、甘草150克、臭芜荑500克、炒神曲500克、炒麦芽500克、石膏500克（另包）、秦艽200克，开水冲调，焖30分钟，1次拌料，每天1次。该法为1000只成年鸡5天用量，雏鸡用时酌减。

④ 取远志200克、五味子100克，共研为细末，混于10千克饲料中，供100只鸡1天喂服，连用5天。

⑤ 取羽毛粉，按3%的比例拌料饲喂，连用5~7天。

⑥ 取生石膏粉、苍术粉，在饲料中按3%~5%添加生石膏，按2%~3%添加苍术粉饲喂，至愈。

说明：该法适用于鸡啄羽癖；应用该法时应注意清除嗉囊内的羽毛，可用灌油、勾取或嗉囊切开术等方法清除羽毛。

⑦ 取鲜蚯蚓洗净，煮3~5分钟，拌入饲料中饲喂，每只蛋鸡每天喂50克左右。

说明：该法适用于啄蛋癖，既可给蛋鸡补充蛋白质，又可提高产蛋量。

⑧ 取盐石散（食盐2克、石膏2克），按说明书使用。

（3）其他疗法　用拖拉机或柴油机的废机油涂于被啄鸡肛门（泄殖腔）伤口及周围，其他鸡厌恶机油气味，便不再去啄。也可取薄壳蛋数枚，在温水中擦洗，除去蛋壳的胶质膜，使气孔敞开，再置于柴油中浸泡1~2天，让有啄蛋癖的鸡去啄，经1~3次便不再啄蛋。

第二章　呼吸系统疾病的鉴别诊断与防治

第一节　呼吸系统疾病发生的因素及感染途径

一、疾病发生的因素

（1）**生物性因素**　包括病毒（如禽流感病毒、新城疫病毒、传染性支气管炎病毒、传染性喉气管炎病毒、偏肺病毒等），细菌（如大肠杆菌、支原体、副鸡嗜血杆菌等），霉菌和某些寄生虫等。

（2）**环境因素**　主要是指鸡舍内的环境及卫生状况。当鸡舍内空气污浊、有害气体（氨气、硫化氢等）含量高时，易造成鸡呼吸道黏膜受损，诱发呼吸系统疾病。鸡舍内的灰尘（图 2-1）或粉尘含量高（图 2-2），而灰尘和粉尘是携带病原的载体，鸡吸进后易发生呼吸系统疾病。鸡舍内保温设施的排烟管离鸡舍的屋檐太近，引起排烟倒灌（图 2-3），或者在麦收季节由于大面积秸秆焚烧引起的烟尘进入鸡舍，也会引发鸡呼吸系统疾病。鸡舍水帘霉变（图 2-4）易引发鸡曲霉菌病。

图 2-1　鸡舍屋顶积聚的灰尘

图 2-2　鸡舍内粉尘含量高，空气较为混浊

图 2-3　鸡舍的排烟管离鸡舍的屋檐太近，易引起排烟倒灌

（3）**饲养管理因素**　鸡群饲养密度过大（图 2-5），饲养场地过于潮湿，尤其是暴雨过后，不能及时排出积水的鸡场或场地内的排水沟排水不畅（图 2-6）易继发一些病原感染而引起呼吸系统疾病。

图 2-4 发生霉变的鸡舍水帘

图 2-5 鸡群饲养密度过大

(4) 营养因素 营养缺乏（如维生素 A 缺乏）、营养代谢紊乱（如痛风）、中毒（如亚硝酸盐中毒）等也可引起呼吸系统疾病。

(5) 气候因素 气候骤变、大风、降温或高温等常可诱发呼吸系统疾病。

(6) 鸡呼吸系统自身的解剖学特点 鸡的内脏器官之间是由气囊或浆膜囊分割，这种情况注定了鸡的呼吸系统疾病易受其他系统（如消化系统、生殖系统）疾病的影响。

图 2-6 饲养场地的排水沟排水不畅

二、疾病的感染途径

呼吸道黏膜表面是鸡与环境间接触的重要部分，对各种微生物、化学毒物和尘埃等有害的颗粒有着重要的防御机能。呼吸器官在生物性、物理性、化学性、机械性等因素的刺激下及其他器官疾病的影响下，削弱或降低了呼吸道黏膜的屏障防御作用和机体的抵抗能力，导致外源性的病原菌、呼吸道常在病原菌（内源性）的侵入和大量繁殖，引起呼吸系统的炎症等病理反应，进而造成呼吸系统疾病。鸡呼吸系统疾病的感染途径示意图见图 2-7。

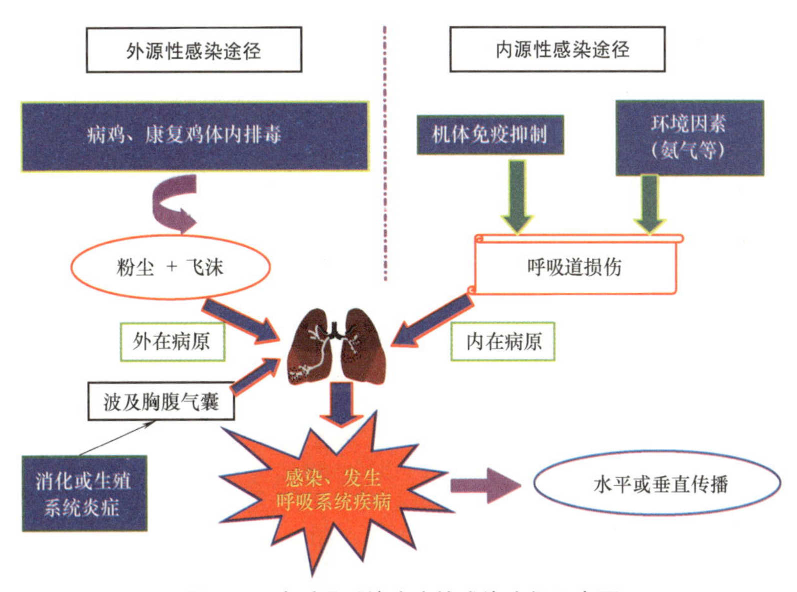

图 2-7 鸡呼吸系统疾病的感染途径示意图

第二节 呼吸困难的诊断思路及鉴别诊断要点

一、诊断思路

当发现鸡群中出现以鸡呼吸困难为主要临床表现的病鸡时，首先应考虑的是呼吸系统（肺源性）的疾病，同时还要考虑引起鸡呼吸困难的心原性、血原性、中毒性、腹压增高性疾病。其诊断思路见表 2-1。

表 2-1 鸡呼吸困难的诊断思路

所在系统	损伤部位或病因	初步印象诊断
呼吸系统	气囊炎、浆膜炎	大肠杆菌病、鸡毒支原体病、内脏型痛风等
	肺结节	曲霉菌病、鸡白痢、白血病等
	喉、气管、支气管	新城疫、禽流感、传染性支气管炎、传染性喉气管炎、黏膜型鸡痘等
	鼻、鼻腔、眶下窦病变	传染性鼻炎、支原体病等
心血管系统	右心衰竭	肉鸡腹水综合征
	贫血	鸡住白细胞虫病、螺旋体病、重症球虫病等
	血红蛋白携氧能力下降	一氧化碳中毒、亚硝酸盐中毒
神经系统	中暑	日射病
		热射病、重度热应激
其他	腹压增高性	输卵管积液、腹水等
	管理因素	氨刺激、烟刺激、粉尘等

二、鉴别诊断要点

引起鸡呼吸困难的常见疾病的鉴别诊断要点见表 2-2。

表 2-2 引起鸡呼吸困难的常见疾病的鉴别诊断要点

病名	鉴别诊断要点											
	易感时间	流行季节	群内传播	发病率	病死率	粪便	呼吸	鸡冠肉髯	神经症状	胃肠道	心脏、肺、气管和气囊	其他脏器
禽流感	全龄	无	快	高	高	黄褐色稀粪	困难	发绀、肿大	部分鸡有	严重出血	肺充血和水肿，气囊有灰黄色渗出物	腺胃乳头肿大、出血
新城疫	全龄	无	快	高	高	黄绿色稀粪	困难	有时发绀	部分鸡有	严重出血	心冠出血、肺瘀血、气管出血	腺胃乳头、泄殖腔出血
传染性支气管炎	全龄	无	快	高	较高	白色稀粪	困难	有时发绀	正常	正常	气管分泌物增加	肾脏或腺胃肿大

（续）

病名	鉴别诊断要点											
	易感时间	流行季节	群内传播	发病率	病死率	粪便	呼吸	鸡冠肉髯	神经症状	胃肠道	心脏、肺、气管和气囊	其他脏器
传染性喉气管炎	育成鸡和成年产蛋鸡	无	快	高	较高	正常	困难	有时发绀	正常	正常	气管有带血分泌物	喉部出血
黏膜型鸡痘	中雏或成年鸡	无	慢	较高	较高	正常	困难	有时发绀	正常	正常	正常	口腔、咽部黏膜有痘疹，喉头有伪膜
传染性鼻炎	8~12周龄	秋末、初春	较快	高	低	正常	困难	有时发绀	正常	正常	上呼吸道炎症	鼻炎、结膜炎
大肠杆菌病	中雏鸡	无	较慢	较高	较高	稀粪	困难	有时发绀	正常	炎症	心包炎、气囊炎	肝周炎
慢性呼吸道病	4~8周龄	秋末、初春	慢	较高	不高	正常	困难	有时发绀	正常	正常	心包、气囊有炎症、混浊	呼吸道炎症、肝周炎
曲霉菌病	4~14日龄	无	无	较高	较高	常有腹泻	困难	发绀	部分鸡有	正常	肺、气囊有霉斑结节	有时有霉斑
一氧化碳中毒	0~2周龄	无	无	较高	很高	正常	困难	樱桃红	有	正常	肺充血呈樱桃红色	充血

第三节　常见疾病的鉴别诊断与防治

一、传染性支气管炎

传染性支气管炎（Infectious Bronchitis）是由传染性支气管炎病毒引起的急性、高度接触性呼吸系统传染病。鸡以呼吸型（包括支气管堵塞）、肾型、腺胃型为主。产蛋鸡则以产畸形蛋、产蛋率明显下降、蛋的品质降低为主，其呼吸道症状轻微，死亡率较低。目前本病已蔓延至我国大部分地区，给养鸡业造成了巨大的经济损失。本节仅介绍呼吸型传染性支气管炎，其他的内容见本书其他章节。

【流行特点】

（1）易感动物　各种日龄的鸡均易感，但以雏鸡和产蛋鸡发病较多。

（2）传染源　病鸡和康复后的带毒鸡为传染源。

（3）传播途径　病鸡从呼吸道排毒，主要经空气中的飞沫和尘埃传播，此外，人员、用具及饲料等也是传播媒介。本病在鸡群中传播迅速，有接触史的易感鸡几乎可在同一时间内感染，在发病鸡群中可流行2~3周，雏鸡的病死率为6%~30%，病愈鸡可持续排毒达5周以上。

（4）流行季节　多见于秋末至第二年春末，冬季最为严重。

【临床症状与病理剖检变化】

（1）雏鸡　发病后表现为流鼻液、打喷嚏、伸颈张口呼吸（图2-8）。安静时，可以听到病鸡的呼吸道音和嘶哑的叫声（视频2-1~视频2-4）。病鸡畏寒、打堆（图2-9），精神沉郁，闭眼蹲卧，羽毛蓬松、无光泽。病鸡食欲减退或废绝（图 2-10）。部分病鸡排黄白色稀粪，趾爪因脱水而干瘪。剖检可见：有的病鸡气管、支气管、鼻腔和窦内有水样或黏稠的黄白色渗出物（图 2-11），气管环出血（图 2-12），气管黏膜肥厚，气囊混浊、变厚、有渗出物；有的病鸡在气管内有灰白色（痰状）栓子（图 2-13）；有的病鸡的支气管及细支气管被黄色干酪样渗出物部分或完全堵塞（图 2-14~图 2-17），肺充血、水肿或坏死。

图 2-8　病鸡精神沉郁，羽毛蓬松，张口呼吸

视频 2-1
传染性支气管炎：鸡伸头、张口呼吸，伴有小的气管啰音

视频 2-2
传染性支气管炎：呼吸困难，伴较大的气管啰音

视频 2-3
传染性支气管炎：混合性呼吸困难，伴气管啰音和咳嗽

视频 2-4
传染性支气管炎：张口呼吸（堵塞型）

图 2-9　病鸡畏寒、打堆

图 2-10　病鸡食欲减退或废绝

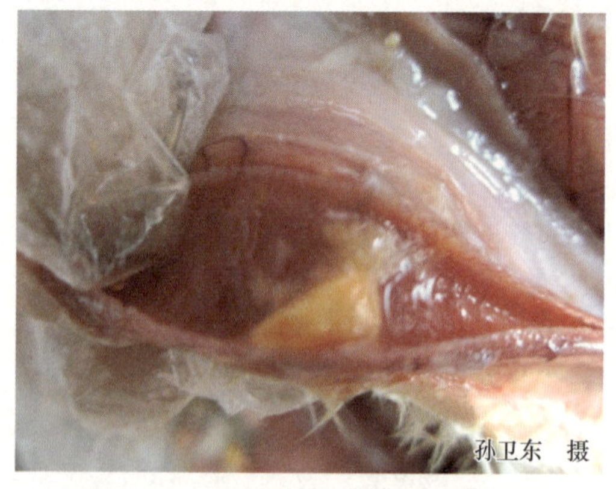

图 2-11　病鸡气管内的黄白色渗出物

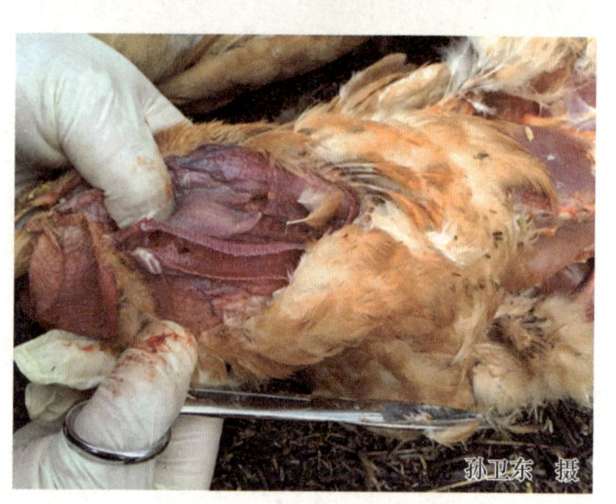

图 2-12　病鸡气管环出血

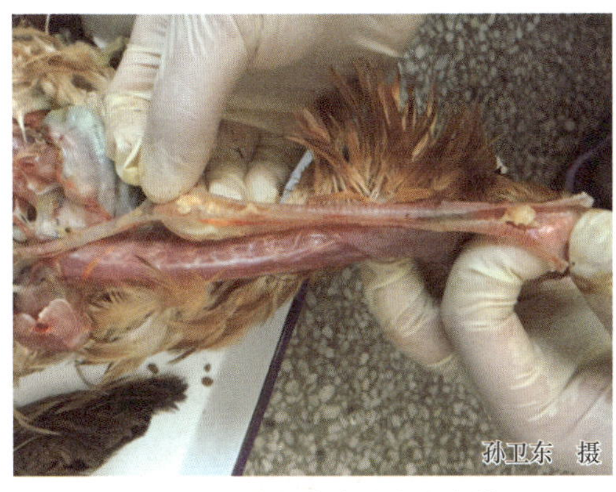

图 2-13 病鸡气管内有灰白色栓子

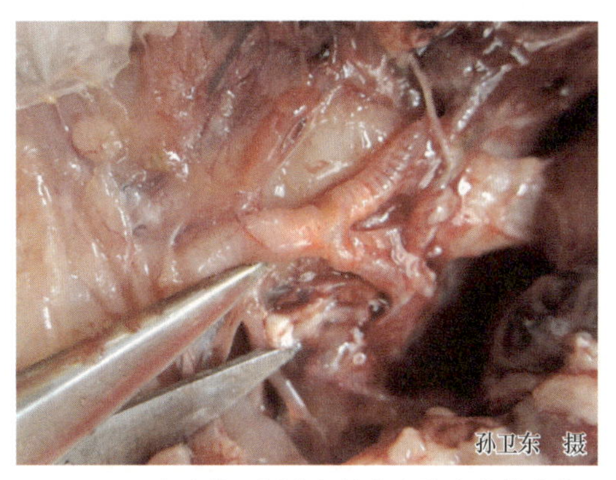

图 2-14 病鸡的两侧支气管内有灰白色堵塞物

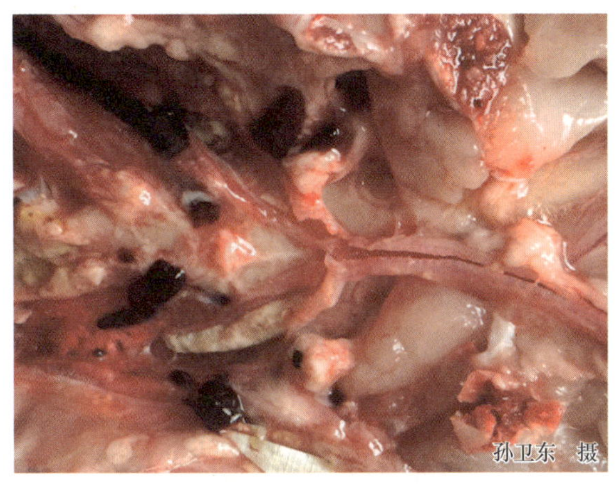

图 2-15 病鸡的一侧支气管堵塞

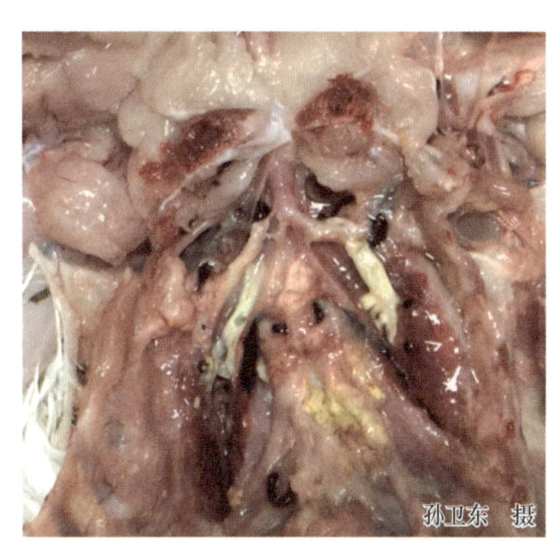

图 2-16 病鸡的两侧支气管堵塞

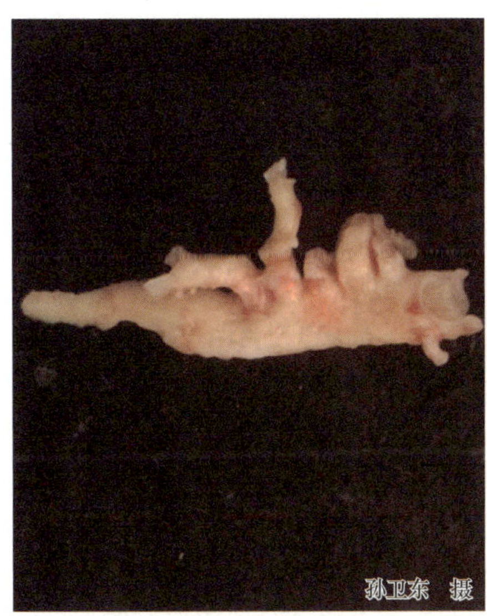

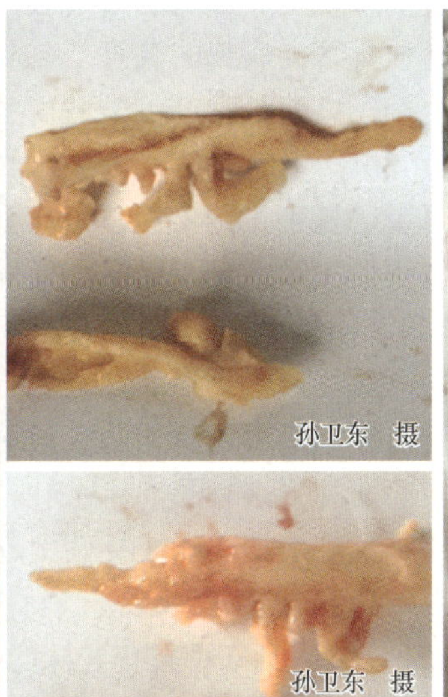

图 2-17 病鸡支气管堵塞物的形态

（2）**青年鸡或育成鸡** 发病后气管炎症明显，出现呼吸困难，发出“喉喉”的声音；因气管内有大量黏液，病鸡频频甩头，伴有气管啰音，但是流鼻液不明显。有的病鸡在发病3~4天后出现腹泻，粪便呈黄白色或绿色。病程为7~14天，死亡率较低。

【类症鉴别】该病型（呼吸型）所表现出的呼吸困难（气管啰音、甩头、张口伸颈呼吸）等症状与新城疫、禽流感、传染性喉气管炎、传染性鼻炎等疾病有相似之处，应注意区别。

（1）**与新城疫的鉴别** 新城疫病鸡表现的呼吸道症状与传染性支气管炎病鸡的症状相似，发病日龄也较接近。鉴别要点：一是传播速度不同，传染性支气管炎传播迅速，短期内可波及全群，发病率高达90%以上；新城疫因大多数接种了疫苗，临床表现多为亚急性新城疫，发病率不高。二是新城疫病鸡除呼吸道症状外，还表现歪头、扭颈、站立不稳等神经症状；传染性支气管炎病鸡无神经症状。三是剖检病变不同，新城疫病鸡腺胃乳头出血或出血不明显，盲肠扁桃体肿胀、出血；而传染性支气管炎病鸡无消化道病变，肾病型传染性支气管炎病例可见肾脏和输尿管中有尿酸盐沉积，腺胃型传染性支气管炎病例可见腺胃肿大。

（2）**与禽流感的鉴别** 高致病性禽流感病鸡所表现出的呼吸道症状与传染性支气管炎相似。鉴别要点：一是传染性支气管炎仅发生于鸡，各种年龄的鸡均有易感性，但雏鸡发病最为严重，死亡率最高；而禽流感的发生没有日龄上的差异。二是传染性支气管炎病鸡剖检仅表现鼻腔、眶下窦、气管和支气管的卡他性炎症，有浆液性或干酪样渗出物，肾型传染性支气管炎病鸡的肾脏多有尿酸盐沉积，其余脏器的病变较少见；而禽流感表现为喉头、气管环充血或出血，肾脏多肿胀充血或出血，仅输尿管有少量尿酸盐沉积，且其他脏器也有变化，如腺胃乳头肿胀、出血等。

（3）**与传染性喉气管炎的鉴别** 传染性喉气管炎病鸡所表现出的呼吸道症状与传染性支气管炎相似，且传播速度也很快。鉴别要点：一是发病日龄不同，传染性喉气管炎主要见于成年鸡；而传染性支气管炎以10日龄~6周龄的雏鸡最为严重。二是成年鸡发病时二者均可见产蛋量下降，且软壳蛋、畸形蛋、粗壳蛋明显增多，传染性支气管炎病鸡产的蛋质量更差，蛋清稀薄如水、蛋黄和蛋清分离等。三是这两种病鸡的气管都有一定程度的炎症，相比之下传染性喉气管炎病鸡的气管变化更严重，可见黏膜出血，气管腔内有血性黏液或血凝块或黄白色伪膜。四是肾型传染性支气管炎病例剖检可见肾脏肿大、出血，肾小管和输尿管有尿酸盐沉积，而传染性喉气管炎病例无这一病变。

（4）**与传染性鼻炎的鉴别** 传染性鼻炎病鸡所表现出的呼吸道症状与传染性支气管炎相似，且传播速度也很快。鉴别要点：一是发病日龄不同，传染性鼻炎可发生于任何年龄鸡，但以8~12周龄鸡多发；而传染性支气管炎以10日龄~6周龄的雏鸡最为严重。二是成年鸡发病时二者均可见产蛋量下降，且软壳蛋、畸形蛋、粗壳蛋明显增多，传染性支气管炎病鸡产的蛋质量更差，蛋清稀薄如水、蛋黄和蛋清分离等。三是临床表现不同，传染性鼻炎病鸡多见一侧脸面肿胀，有的肉髯水肿。四是病原类型不同，传染性支气管炎是病毒引起的；而传染性鼻炎是由副鸡嗜血杆菌引起的，在疾病初期用磺胺类药物可以快速控制本病。

【预防】重视鸡传染性支气管炎变异株的免疫预防，如变异型传染性支气管炎（4/91或793/B），防止发生支气管堵塞；重视鸡传染性支气管炎病毒对新城疫疫苗免疫的干扰，因传染性支气管炎病毒对新城疫病毒有免疫干扰作用，所以两者如使用单一疫苗需间隔10

天以上。

（1）免疫接种 临床上进行相应毒株的疫苗接种可有效预防本病。本病的疫苗有呼吸型毒株（如H120、H52、M41、4/91、793/B等）和多价活疫苗及油佐剂灭活疫苗。由于本病的发病日龄较早，建议采用以下免疫程序：雏鸡1~3日龄用H120（或Ma5）滴鼻或点眼免疫，21日龄用H52滴鼻或饮水免疫，以后每3~4个月用H52饮水1次，产蛋前2周用含有鸡传染性支气管炎毒株的灭活油乳剂疫苗免疫接种。

（2）做好引种和卫生消毒工作 防止从病鸡场引进鸡只，做好防疫、消毒工作，加强饲养管理，注意鸡舍环境卫生，做好冬季保温，并保持通风良好，防止鸡群密度过大，供给营养优良的饲料，有易感性的鸡不能和病愈鸡或来历不明的鸡接触或混群饲养。及时淘汰患病幼龄母鸡。

【临床用药指南】 选用抗病毒药抑制病毒的繁殖，添加抗生素防止继发感染，用黄芪多糖等提高鸡群的抵抗力，配合镇咳等进行对症治疗。

（1）抗病毒 在发病早期肌内注射禽用基因干扰素或干扰素诱导剂或聚肌胞，每只0.01毫升，每天1次，连用2天，有一定疗效。或使用板蓝根注射液（口服液）、双黄连注射液（口服液）、柴胡注射液（口服液）、黄芪多糖注射液（口服液）、芪蓝囊病饮、板蓝根口服液（冲剂）、金银花注射液（口服液）、斯毒克口服液、抗病毒颗粒等。

（2）合理使用抗生素 如林可霉素，每升饮水中加0.1克；或多西环素粉剂，50千克饲料中加入5~10克。此外还可选用土霉素、氟苯尼考、氨苄西林等。禁止使用庆大霉素、磺胺类药物等对肾脏有损伤的药物。

（3）对症治疗 用氨茶碱片口服扩张支气管，每只鸡每天1次，用量为0.5~1克，连用4天。

（4）中药方剂治疗 选用清瘟散（取板蓝根250克、大青叶100克、鱼腥草250克、穿心莲200克、黄芩250克、蒲公英200克、金银花50克、地榆100克、薄荷50克、甘草50克，水煎取汁或开水浸泡拌料，供1000只鸡1天饮服或喂服，每天1剂，一般经3天好转。说明：如病鸡痰多、咳嗽，可加半夏、桔梗、桑白皮；粪稀，加白头翁；粪干，加大黄；喉头肿痛，加射干、山豆根、牛蒡子；热象重，加石膏、玄参）、定喘汤（取白果9克去壳砸碎炒黄、麻黄9克、苏子6克、甘草3克、款冬花9克、杏仁9克、桑白皮9克、黄芩6克、半夏9克，加水3盅，煎成2盅，供100只鸡2次饮用，连用2~4天）等。

（5）加强饲养管理，合理配制日粮 提高育雏室温度2~3℃，防止应激因素，保持鸡群安静；降低饲料蛋白质的水平，增加多种维生素（尤其是维生素A）的用量，供给充足饮水。

二、传染性喉气管炎

传染性喉气管炎（Infectious Laryngotracheitis）是由传染性喉气管炎病毒引起的一种急性、高度接触性上呼吸道传染病。临床上以发病急、传播快、呼吸困难、咳嗽、咳出血样渗出物，喉头和气管黏膜肿胀、糜烂、坏死、大面积出血和产蛋量下降等为特征。我国将其列为三类动物疫病。

【流行特点】

（1）易感动物 不同品种、性别、日龄的鸡均可感染本病，多见于育成鸡和成年产蛋鸡。

（2）**传染源** 病鸡、康复后的带毒鸡及无症状的带毒鸡为传染源。

（3）**传播途径** 主要是通过呼吸道、眼结膜、口腔侵入体内，也可经消化道传播，是否经种蛋垂直传播还不清楚。

（4）**流行季节** 本病一年四季都可发生，但以寒冷的季节多见。

视频 2-5

传染性喉气管炎：伸颈、张嘴、喘气

【临床症状】4~10 月龄的成年鸡感染本病时多出现典型症状。发病初期，常有数只鸡突然死亡，其他病鸡开始流泪，流出半透明的鼻液。经 1~2 天后，病鸡出现特征性的呼吸道症状，包括伸颈、张嘴、喘气、打喷嚏（视频 2-5），不时发出“咯咯”声，并伴有啰音和喘鸣声，甩头并咳出血痰和带血液的黏性分泌物。在急性期，此类病鸡增多，带血样分泌物污染病鸡的嘴角、颜面及头部羽毛，也污染鸡笼、垫料、水槽及鸡舍墙壁等。多数病鸡体温升高至 43℃及以上，间有下痢。最后病鸡往往因窒息而死亡。本病的病程不长，通常 7 天左右症状消失，但大群笼养蛋鸡感染时，从发病开始到终止需要 4~5 周。产蛋高峰期产蛋率下降 10%~20% 的鸡群，约 1 个月后恢复正常；而产蛋率下降超过 40% 的鸡群，一般很难恢复到得病之前的水平。

【病理剖检变化】病鸡或病死鸡口腔、喉头和气管上 1/3 处黏膜水肿，严重者气管内有血样或干酪样渗出物（图 2-18），喉头和气管内覆盖黏液性分泌物，病程长的则形成黄色干酪样物（图 2-19），气管形成伪膜，严重时形成黄色栓子，阻塞喉头（图 2-20）；去除渗出物后可见渗出物下喉头（图 2-21）和气管环（图 2-22）出血。严重的病例可见喉头、气管的渗出物脱落堵塞下面的支气管（图 2-23）。眼结膜水肿充血、出血，严重的眶下窦水肿、出血。产蛋鸡卵泡变形、变性、萎缩（图 2-24）。部分病死鸡可因内脏瘀血和气管出血而导致胸肌贫血。

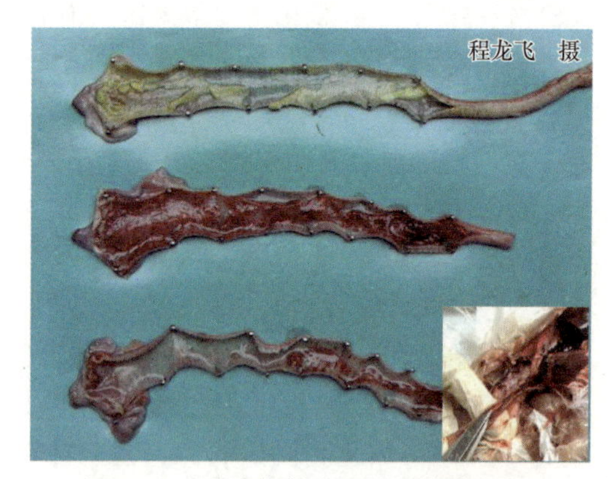

图 2-18 病鸡气管上 1/3 处黏膜水肿，严重者气管内有血样或干酪样渗出物

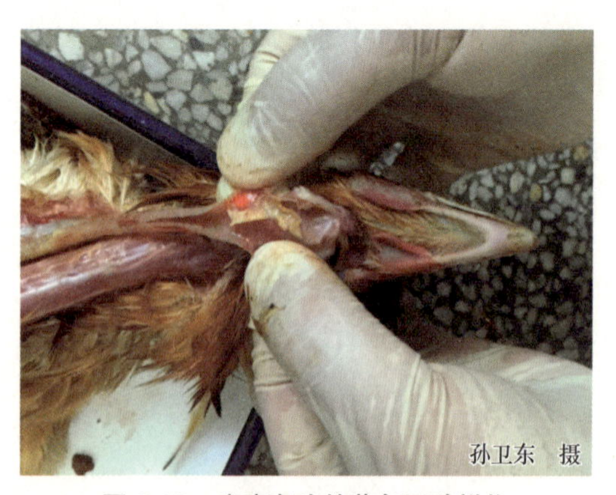

图 2-19 病鸡喉头的黄色干酪样物

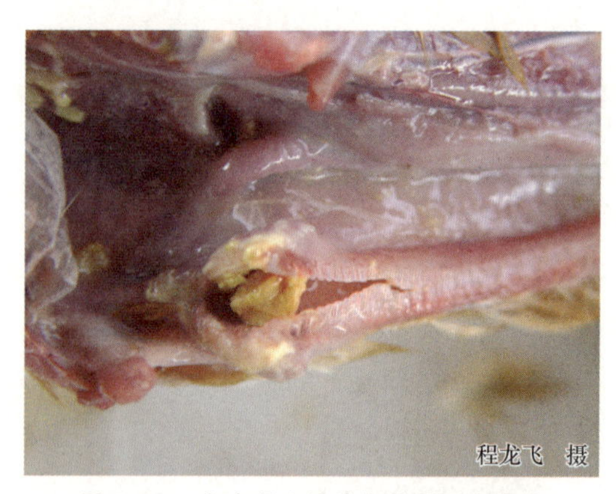

图 2-20 病鸡喉头的黄色栓子阻塞喉头

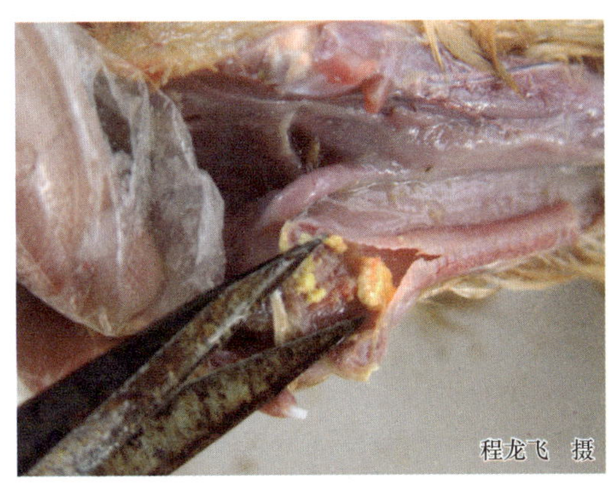

图 2-21 去除喉头的干酪样渗出物见其下方出血

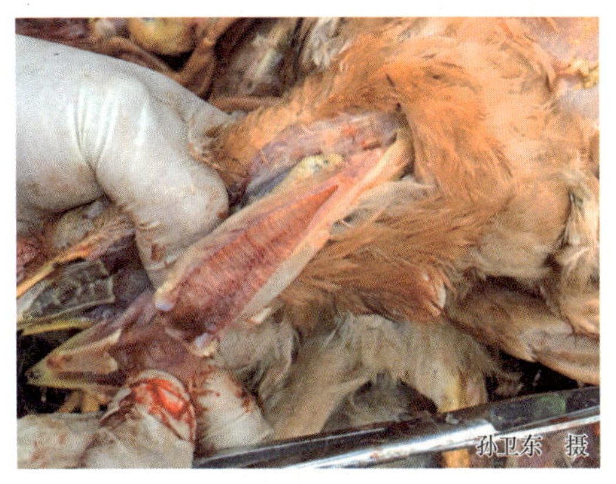

图 2-22 去除喉头和气管的渗出物见喉头及气管环出血

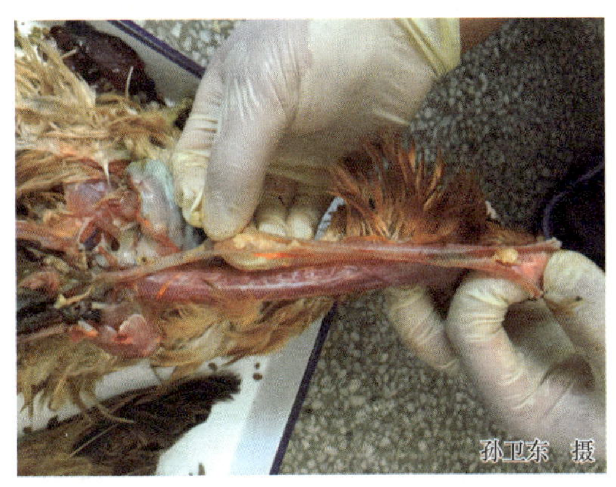

图 2-23 严重的病鸡可见喉头、气管的渗出物脱落堵塞下面的支气管

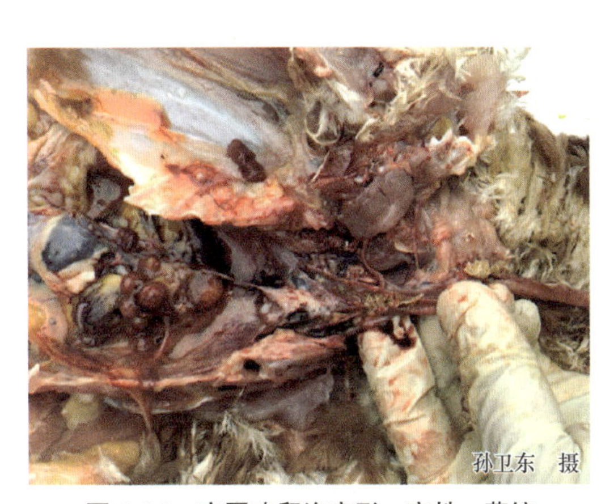

图 2-24 产蛋鸡卵泡变形、变性、萎缩

【预防】

（1）免疫接种 现有的疫苗有冻干活疫苗、灭活苗和基因工程苗等。首免应选用毒力弱、副作用小的疫苗（如传染性喉气管炎 - 鸡痘二联基因工程苗），二免可选择毒力强、免疫原性好的疫苗（如传染性喉气管炎弱毒疫苗）。现仅提供几种免疫程序，供参考。

1）未污染的蛋鸡和种鸡场：50 日龄首免，选择冻干活疫苗，采用点眼的方式进行，90 日龄时同样疫苗同样方法再免 1 次。

2）污染的鸡场：30~40 日龄首免，选择冻干活疫苗，采用点眼的方式进行，80~110 日龄用同样疫苗同样方法二免；或 20~30 日龄首免，选择基因工程苗，以刺种的方式进行接种，80~90 日龄时选用冻干活疫苗，采用点眼的方式进行二免。

注意 某些传染性喉气管炎疫苗加大剂量点眼后会出现较为严重的眼睑肿胀（图 2-25），呼吸困难，鸡冠发绀，羽毛蓬松（图 2-26），伴有明显的呼吸啰音，应注意防范。

图 2-25 传染性喉气管炎疫苗加大剂量点眼后病鸡眼睑肿胀

图 2-26 传染性喉气管炎疫苗加大剂量点眼后病鸡鸡冠发绀、羽毛蓬松

（2）加强饲养管理，严格检疫和淘汰 改善鸡舍通风条件，注意环境卫生，并严格执行消毒卫生措施。不要引进病鸡和带毒鸡。病愈鸡不可与易感鸡混群饲养，最好将病愈鸡淘汰。

【临床用药指南】 早期确诊后可紧急接种疫苗或注射高免血清，有一定效果。投服抗菌药物，对防止继发感染有一定的作用，采取对症疗法可减少死亡。

（1）紧急接种 用传染性喉气管炎活疫苗对鸡群做紧急接种，采用泄殖腔接种的方式。具体做法为：每克脱脂棉制成 10 个棉球，每只鸡用 1 个棉球，以每个棉球吸水 10 毫升的量计算稀释液，将疫苗稀释成每个棉球含有 3 倍的免疫量，将棉球浸泡其中后，用镊子夹取 1 个棉球，通过鸡肛门塞入泄殖腔中并旋转晃动，使其向泄殖腔四壁涂抹，然后松开镊子并退出，让棉球暂留于泄殖腔中。

（2）加强消毒和饲养管理 发病期间用 12.8% 的戊二醛溶液按 1∶1000 比例、10% 的聚维酮碘溶液按 1∶500 比例喷雾消毒，每天 1 次，交替进行；提高饲料蛋白质和能量水平，并注意营养全面和适口性。

（3）对症治疗 用麻杏石甘口服液给鸡饮水，用以平喘止咳，缓解症状；肌内注射干扰素，每瓶用 250 毫升生理盐水稀释后每只鸡注射 1 毫升；用喉毒灵给鸡饮水或用中药制剂喉炎净散拌料，同时在饮水中加入林可霉素（每升饮水中加 0.1 克）或在饲料中加入多西环素粉剂（每 50 千克饲料中加入 5~10 克）以防止继发感染，连用 4 天；用 0.02% 氨茶碱给鸡饮水，连用 4 天；饮水中加入黄芪多糖，连用 4 天。

三、禽流感

禽流感（Avian Influenza）是由 A 型禽流感病毒引起的一种禽类传染病。该病毒属于正黏病毒科，根据病毒的血凝素（HA）和神经胺酸酶（NA）的抗原差异，将 A 型禽流感病毒分为不同的血清型，目前已发现 16 种 HA 和 9 种 NA，可组合成许多血清亚型。毒株间的致病性有差异，根据各亚型毒株对禽类的致病力的不同，将禽流感病毒分为高致病性、低致病性和无致病性病毒株。

1. 高致病性禽流感

高致病性禽流感是由高致病力毒株（主要是 H5 和 H7 亚型）引起的以禽类为主的一

种急性、高度致死性传染病。临床上以鸡群突然发病、高热、羽毛松乱、成年母鸡产蛋停止、呼吸困难、冠髯发紫、颈部皮下水肿、腿鳞出血、高发病率和高死亡率、胰腺出血坏死、腺胃乳头轻度出血等为特征。世界动物卫生组织（OIE）将其列为必须报告的动物传染病，我国将其列为一类疫病。

【流行特点】

（1）易感动物 多种家禽、野禽和（迁徙）鸟类均易感，但以鸡和火鸡易感性最高。

（2）传染源 主要为病禽（野鸟）和带毒禽（野鸟）。野生水禽是自然界流感病毒的主要带毒者，鸟类也是重要的传播者。病毒可长期在污染的粪便、水等环境中存活。

（3）传播途径 主要通过接触感染禽（野鸟）及其分泌物和排泄物、污染的饲料、水、蛋托（箱）、垫草、种蛋、鸡胚和精液等媒介，经呼吸道、消化道感染，也可通过气源性媒介传播。

（4）流行季节 本病一年四季均可发生，以冬、春季节发生较多。

【临床症状】不同日龄、不同品种、不同性别的鸡均可感染发病，其潜伏期从几小时到数天，最长可达 21 天。发病率高，可造成大批死亡（图 2-27）。病鸡体温明显升高，精神极度沉郁，羽毛松乱，头和翅下垂（图 2-28）。脚部鳞片出血（图 2-29）。母鸡产蛋量下降，蛋形变小，品质变差（图 2-30）。病鸡流泪，头和眼睑肿胀。有的病鸡感染后冠和肉髯发绀、肿胀（图 2-31）。有的病鸡出现神经症状，共济失调（图 2-32）。

图 2-27 病鸡大批死亡

图 2-28 病鸡精神极度沉郁，羽毛松乱，头和翅下垂

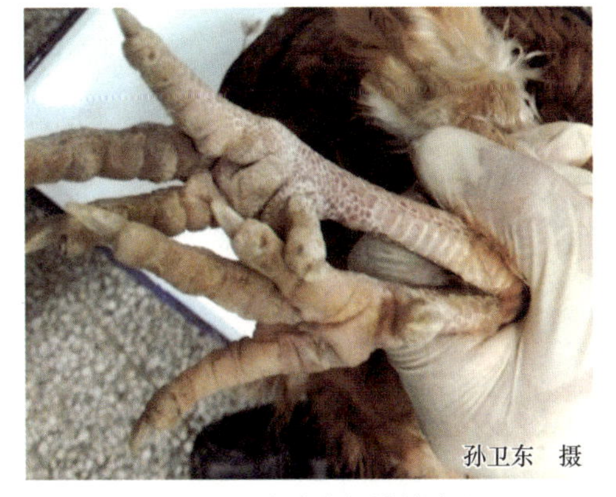

图 2-29 病鸡脚部鳞片出血

图 2-30 母鸡感染后产蛋量下降，蛋形变小

图 2-31 病鸡鸡冠发绀

图 2-32 病鸡出现斜颈等神经症状

【病理剖检变化】 病鸡或病死鸡剖检可见胰腺出血和坏死（图 2-33）；腺胃乳头、黏膜出血，乳头分泌物增多（图 2-34），肌胃角质层下出血；气管黏膜和气管环出血（图 2-35）；消化道黏膜广泛出血，尤其是十二指肠黏膜和盲肠扁桃体出血更为明显（图 2-36）；冠状脂肪、心肌出血；肝脏（图 2-37）、脾脏（图 2-38）、肺（图 2-39）、肾脏出血；蛋鸡或种鸡卵泡充血、出血、变形（图 2-40），或破裂后导致腹膜炎（图 2-41），输卵管黏膜广泛出血，黏液增多（图 2-42）。颈部皮下有出血点和胶冻样渗出物（图 2-43）。有的病鸡可见腿部肿胀，肌肉有散在的小出血点。

图 2-33 病死鸡胰腺出血和坏死

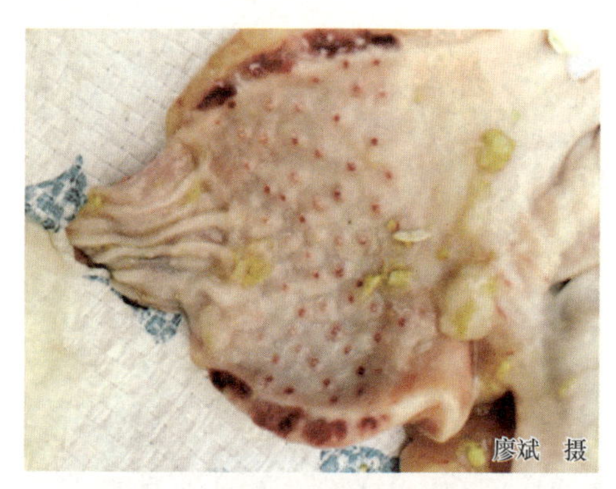

图 2-34 腺胃乳头分泌物增多，乳头边缘出血，切面下出血严重

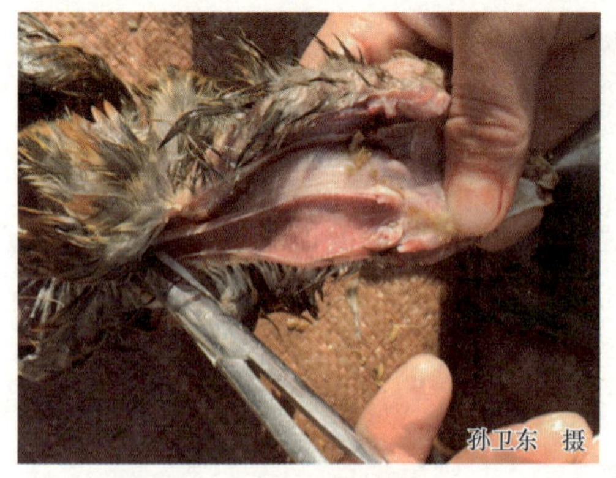

图 2-35 气管黏膜和气管环出血

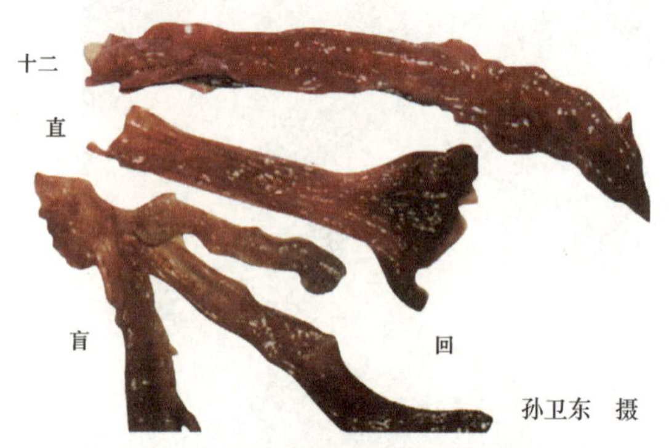

图 2-36 消化道黏膜（尤其是十二指肠黏膜和盲肠扁桃体）广泛出血

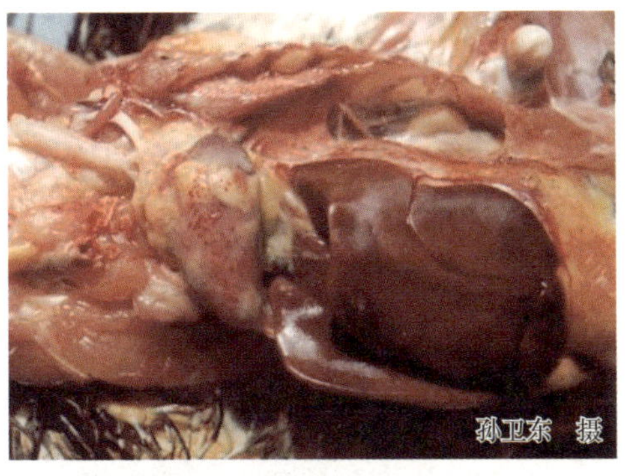

图 2-37 病鸡的冠状脂肪、心肌及肝脏出血

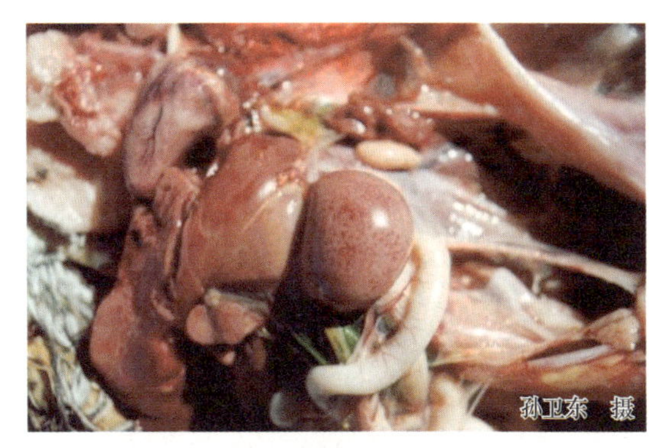

图 2-38 病鸡的脾脏出血

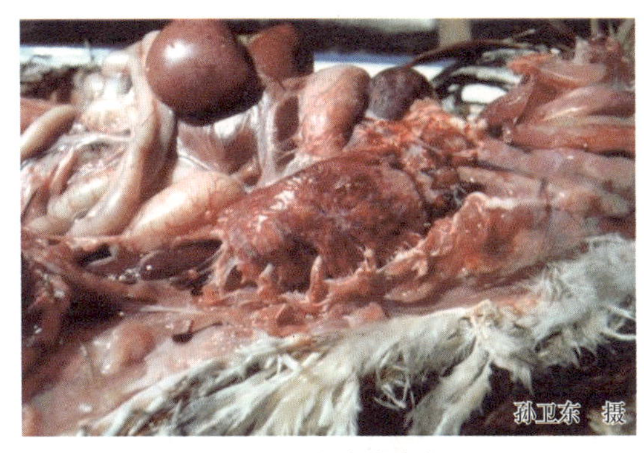

图 2-39 病鸡的肺出血

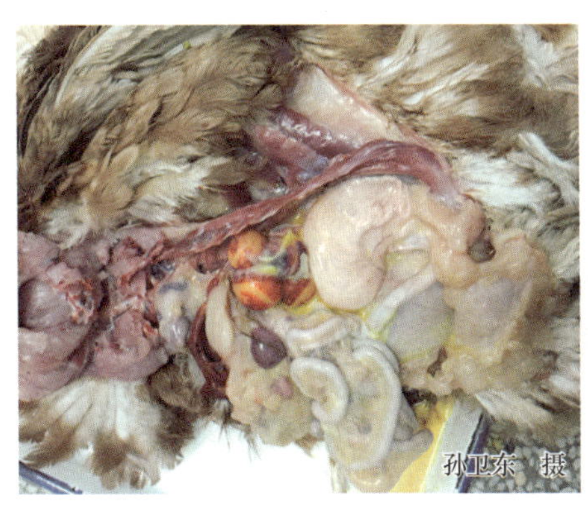

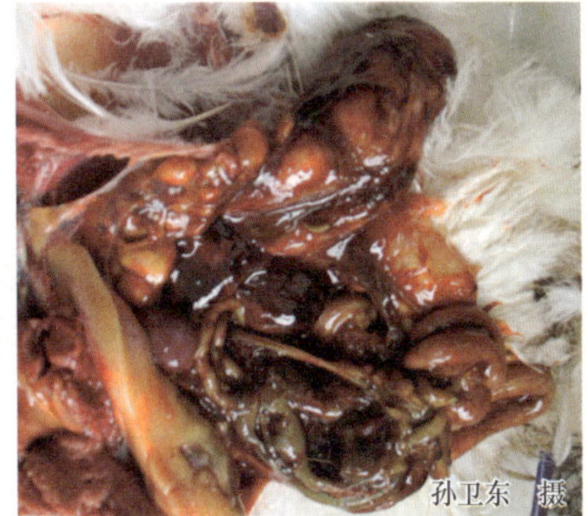

图 2-40 感染蛋鸡或种鸡的卵泡充血、出血、变形

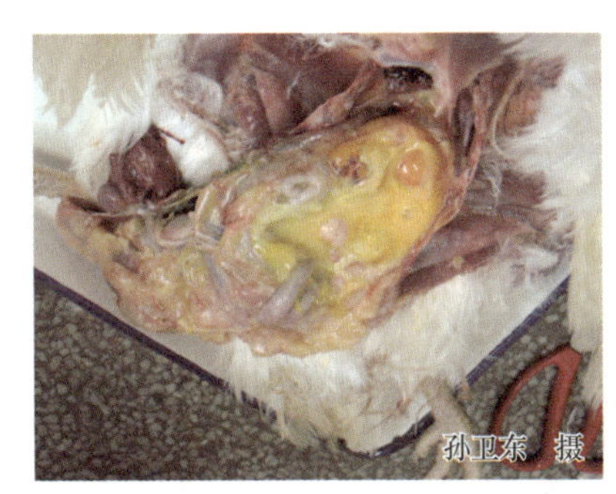

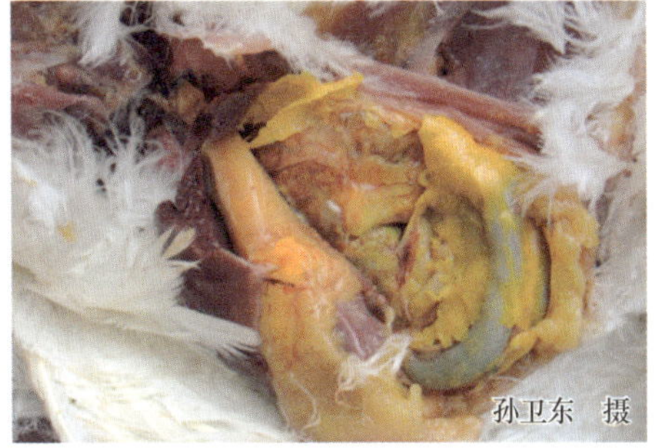

图 2-41 感染蛋鸡或种鸡的卵泡破裂，形成腹膜炎

图 2-42 感染蛋鸡或种鸡的输卵管黏膜肿胀，脓性黏液增多

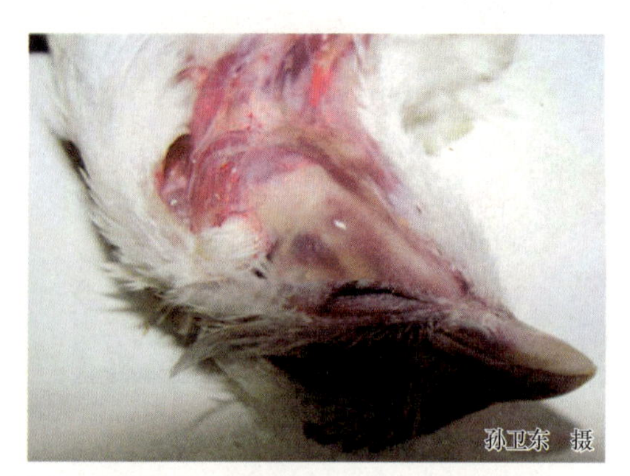

图 2-43 病鸡的颈部皮下有出血点和胶冻样渗出物

【类症鉴别】本病出现的大量死亡症状与典型新城疫、鸡传染性法氏囊病、肾病型或支气管堵塞型传染性支气管炎、禽脑脊髓炎、败血型大肠杆菌病、急性禽霍乱、鸡白痢、鸡副伤寒、曲霉菌病、球虫病、黄曲霉毒素中毒、磺胺类药物中毒、一氧化碳中毒、中暑等病出现的症状相似，应注意鉴别。本病表现出的呼吸困难（气管啰音、甩头、张口伸颈呼吸）等症状与新城疫、传染性喉气管炎、传染性鼻炎等疾病有相似之处，具体鉴别要点请参照"传染性支气管炎"类症鉴别相关部分的叙述。本病出现的产蛋量下降等症状与新城疫、传染性喉气管炎、传染性支气管炎、产蛋下降综合征等疾病有相似之处，应注意鉴别。

【预防】

（1）免疫接种

1）疫苗的种类：灭活疫苗有 H5 亚型、H9 亚型、H5-H9 亚型二价和变异株疫苗 4 类。H5 亚型有 N28 株（H5N2 亚型，从国外引进，曾售往中国香港和中国澳门用于活鸡免疫）、H5N1 亚型毒株、H5 亚型变异株（2006 年起已在北方部分地区使用）、H5N1 基因重组病毒 Re-1 株（是 GS/GD/96/PR8 的重组毒，广泛用于鸡和水禽）等；重组活载体疫苗有重组新城疫病毒活载体疫苗（r1-H5 株）和禽流感重组鸡痘病毒载体活疫苗。为了达到一针预防多病的效果，目前已经有禽流感与其他疫病的二联和多联疫苗。

2）免疫接种要求：国家对高致病性禽流感实行强制免疫制度，免疫密度必须达到 100%，抗体合格率达到 70% 以上。所用疫苗必须采用农业农村部批准使用的产品，并由动物防疫监督机构统一组织、逐级供应。所有易感禽类饲养者必须按国家制订的免疫程序做好免疫接种，当地动物防疫监督机构负责监督指导。预防性免疫，按农业农村部制订的免疫方案中规定的程序进行。

① 蛋鸡（包括商品蛋鸡与父母代种鸡）参考免疫程序：14 日龄首免，肌内注射 H5N1 亚型禽流感灭活苗或重组新城疫病毒活载体疫苗。35~40 日龄时用同样方法进行二免。开产前再用 H5N1 亚型禽流感灭活苗进行强化免疫，以后每隔 4~6 个月免疫 1 次。在 H9 亚型禽流感流行的地区，应免疫 H5 和 H9 亚型二价灭活苗。

② 肉鸡参考免疫程序：7~14 日龄时肌内注射 H5N1 亚型或 H5 和 H9 二价禽流感灭

活苗即可，或 7~14 日龄时用重组新城疫病毒活载体疫苗首免，2 周后用同样疫苗进行二免。

（2）**加强饲养管理** 坚持全进全出和（或）自繁自养的饲养方式，在引进种鸡及产品时，一定要是来自无禽流感的养鸡场；采取封闭式饲养，饲养人员进入生产区应更换衣、帽及鞋靴；严禁其他养鸡场人员参观，生产区设立消毒设施，对进出车辆彻底消毒，定期对鸡舍及周围环境进行消毒，加强带鸡消毒；设立防护网，严防野鸟进入鸡舍（图 2-44），养鸡场内和不同鸡舍之间严禁饲养其他家禽（图 2-45），多种家禽应分开饲养，尤其要与水禽分开饲养（图 2-46），避免不同家禽及野鸟之间的病原传播；定期消灭养鸡场内的有害昆虫，如蚊、蝇（图 2-47）及鼠类。

图 2-44 应设立防护网，严防野鸟进入鸡舍

图 2-45 养鸡场内和鸡舍之间严禁饲养其他家禽

图 2-46 多种家禽应分开饲养，尤其要与水禽分开饲养

养鸡场过道及粪便上的苍蝇

图 2-47 定期消灭养鸡场内的苍蝇

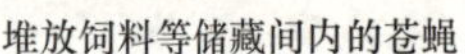
堆放饲料等储藏间内的苍蝇

灭杀的苍蝇

图 2-47　定期消灭养鸡场内的苍蝇（续）

【临床用药指南】高致病性禽流感发生后需要按照《中华人民共和国动物防疫法》和“高致病性禽流感疫情判定及扑灭技术规范”进行处理，在疫区或受威胁区，要用经农业农村部批准使用的禽流感疫苗进行紧急免疫接种。

（1）临床怀疑疫情的处置　对发病场（户）实施隔离、监控，禁止禽类、禽类产品及有关物品移动，并对其内、外环境实施严格的消毒措施。

（2）疑似疫情的处置　当确认为疑似疫情时，扑杀疑似禽群，对扑杀禽、病死禽及其产品进行无害化处理，对其内、外环境实施严格的消毒措施，对污染物或可疑污染物进行无害化处理，对污染的场所和设施进行彻底消毒，限制发病场（户）周边 3 千米的家禽及其产品移动。

（3）确诊疫情的处置　疫情确诊后立即启动相应级别的应急预案，依法扑灭疫情。

2. 低致病性禽流感

低致病性禽流感主要由中等毒力以下禽流感病毒（如 H9 亚型禽流感病毒）引起，以产蛋鸡产蛋率下降或青年鸡的轻微呼吸道症状和低死亡率为特征，感染后往往造成鸡群的免疫力下降，易发生并发或继发感染。

【临床症状】病初表现为体温升高，精神沉郁，采食量减少或急骤下降，排黄绿色稀便，出现明显的呼吸道症状（咳嗽、啰音、打喷嚏、伸颈张口、眶下窦肿胀等），后期部分鸡有神经症状（头颈后仰、抽搐、运动失调、瘫痪等）。产蛋鸡感染后，蛋壳质量变差、畸形蛋增多，产蛋率下降，严重时可停止产蛋。

【病理剖检变化】剖检病鸡或病死鸡可见口腔及鼻腔积存黏液，并常混有血液；腺胃乳头及其他内脏器官轻度出血（图 2-48）；产蛋鸡卵泡充血、出血、变形、破裂，输卵管内有白色或浅黄色胶冻样或干酪样物（图 2-49）。

【预防】免疫程序和接种方法同高致病性禽流感，只是所用疫苗必须含有与养鸡场所在地一致的低致病性禽流感的毒株。H9 亚型有 SS 株和 F 株等，均为 H9N2 亚型。

【临床用药指南】对于低致病性禽流感，应采取“免疫为主，治疗、消毒、改善饲养管理和防止继发感染为辅”的综合措施。特异性抗体早期治疗有一定的效果。抗病毒药对本病毒有一定的抑制作用，可降低死亡率，但不能降低感染率，用药后病鸡仍向外界排出病毒。应用抗生素可以减轻支原体和细菌性并发感染，应用清热解毒、止咳平喘的中成药可以缓解本病的症状，饮水中加入电解多维可以增强鸡的体质和抗病力。

图 2-48　病鸡腺胃乳头轻度出血

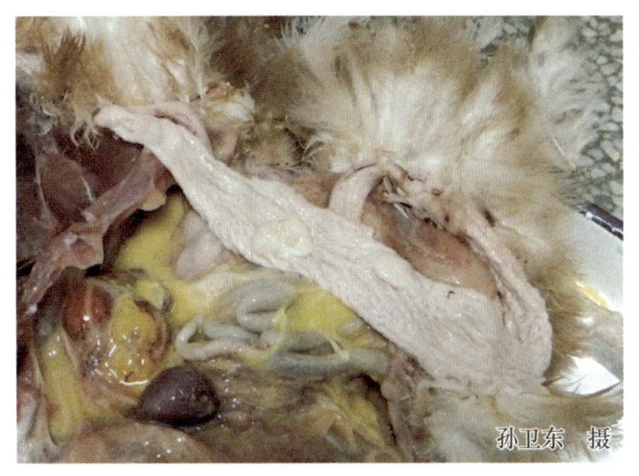

图 2-49　产蛋鸡卵泡充血、出血，输卵管内有白色胶冻样物

（1）特异抗体疗法　立即注射抗禽流感高免血清或卵黄抗体，按每千克体重 2~3 毫升肌内注射。

（2）抗病毒　请参照“传染性支气管炎”的抗病毒疗法。

（3）合理使用抗生素对症治疗　中药与抗菌西药结合，如每只成年鸡按板蓝根注射液（口服液）1~4 毫升，一次肌内注射（口服）；阿莫西林按 0.01%~0.02% 的含量混饮或混饲，每天 2 次，连用 3~5 天。联用的抗菌药应对症选择，如针对大肠杆菌的可用阿莫西林 + 舒巴坦，或阿莫西林 + 乳酸环丙沙星，或单纯阿莫西林；兼治鼻炎可用磺胺间甲氧嘧啶。

（4）正确运用药物使用方法　如多西环素与某些中药口服液混饮会加重苦味，若鸡群厌饮、拒饮，一是改用其他药物，二是改用注射给药；如食欲不佳的病鸡不宜用中药散剂拌料喂服，可改用中药口服液的原液（不加水）适量灌服，每天 1~2 次，连用 2~4 天。

四、大肠杆菌病

大肠杆菌病（Colibacillosis）是由大肠杆菌中某些致病性菌株引起家禽感染性疾病的总称。许多血清型的菌株可引起家禽发病，其中以 O_1、O_2、O_{78} 多见。大肠杆菌在麦康凯和远藤培养基上生长良好，由于它能分解乳糖，因此在上述培养基上形成红色的菌落。大肠杆菌为革兰染色阴性菌，在电镜下可见菌体有少量长的鞭毛和大量短的菌毛。随着集约化养鸡业的发展，大肠杆菌病的发病率日趋增多，造成鸡的成活率下降、增重减慢和屠宰废弃率增加，给养鸡业造成巨大的经济损失。

【流行特点】

（1）易感动物　各种日龄、品种的鸡均可发病，以 4 月龄以内的鸡（中雏鸡）易感性较高。

（2）传染源　大肠杆菌病既可单独感染，也可能是继发感染，病鸡或带菌鸡是主要的传染源。

（3）传播途径　该细菌可以经种蛋带菌垂直传播，也可经消化道、呼吸道和生殖道（自然交配或人工授精）及皮肤创伤等门户入侵，饲料、饮水、垫料、空气等是主要传播媒介。

（4）流行季节 本病一年四季均可发生，但在多雨、闷热和潮湿季节发生更多。

【临床症状和病理剖检变化】

（1）雏鸡脐炎型 病雏鸡的脐带发炎（俗称“硬脐”）（图 2-50 和视频 2-6），愈合不良（图 2-51）。卵黄变性、呈黄色或绿色（图 2-52），吸收不良。

（2）脑炎型 见于 7 天内的雏鸡，病雏鸡扭颈，出现神经症状，采食减少或不食。

视频 2-6

大肠杆菌病：雏鸡的脐带发炎

视频 2-7

大肠杆菌病：病鸡呼吸困难，伴有呼吸啰音

（3）浆膜炎型 常见于 2~6 周龄的雏鸡，病鸡精神沉郁，缩颈闭眼，嗜睡，羽毛松乱，两翅下垂，食欲减退或废绝，气喘、甩鼻、出现呼吸困难并伴有呼吸啰音（视频 2-7），眼结膜和鼻腔带有浆液性或黏液性分泌物，部分病例腹部膨大下垂，行动迟缓，重症者呈企鹅状，腹部触诊有液体波动。死于浆膜炎型的病鸡，可见心包积液，纤维素性心包炎（图 2-53），气囊混浊，呈纤维素性气囊炎（图 2-54），肝脏肿大，表面也有纤维素膜覆盖（图 2-55），有的肝脏伴有坏死灶。重症病鸡可同时见到心包炎、肝周炎和气囊炎（图 2-56），有的病鸡可同时伴有腹水（图 2-57），腹水较混浊或含有炎性渗出物（图 2-58），应注意与腹水综合征相区别。

图 2-50 病雏鸡的脐带发炎（俗称“硬脐”）

图 2-51 病雏鸡的脐带愈合不良

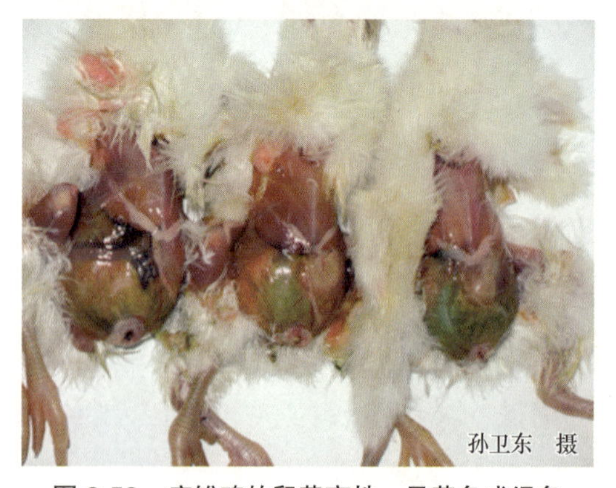

图 2-52 病雏鸡的卵黄变性、呈黄色或绿色

图 2-53 病鸡的心包积液，心包有纤维素性渗出物

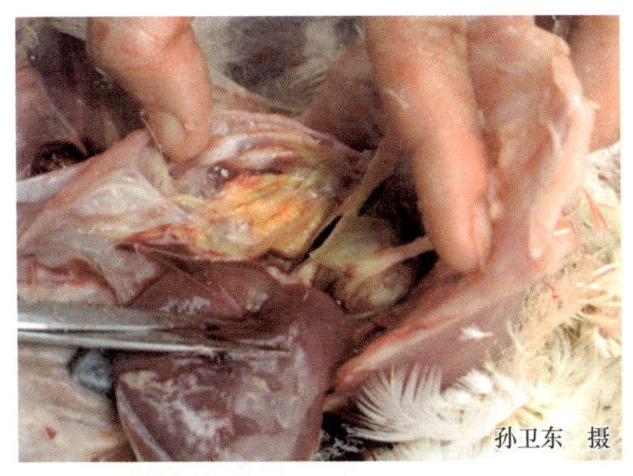

图 2-54 病鸡的气囊炎，囊内有黄色干酪样渗出物

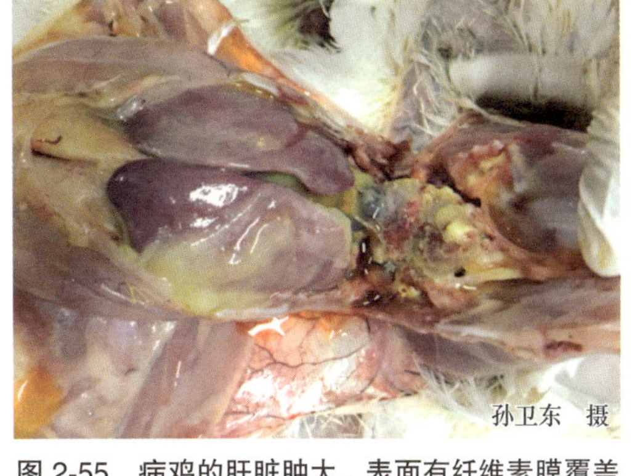

图 2-55 病鸡的肝脏肿大，表面有纤维素膜覆盖

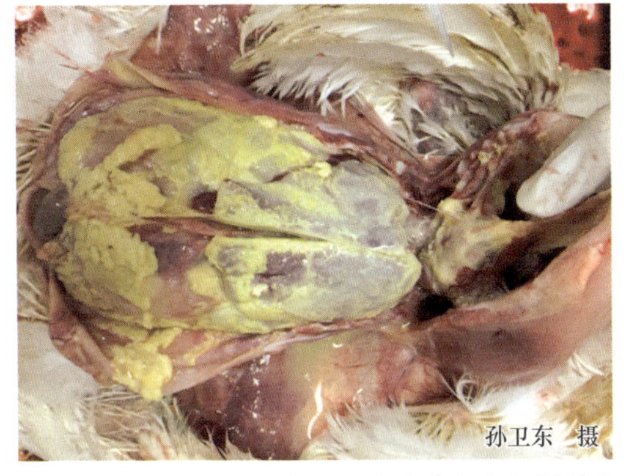

图 2-56 病鸡的肝周炎，肝脏被膜有渗出物覆盖

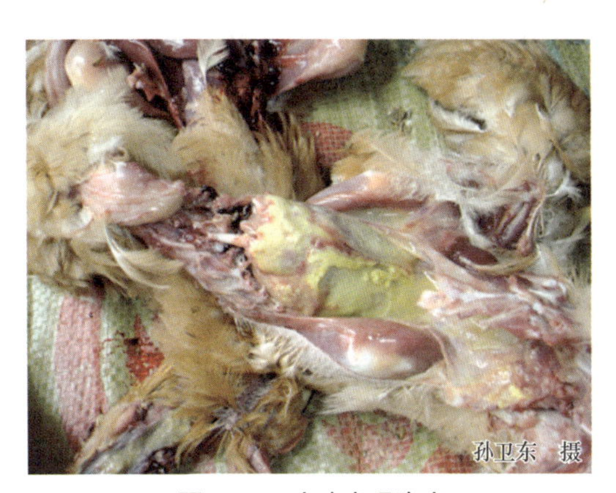

图 2-57 病鸡出现腹水

（4）急性败血症型（大肠杆菌败血症） 是大肠杆菌病的典型病型，6~10 周龄的鸡多发，呈散发性或地方流行性，病死率为 5%~20%，有时可达 50%。特征性的病理剖检变化为肺充血、水肿和出血（图 2-59），肝脏肿大，胆囊扩张、充满胆汁，脾脏、肾脏肿大。

图 2-58 病鸡的腹水混浊或含有炎性渗出物

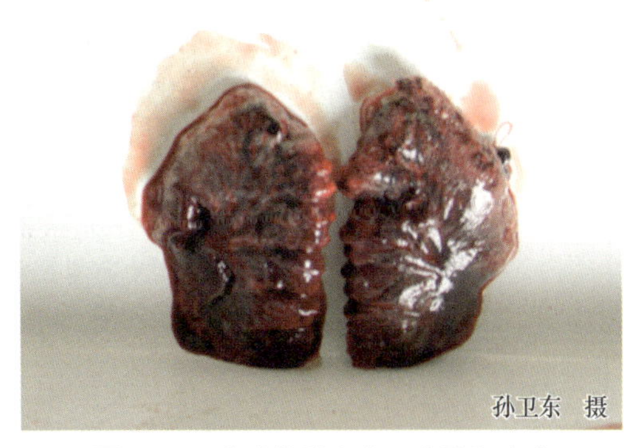

图 2-59 病鸡的肺充血、水肿和出血

（5）关节炎和滑膜炎型 一般是由关节的创伤或大肠杆菌性败血时细菌经血液途径转移至关节所致，病鸡表现为行走困难、跛行或呈伏卧姿势，一个或多个腱鞘、关节发生肿大。剖检可见关节液混浊，关节腔内有干酪样或脓性渗出物蓄积，滑膜肿胀、增厚（图 2-60）。

（6）**大肠杆菌性肉芽肿型** 是一种常见的病型，45~70日龄鸡多发。病鸡进行性消瘦，可视黏膜苍白，腹泻。特征性病理剖检变化是在病鸡的小肠、盲肠、肠系膜及肝脏、心脏等表面见到黄色脓肿或肉芽肿结节（图2-61），肠粘连不易分离，脾脏无病变，外观与结核结节及马立克氏病的肿瘤结节相似。严重的死亡率可高达75%。

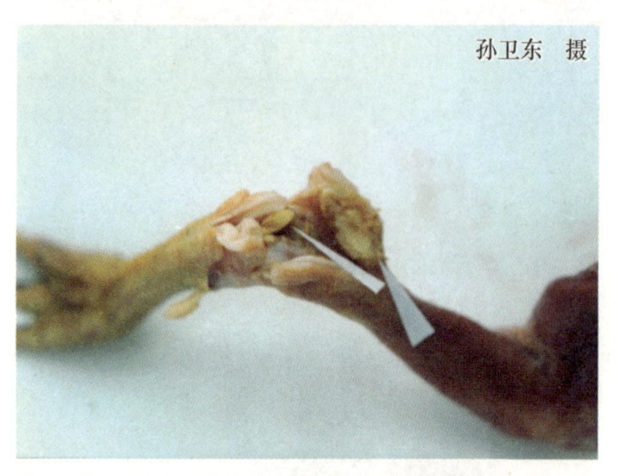

图2-60 病鸡的关节腔内有干酪样或脓性渗出物蓄积，滑膜肿胀

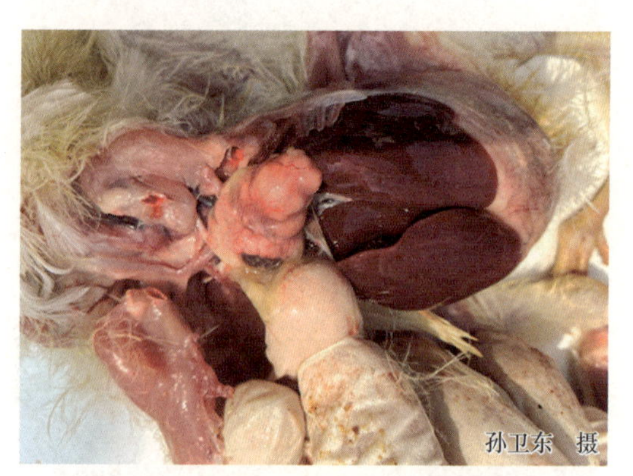

图2-61 病鸡心脏上的肉芽肿结节

（7）**卵黄性腹膜炎和输卵管炎型** 主要发生于产蛋母鸡，病鸡表现为产蛋停止，精神委顿，腹泻，粪便中混有蛋清及卵黄小块，有恶臭味。剖检时可见卵泡充血、出血、变形（图2-62），破裂后引起腹膜炎（视频2-8）。有的病例还可见输卵管炎，整个输卵管充血和出血或整个输卵管膨大（图2-63），内含有干酪样物质（图2-64），切面呈轮层状（图2-65），可持续存在数月，并可随时间的延长而增大。

视频2-8
大肠杆菌病：卵黄性腹膜炎

图2-62 病鸡的卵泡充血、出血、变形

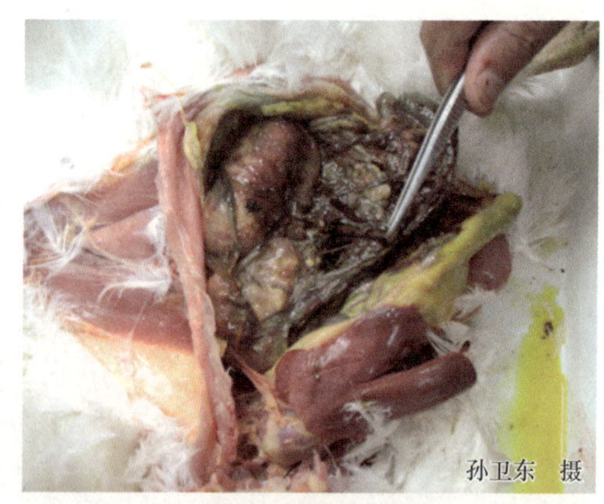

图2-63 病鸡的整个输卵管充血、出血，膨大

（8）**全眼球炎型** 当鸡舍内空气中的大肠杆菌密度过大时，或在发生大肠杆菌性败血症时，部分鸡可引起眼球炎，表现为一侧眼睑肿胀，流泪，畏光，眼内有大量脓液或干酪样物质，角膜混浊，眼球萎缩，失明（图2-66和视频2-9）。偶尔可见两侧感染，内脏器官一般无异常病变。

视频2-9
大肠杆菌病：单眼全眼球炎

（9）**肿头综合征** 是指在鸡的头部皮下组织及眼眶周围

发生急性或亚急性蜂窝状炎症。可以看到鸡眼眶周围皮肤红肿，严重的整个头部明显肿胀（图 2-67），皮下有干酪样渗出物。

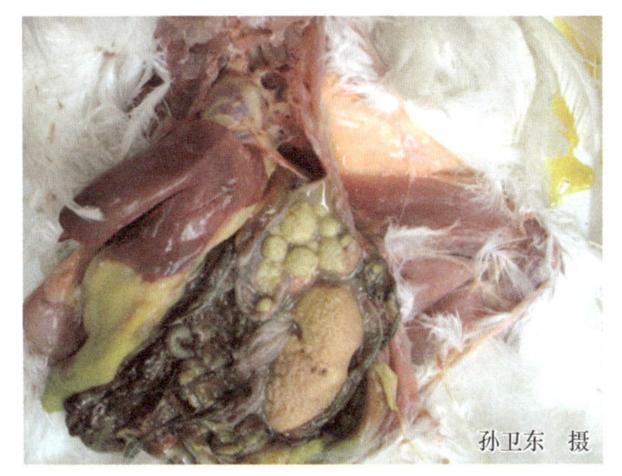

图 2-64 病鸡的输卵管内充满干酪样物质

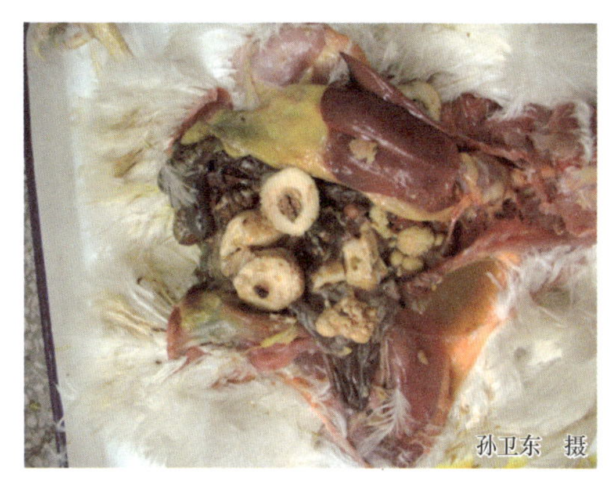

图 2-65 病鸡的输卵管内含有干酪样物质，切面呈轮层状

图 2-66 病鸡的全眼球炎

图 2-67 病鸡的整个头部明显肿胀

此外，胚胎发生感染可引起胚胎死亡或出壳后幼雏陆续死亡（图 2-68）。有些病例可出现中耳炎（图 2-69）等临床症状。

图 2-68 感染胚胎死亡或出壳后幼雏陆续死亡

图 2-69 感染鸡出现了中耳炎

【类症鉴别】 本病剖检出现的心包炎、肝周炎和气囊炎（俗称“三炎”或“包心包

肝”）病变与鸡毒支原体感染、鸡痛风的剖检病变相似，应注意鉴别。本病表现的腹泻与球虫病、轮状病毒病、疏密螺旋体病、某些中毒病等出现的腹泻相似，应注意鉴别。本病出现的输卵管炎与鸡白痢、禽伤寒、禽副伤寒等呈现的输卵管炎相似，应注意鉴别。本病表现的呼吸困难与鸡毒支原体感染、新城疫、传染性支气管炎、禽流感、传染性喉气管炎等病表现的症状相似，应注意鉴别。本病引起的关节肿胀、跛行与葡萄球菌性关节炎、巴氏杆菌性关节炎、沙门菌性关节炎、病毒性关节炎、锰缺乏症等引起的病变相似，应注意鉴别。本病引起的脐炎、卵黄囊炎与沙门菌病、葡萄球菌病等引起的病变相似，应注意鉴别。本病引起的眼炎与葡萄球菌性眼炎、衣原体病、氨气灼伤、维生素 A 缺乏症等引起的眼炎相似，应注意鉴别。

【预防】

（1）免疫接种 为确保免疫效果，必须用与鸡场血清型一致的大肠杆菌制备的甲醛灭活苗、大肠杆菌灭活油乳苗、大肠杆菌多价氢氧化铝苗或多价油佐剂苗进行两次免疫，第一次接种时间为 4 周龄，第二次接种时间为 18 周龄，以后每隔 6 个月进行一次加强免疫注射。体重在 3 千克以下的鸡皮下注射 0.5 毫升，体重在 3 千克以上的鸡皮下注射 1.0 毫升。

（2）建立科学的饲养管理体系 大肠杆菌病在临床上虽然可以使用药物控制，但不能达到永久的效果，加强饲养管理，搞好鸡舍和环境的卫生消毒工作，避免各种应激因素影响显得至关重要。种鸡场要及时收捡种蛋，避免种蛋被粪便污染。搞好种蛋、孵化器及孵化全过程的清洁卫生及消毒工作。注意育雏期间的饲养管理，保持较稳定的温度、湿度（防止时高时低），做好饲养管理用具的清洁卫生工作。控制鸡群的饲养密度，防止过分拥挤。保持空气流通、新鲜，防止有害气体污染。定期消毒鸡舍、用具及养鸡环境。在饲料中增加蛋白质和维生素 E 的含量，可以增强鸡体抗病能力。应注意饮水污染，做好水质净化和消毒工作。鸡群可以不定期地饮用“生态王”，维持肠道正常菌群的平衡，减少致病性大肠杆菌的侵入。

（3）建立良好的生物安全体系 正确选择鸡场场址，场内规划应合理，尤其应注意鸡舍内的通风。消灭传染源，减少疫病发生。重视新城疫、禽流感、传染性法氏囊病、传染性支气管炎等传染病的预防，重视免疫抑制性疾病的防控。

（4）药物预防 药物预防有一定的效果，一般在雏鸡出壳后开食时，在饮水中加入庆大霉素（剂量为 0.04%~0.06%，连饮 1~2 天）或其他广谱抗生素；或在饲料中添加微生态制剂，连用 7~10 天。

【临床用药指南】在鸡群中流行本病时，及时挑出病鸡，进行淘汰或隔离单独治疗，对于同群临床健康鸡，使用敏感的抗菌药物治疗。大肠杆菌易产生耐药性，要定期更换用药或几种药物交替使用。每次喂完抗菌药物之后，为了调整肠道微生物区系的平衡，可考虑饲喂微生态制剂 2~3 天。

（1）西药治疗

① 头孢噻呋：注射用头孢噻呋钠或 5% 盐酸头孢噻呋混悬注射液，雏鸡按每只 0.08~0.2 毫克颈部皮下注射。

② 氟苯尼考：氟苯尼考注射液按每千克体重 20~30 毫克 1 次肌内注射，每天 2 次，连用 3~5 天。或按每千克体重 10~20 毫克 1 次内服，每天 2 次，连用 3~5 天。或 10% 氟苯尼考散按每千克饲料 50~100 毫克混饲 3~5 天。以上均以氟苯尼考计。

③ 安普霉素：40% 的硫酸安普霉素可溶性粉按每升饮水 250~500 毫克混饮 5 天。以

上均以安普霉素计。产蛋期禁用，休药期为 7 天。

④ 环丙沙星：2% 的盐酸或乳酸环丙沙星注射液按每千克体重 5 毫克 1 次肌内注射，每天 2 次，连用 3 天。或按每千克体重 5~7.5 毫克 1 次内服，每天 2 次。2% 的盐酸或乳酸环丙沙星可溶性粉按每升饮水 25~50 毫克混饮，连用 3~5 天。

⑤ 恩诺沙星：0.5%、2.5% 的恩诺沙星注射液按每千克体重 2.5~5 毫克 1 次肌内注射，每天 1~2 次，连用 2~3 天。恩诺沙星片按每千克体重 5~7.5 毫克 1 次内服，每天 1~2 次，连用 3~5 天。2.5%、5% 的恩诺沙星可溶性粉按每升饮水 50~75 毫克混饮，连用 3~5 天。休药期为 8 天。

⑥ 甲磺酸达氟沙星：2% 甲磺酸达氟沙星可溶性粉或溶液按每升饮水 25~50 毫克混饮 3~5 天。

此外，其他抗大肠杆菌病的药物有氨苄西林、链霉素、卡那霉素、庆大霉素、新霉素、土霉素（用药剂量请参考第三章中鸡白痢临床用药指南部分）、泰乐菌素、阿米卡星、大观霉素、大观霉素 - 林可霉素、多西环素、磺胺对甲氧嘧啶，磺胺氯达嗪钠，沙拉沙星（用药剂量请参考第三章中禽霍乱临床用药指南部分）。

（2）中药治疗

① 黄檗 100 克、黄连 100 克、大黄 50 克、加水 1500 毫升，微火煎至 1000 毫升，取药液；药渣加水按上述方法再煎 1 次，合并 2 次煎成的药液以 1∶10 的比例稀释饮水，供 1000 只鸡饮水，每天 1 剂，连用 3 天。

② 黄连、黄芩、栀子、当归、赤芍、丹皮、木通、知母、肉桂、甘草、地榆炭按一定比例混合后，粉碎成粗粉，成年鸡每次 1~2 克，每天 2 次，拌料饲喂，连喂 3 天；症状严重者，每天 2 次，每次 2~3 克，做成药丸填喂，连喂 3 天。

五、鸡毒支原体感染

鸡毒支原体感染（Mycoplasma Gallisepticum Infection）又称为鸡慢性呼吸道病，是由鸡毒支原体引起的一种接触性、慢性呼吸道传染病。临床上以呼吸道发生啰音、咳嗽、流鼻液和窦部肿胀为特征。

【流行特点】

（1）易感动物 自然感染主要发生于鸡和火鸡，各种日龄鸡均可感染，以 30~60 日龄鸡最易感。

（2）传染源 病鸡或带菌鸡为传染源。

（3）传播途径 可通过直接接触传播或经蛋垂直传播，尤其垂直传播可造成循环传染。

（4）流行季节 本病在冬末春初多发。

【临床症状】 潜伏期为 4~21 天。雏鸡感染后发病症状明显，早期出现咳嗽、流鼻涕、打喷嚏、气喘、呼吸道啰音等（视频 2-10），后期若发生眶下窦炎时，可见眼睑部乃至整个颜面部肿胀（图 2-70），部分病鸡眼睛流泪，有泡沫样的液体（图 2-71）。后期，鼻腔和眶下窦中蓄积渗出物，引起一侧或两侧眼睑肿胀、发硬，分泌物覆盖整个眼睛（图 2-72），

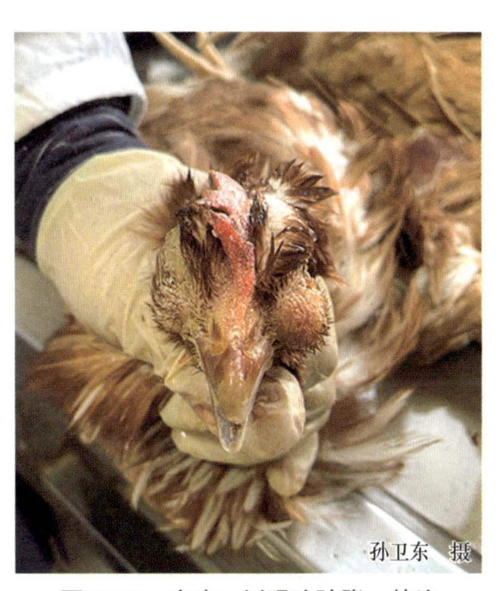

图 2-70 病鸡一侧眼睑肿胀、粘连

造成失明。成年鸡症状与雏鸡基本相似，但较缓和，症状不明显，产蛋鸡主要表现为产蛋率下降，有的蛋呈现“油头状”（图 2-73）；种蛋的孵化率明显降低、死胚增加（图 2-74），弱雏率上升。本病传播较慢，病程长达 1~6 个月或更长，但在新发病的鸡群中传播较快。鸡群一旦感染很难净化。

视频 2-10
鸡毒支原体感染：呼吸困难、伴有啰音，眼睛内有泡沫样的液体

图 2-71 病鸡颜面部肿胀，眼睛流泪，眼角有泡沫样的液体

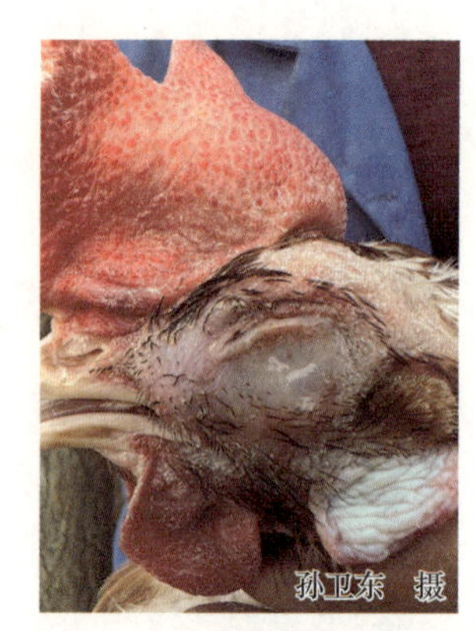

图 2-72 病鸡一侧眼睑肿胀，分泌物覆盖整个眼睛

图 2-73 感染病鸡所产的“油头状”蛋

图 2-74 垂直感染的种蛋孵化后出现死胚

【病理剖检变化】 病鸡或病死鸡剖检可见腹腔有大量泡沫样的液体（图 2-75），气囊混浊、壁增厚，上有黄色泡沫样的液体（图 2-76）。病程久者可见特征性病变——纤维素性气囊炎，胸气囊（图 2-77）、腹气囊（图 2-78）混浊，囊壁上和内部有黄色干酪样渗出物，有的病例还可见纤维素性心包炎和纤维素性肝周炎（图 2-79）。鼻道、眶下窦黏膜水肿、充血、肥厚或出血。眶下窦充满黏液（图 2-80）或眶下窦内充满干酪样渗出物（图 2-81 和视频 2-11）。

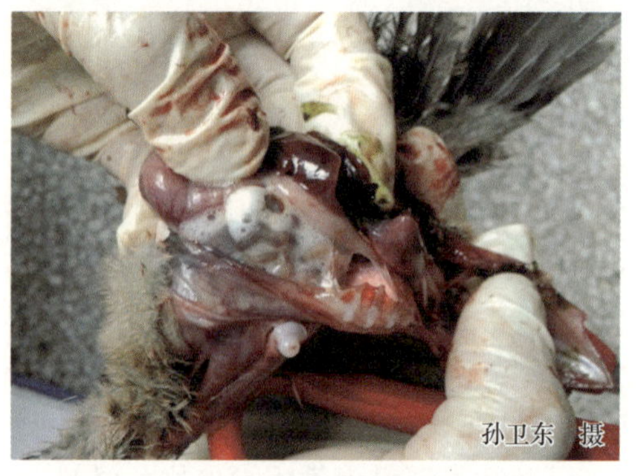

图 2-75 病鸡腹腔有大量泡沫样液体

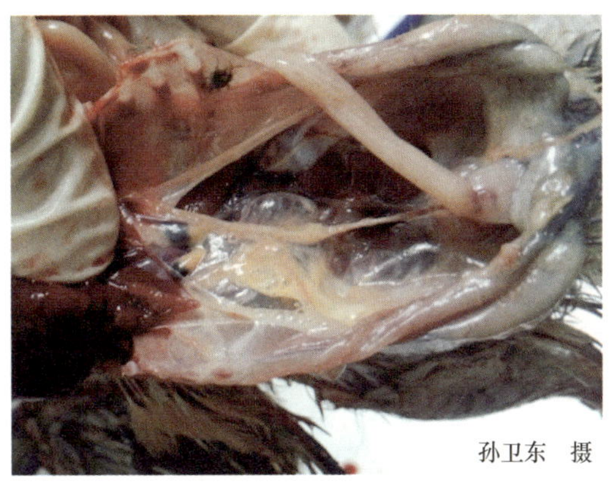

图 2-76 病鸡胸、腹气囊内有泡沫样的液体

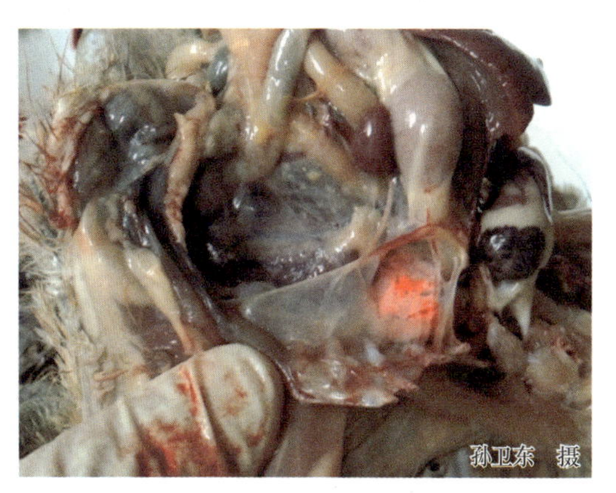

图 2-77 病鸡胸气囊混浊

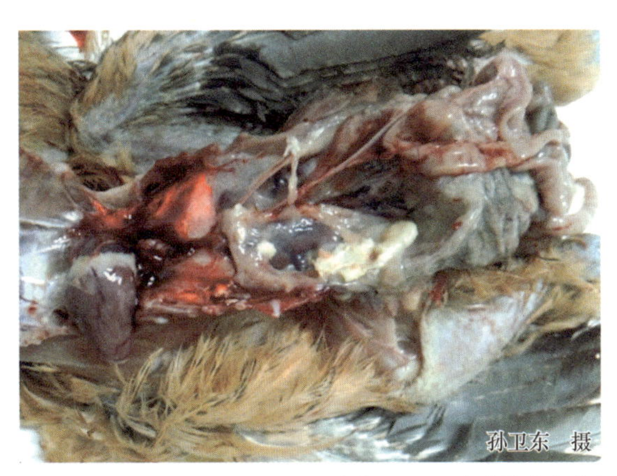

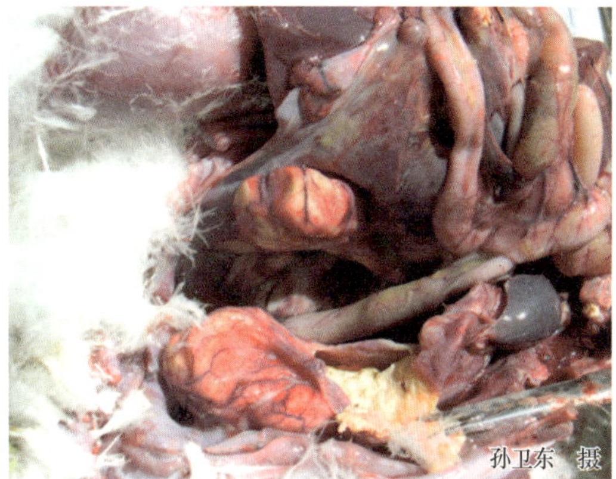

图 2-78 病鸡腹气囊混浊，内有干酪样渗出物

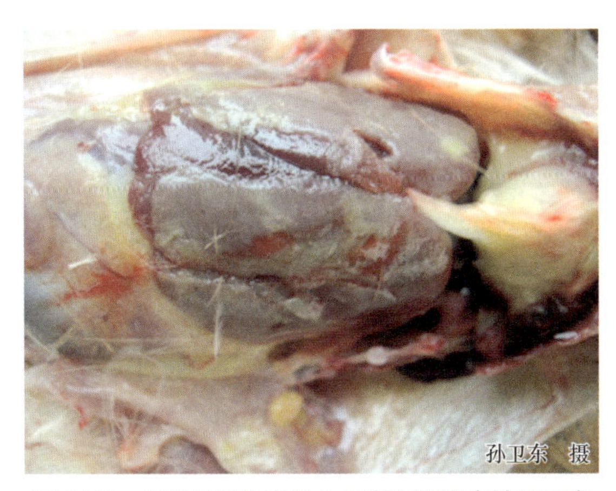

图 2-79 病鸡的纤维素性心包炎和纤维素性肝周炎

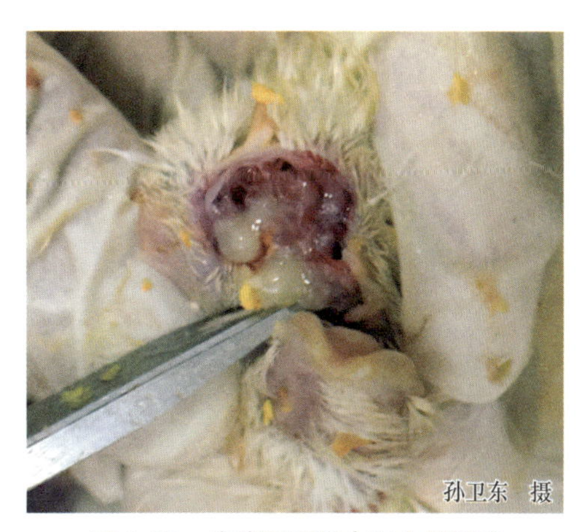

图 2-80 病鸡眶下窦内有大量黏液

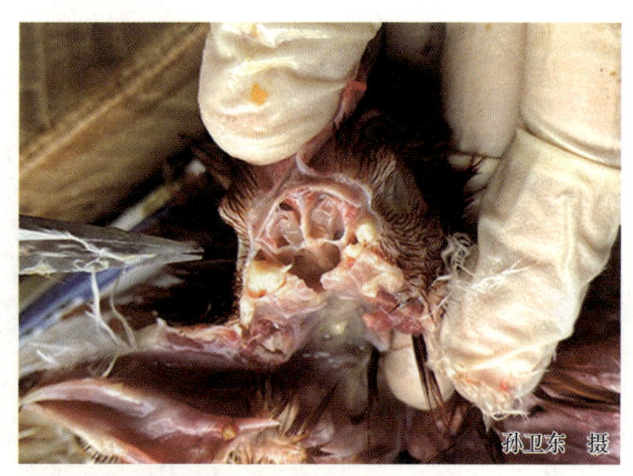

图 2-81 病鸡眶下窦积有干酪样渗出物

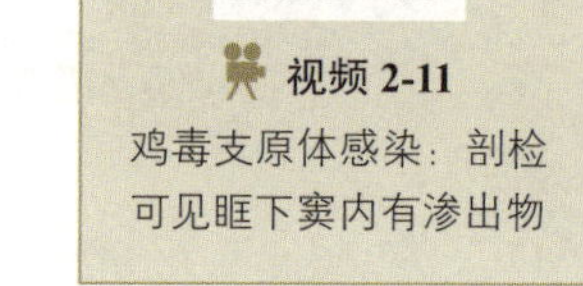

视频 2-11

鸡毒支原体感染：剖检可见眶下窦内有渗出物

【类症鉴别】本病剖检出现的心包炎、肝周炎和气囊炎病变与大肠杆菌病、鸡痛风的剖检病变相似，应注意鉴别。

【预防】

（1）**定期检疫** 一般在鸡 2、4、6 月龄时各进行 1 次血清学检验，淘汰阳性鸡，或鸡群中发现 1 只阳性鸡即全群淘汰，留下全部无病群隔离饲养作为种用，并对其后代继续进行观察，以确定其是否真正健康。

（2）**隔离观察引进种鸡** 防止引进种鸡时将病带入健康鸡群，尽可能做到自繁自养。从健康鸡场引进种蛋自行孵化；新引进的种鸡必须隔离观察 2 个月，在此期间进行血清学检查，并在半年中复检 2 次。如果发现阳性鸡，应坚决予以淘汰。

（3）**免疫接种** 灭活疫苗（如德国特力威 104 鸡败血支原体灭活疫苗）的接种，在 6~8 周龄注射 1 次，最好 16 周龄再注射 1 次，都是每只鸡注射 0.5 毫升。弱毒活苗（如 F 株疫苗、MG 6/85 冻干苗、MG ts-11 等）给 1、3 和 20 日龄雏鸡点眼免疫，免疫期为 7 个月。灭活疫苗一般是对 1~2 月龄母鸡注射，在开产前（15~16 周龄）再注射 1 次。

（4）**提高疫苗质量** 避免鸡的病毒性活疫苗中有支原体的污染，这是预防感染支原体病的重要方面。

（5）**药物预防** 在雏鸡出壳后 3 天饮服抗支原体药物，清除体内支原体，抗支原体药物可用枝原净混饮等。

（6）**加强饲养管理** 鸡支原体既然在很大程度上是"条件性发病"，预防措施主要就是改善饲养条件，减少诱发因素。饲养密度一定不可太大，鸡舍内要通风良好，空气清新，温度适宜，使鸡群感到舒适。最好每周带鸡喷雾消毒（0.25% 的过氧乙酸、百毒杀等）1 次，使细小雾滴在整个鸡舍内弥漫片刻，达到浮尘下落，空气净化。饲料中多维素要充足。

【临床用药指南】

（1）已感染鸡毒支原体种蛋的处理

1）抗生素处理法：在处理前，先从大环内酯类、四环素类、氟喹诺酮类中，挑选对本种蛋中鸡毒支原体敏感的药物。抗生素注射法，即用敏感药物配比成适当的浓度，于气室上用消毒后的 12 号针头打一小孔，再往卵内注射敏感药物，进行卵内接种。温差给药法，即将孵化前的种蛋升温到 37℃，然后立即放入温度为 5℃左右的敏感药液中，等待 15~20

分钟，取出种蛋。压力差给药法，即把常温种蛋放入一个能密闭的容器中，然后往该容器中注入对鸡毒支原体敏感的药液，直至浸没种蛋，密闭容器，抽出部分空气，而后在徐徐放入空气，使药液进入卵内。

2）物理处理法：加压升温法，即对一个可加压的孵化器进行升压并加温，使内部温度达到 46.1℃，保持 12~14 小时，而后转入正常温度孵化，对消灭卵内鸡毒支原体有比较满意的效果，但孵化率会下降 8%~12%。常压升温法，即恒温 45℃的温箱处理种蛋 14 小时，然后转入正常孵化，将获得比较满意的消灭卵内鸡毒支原体的效果。

（2）西药治疗

① 泰乐菌素：5% 或 10% 的泰乐菌素注射液或注射用酒石酸泰乐菌素按每千克体重 5~13 毫克 1 次肌内或皮下注射，每天 2 次，连用 5 天。8.8% 的磷酸泰乐菌素预混剂按每千克饲料 300~600 毫克混饲。酒石酸泰乐菌素可溶性粉按每升饮水 500 毫克混饮 3~5 天。蛋鸡禁用，休药期为 1 天。

② 泰妙菌素：45% 的延胡索酸泰妙菌素可溶性粉按每升饮水 125~250 毫克混饮 3~5 天。休药期为 2 天。

③ 红霉素：注射用乳糖酸红霉素或 10% 的硫氰酸红霉素注射液，育成鸡按每千克体重 10~40 毫克 1 次肌内注射，每天 2 次。5% 的硫氰酸红霉素可溶性粉按每升饮水 125 毫克混饮 3~5 天。产蛋鸡禁用。

④ 吉他霉素：吉他霉素片按每千克体重 20~50 毫克 1 次内服，每天 2 次，连用 3~5 天。50% 的酒石酸吉他霉素可溶性粉按每升饮水 250~500 毫克混饮 3~5 天。产蛋鸡禁用，休药期为 7 天。

⑤ 阿米卡星：注射用硫酸阿米卡星或 10% 的硫酸阿米卡星注射液按每千克体重 15 毫克 1 次皮下或肌内注射，每天 2~3 次，连用 2~3 天。

⑥ 替米考星：替米考星可溶性粉按每升饮水 100~200 毫克混饮 5 天。休药期为 14 天。

⑦ 大观霉素：注射用盐酸大观霉素按每只雏鸡 2.5~5.0 毫克肌内注射，成年鸡按每千克体重 30 毫克肌内注射，每天 1 次，连用 3 天。50% 的盐酸大观霉素可溶性粉按每升饮水 500~1000 毫克混饮 3~5 天。产蛋期禁用，休药期为 5 天。

⑧ 大观霉素 - 林可霉素：按每千克体重 50~150 毫克 1 次内服，每天 1 次，连用 3~7 天。盐酸大观霉素 - 林可霉素可溶性粉按每升饮水 0.5~0.8 克混饮 3~7 天。

⑨ 金霉素：盐酸金霉素片或胶囊，内服剂量同土霉素。10% 的金霉素预混剂按每千克饲料 200~600 毫克混饲，不超过 5 天。盐酸金霉素粉剂按每升饮水 150~250 毫克混饮。以上均以金霉素计。休药期为 7 天。

⑩ 多西环素：盐酸多西环素片按每千克体重 15~25 毫克 1 次内服，每天 1 次，连用 3~5 天。盐酸多西环素片按每千克饲料 100~200 毫克混饲。盐酸多西环素可溶性粉按每升饮水 50~100 毫克混饮。

⑪ 二氟沙星：二氟沙星片按每千克体重 5~10 毫克 1 次内服，每天 2 次。2.5%、5% 的二氟沙星水溶性粉按每升饮水 25~50 毫克混饮 5 天。产蛋鸡禁用，休药期为 1 天。

此外，其他抗鸡毒支原体感染的药物还有卡那霉素、庆大霉素、土霉素（用药剂量请参考第三章中鸡白痢临床用药指南部分），氟苯尼考、安普霉素、环丙沙星、恩诺沙星（用药剂量请参考本章中大肠杆菌病临床用药指南部分），磺胺甲噁唑，磺胺对甲氧嘧啶（用药剂量请参考第三章中禽霍乱临床用药指南部分）。

（3）**中药治疗**

① 石决明、草决明、苍术、桔梗各 50 克，大黄、黄芩、陈皮、苦参、甘草各 40 克，栀子、郁金各35克，鱼腥草100克，苏叶60克，紫菀80克，黄药子、白药子各45克，三仙、鱼腥草各 30 克，将诸药粉碎，过筛备用。用全日饲料量的 1/3 与药粉充分拌匀，并均匀撒在食槽内，待吃尽后，再添加未加药粉的饲料。剂量按每只鸡每天 2.5~3.5 克，连用 3 天。

② 麻黄、杏仁、石膏、桔梗、黄芩、连翘、金银花、金荞麦根、牛蒡子、穿心莲、甘草各等量，共研细末，混匀。治疗剂量按每只鸡每次 0.5~1.0 克，拌料饲喂，连用 5 天。

六、传染性鼻炎

传染性鼻炎（Infectious Coryza）是由鸡副嗜血杆菌引起的一种急性呼吸道传染病。临床上以鼻黏膜发炎，在鼻孔周围沾有污物，流鼻涕，打喷嚏，颜面部及眼睛周围肿胀，雏鸡生长停滞，母鸡产蛋量下降为特征。

【流行特点】

（1）**易感动物**　本病主要传染鸡，各日龄鸡都易感染，多发生于育成鸡和成年鸡（8~12 周龄），雏鸡很少发生。产蛋期发病最严重、最典型。

（2）**传染源**　病鸡和带菌鸡是本病的主要传染源。

（3）**传播途径**　病菌可通过呼吸道传染，也可通过饮水散布，经污染的饲料、笼具、空气传播。

（4）**流行季节**　一年四季都可发生，但寒冷季节多发。

【临床症状】本病潜伏期为 1~3 天，传播速度快，3~5 天波及全群。病鸡从鼻孔流出浆液性或黏液性分泌物（图 2-82）。一侧或两侧颜面部高度肿胀（图 2-83 和视频 2-12），鸡冠和肉髯发绀（图 2-84）。产蛋鸡产蛋率下降 10%~40%。育成鸡开产延迟，幼龄鸡生长发育受阻。

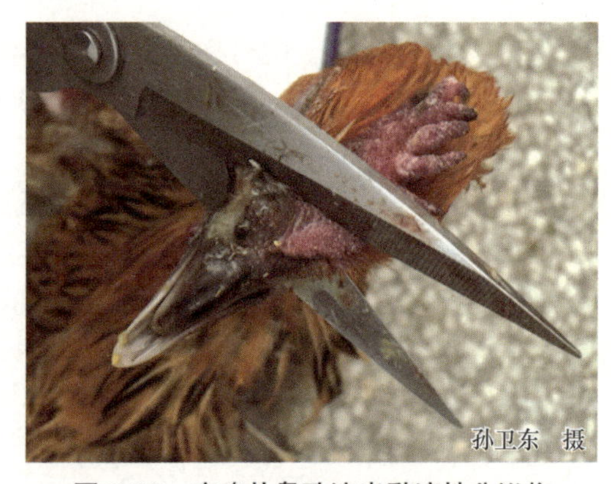

图 2-82　病鸡从鼻孔流出黏液性分泌物

视频 2-12

传染性鼻炎：鸡一侧颜面部肿胀

图 2-83　病鸡的颜面部高度肿胀

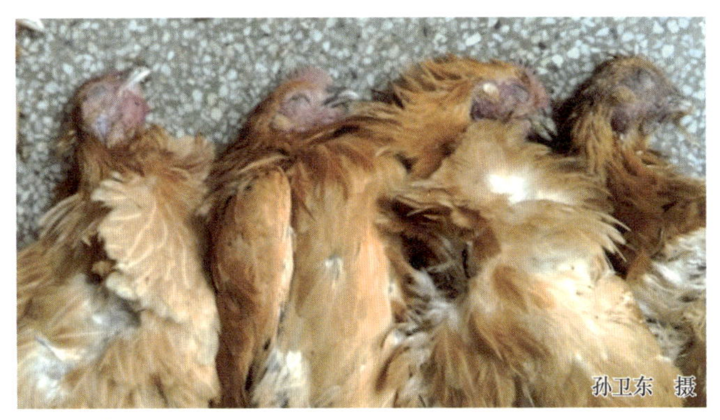

图 2-84 病鸡的鸡冠和肉髯发绀

【病理剖检变化】病鸡或病死鸡剖检可见鼻腔和眶下窦黏膜呈急性卡他性炎症，黏膜充血肿胀、表面覆有大量黏液（图 2-85），窦内有渗出物凝块，呈干酪样；头部皮下胶样水肿，面部及肉髯皮下水肿，病眼结膜充血、肿胀、分泌物增多，滞留在结膜囊内，剪开后有豆腐渣样、干酪样分泌物；卵泡变形、坏死和萎缩。

【类症鉴别】本病的呼吸道症状应注意与鸡毒支原体感染、传染性支气管炎、传染性喉气管炎等病表现的类似症状进行鉴别诊断。此外，由于传染性鼻炎经常以混合感染的形式发生，诊断时还应考虑其他细菌、病毒并发感染的可能性。

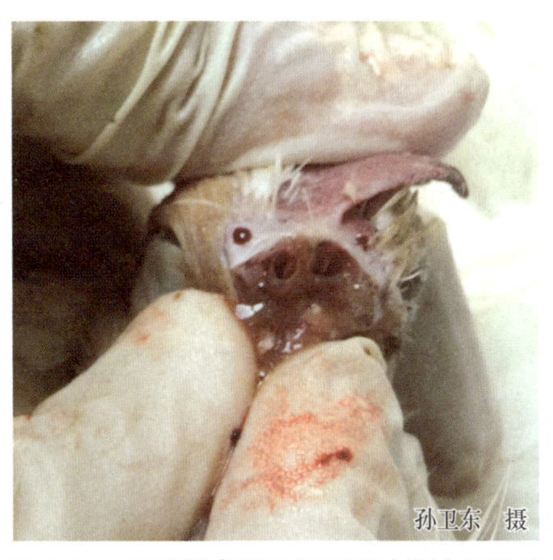

图 2-85 病鸡的鼻腔和眶下窦内有大量黏液

【预防】

（1）**免疫接种** 最好注射两次，首次不宜早于 5 周龄，在 6~7 周龄较为适宜，如果太早，鸡的应答较弱；健康鸡群用 A 型油乳剂灭活苗或 A-C 型二价油乳剂灭活苗进行首免，每只鸡注射 0.3 毫升，于 110~120 日龄进行二免，每只鸡注射 0.5 毫升。

（2）**杜绝引入病鸡和带菌鸡** 加强种鸡群监测，淘汰阳性鸡；鸡群实施全进全出，避免带进病原，发现病鸡及早淘汰。治疗后的康复鸡不能留作种用。

（3）**加强饲养管理** 改善鸡舍通风条件，降低环境中氨气含量，执行全进全出的饲养制度，防止密度过大，减少器械和人员流动，供给营养丰富的饲料，供给清洁饮水，定期严格地进行带鸡消毒（应用 0.2%~0.3% 的过氧乙酸）、空舍后彻底消毒及鸡舍外环境消毒工作等，对预防本病均有十分重要的意义。

【临床用药指南】本病易继发或并发其他细菌性疾病，且易复发，因此，在药物治疗时应综合考虑用药的敏感性、用药方法、剂量和疗程。

磺胺类药物是治疗本病的首选药物，一般用复方磺胺甲噁唑或甲氧苄啶与其他磺胺类药物合用，或用 2~3 种磺胺类药物组成的联磺制剂。

注意 投药时间不宜过长，一般不超过 5 天。且考虑鸡群的采食情况，当食欲变化不明显时，可选用口服易吸收的磺胺类药物；采食明显减少时，口服给药治疗效果差，可考虑注射给药。

磺胺二甲嘧啶：磺胺二甲嘧啶片按 0.2% 混饲 3 天，或按 0.1%~0.2% 混饮 3 天。土霉素：20~80 克拌入 100 千克饲料中自由采食，连喂 5~7 天。其他抗传染性鼻炎的药物还有氟苯尼考、环丙沙星、恩诺沙星、链霉素、庆大霉素、土霉素、磺胺对甲氧嘧啶、磺胺氯达嗪钠、红霉素、金霉素。

另外，配伍中药制剂鼻通、鼻炎净等疗效更好。

七、曲霉菌病

曲霉菌病（Aspergillosis）又称为霉菌性肺炎，是由曲霉菌（烟曲霉、黑曲霉、黄曲霉和土曲霉等）引起的一种真菌病。临床上以急性暴发，死亡率高，肺及气囊发生炎症和形成霉菌性小结节为特征。

【发病原因】雏鸡在 4~14 日龄时易感性最高，常呈急性暴发，出壳后的幼雏在进入被烟曲霉菌污染的育雏室后，48 小时即开始发病死亡，病死率可达 50% 左右，至 30 日龄时基本上停止死亡。在我国南方 5~6 月间的梅雨季节或阴暗潮湿的鸡舍最易发生。该病菌主要经呼吸道和消化道传播，若种蛋表面被污染，孢子可侵入蛋内，感染胚胎。

【临床症状】雏鸡感染后呈急性经过，表现为头颈前伸，张口呼吸（图 2-86、视频 2-13 和视频 2-14），打喷嚏，鼻孔中流出浆性液体，羽毛蓬乱，食欲减退；病的后期发生腹泻，有的雏鸡出现歪头、麻痹、跛行等神经症状。病程长短取决于曲霉菌感染的数量和中毒的程度。成年鸡多为散发，感染后多呈慢性经过，病死率较低。部分病例由于曲霉菌侵入眼部，引起眼炎，严重者在眼皮下蓄积豆渣样物质。

图 2-86　病鸡头颈前伸，张口呼吸

【病理剖检变化】病鸡或病死鸡可在肺表面及肺组织中发现粟粒大小至黄豆大小的黑色、紫色或灰白色质地坚硬的结节（图 2-87），切面坏死；气囊混浊，有灰白色或黄色圆形病灶或结节或干酪样团块物（图 2-88）；有时在气管、胸腔（图 2-89）、腹腔（图 2-90）、肝脏和肾脏等处也可见到类似的结节，偶尔会见到霉斑（图 2-91）。如伴有曲霉菌毒素中毒

时，还可见到肝脏肿大，呈弥漫性充血、出血，胆囊扩张，皮下和肌肉出血。

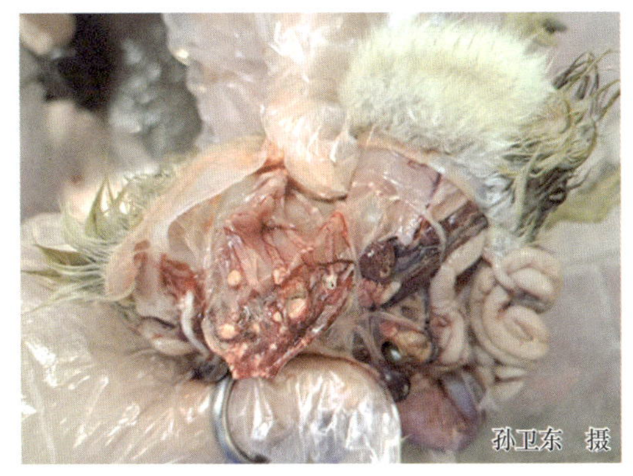

图 2-87 病鸡肺表面及肺组织中的霉菌结节

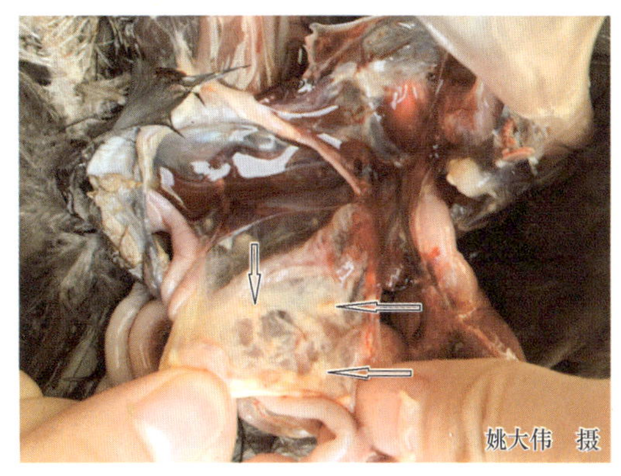

图 2-88 病鸡气囊上的霉菌结节

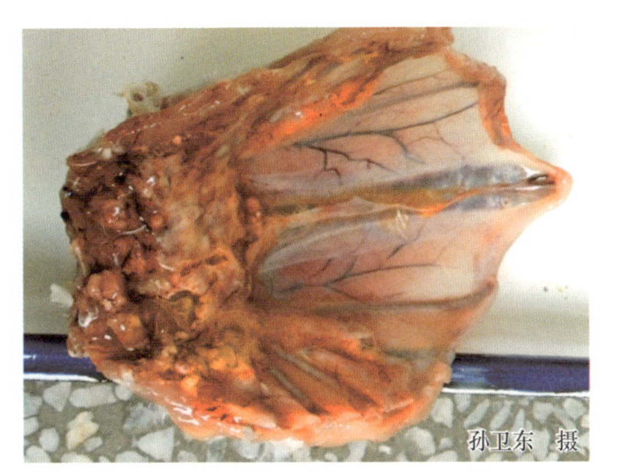

图 2-89 病鸡胸骨内侧的霉菌结节

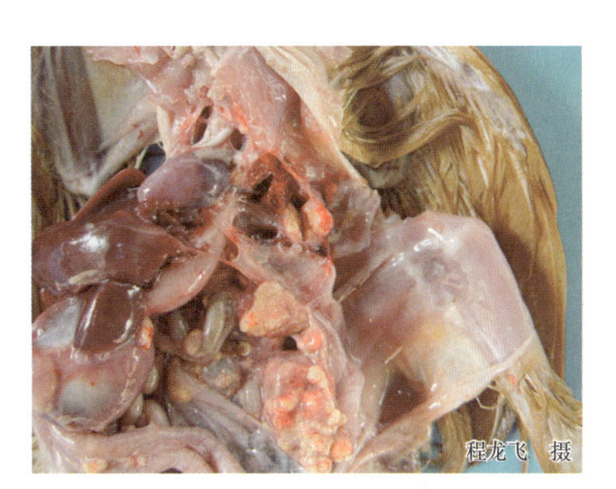

图 2-90 病鸡气囊及腹腔、脏器表面的霉菌结节

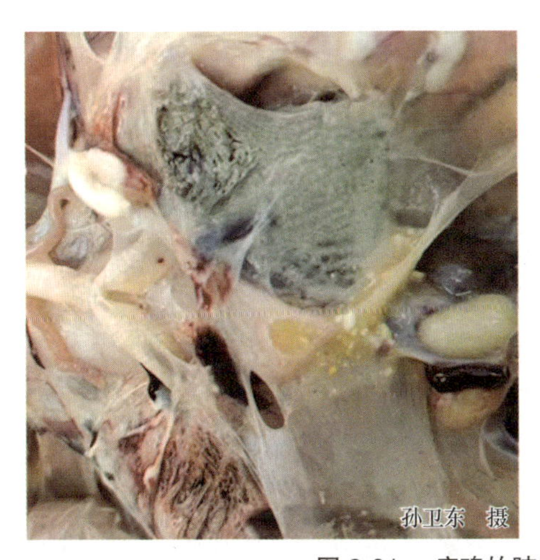

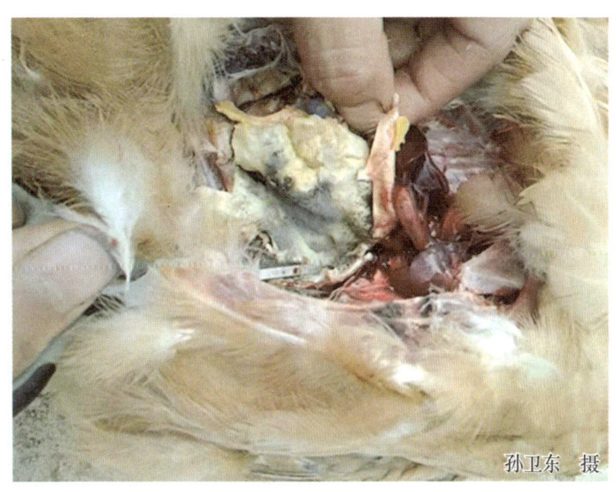

图 2-91 病鸡的肺表面（左）和气囊（右）出现霉斑

【类症鉴别】 本病出现的张口呼吸、呼吸困难等与传染性支气管炎、新城疫、大肠杆菌病、鸡毒支原体感染等出现的症状类似，详细鉴别诊断见本章第二节内容。

【预防】

（1）加强饲养管理 保持鸡舍环境卫生清洁、干燥，加强通风换气，及时清洗和消毒水槽，清出料槽中剩余的饲料。尤其在阴雨连绵的季节，更应防止曲霉菌生长繁殖、污染环境而引起本病的传播。种蛋库和孵化室经常消毒，保持卫生清洁、干燥。

（2）严格消毒被曲霉菌污染的鸡舍 对污染的育雏室要彻底清除霉变的垫料，然后用福尔马林熏蒸消毒后，经过通风、更换清洁干燥垫料后方可进鸡。污染种蛋严禁入孵。

（3）防止饲料和垫料发生霉变 在饲料的加工、配制、运输、存储过程中，应消除发生霉变的可能因素，在饲料中添加一些防霉添加剂（如露保细、安亦妥、胱氢醋酸钠、霉敌等），以防真菌生长。购买新鲜垫料，并经常翻晒，妥善保存。

【临床用药指南】首先要找出感染霉菌的来源，并及时消除；同时当曲霉菌在病鸡的呼吸道长出大量菌丝、肺部及气囊长出大量结节时，应及早淘汰病鸡。在此基础上可选用下列药物治疗。制霉菌素：病鸡按每只5000单位内服，每天2~4次，连用2~3天；或按每千克饲料中加制霉菌素50万~100万单位，连用7~10天，同时在每升饮水中加硫酸铜0.5克，效果更好。克霉唑：雏鸡按每100只1克拌料饲喂。由于制霉菌素难溶于水，但可以在酸牛奶中长久保持悬浮状态，在治疗时，可将制霉菌素混入少量的酸牛奶中，然后再拌料。

八、一氧化碳中毒

一氧化碳中毒（Carbon Monoxide Poisoning）是煤炭在氧气不足的情况下燃烧所产生的无色、无味的一氧化碳气体或者排烟设施不完善导致一氧化碳倒灌，被鸡吸入后导致全身组织缺氧而中毒。临床上以全身组织缺氧为特征。雏鸡在含0.2%的一氧化碳环境中2~3小时即可中毒死亡。

视频2-15

一氧化碳中毒：鸡舍外的排烟管伸出较短导致烟倒灌

【临床症状】鸡舍内有燃煤取暖的情况或发生烟倒灌现象（图2-92和视频2-15），病鸡鸡冠呈樱桃红色。雏鸡轻度中毒时，表现为精神不振、运动减少，采食量下降，羽毛松乱。严重中毒时，首先是烦躁不安，接着出现呼吸困难（图2-93），运动失调，昏迷、嗜睡，头向后仰，死前出现肌肉痉挛和惊厥。

图2-92 鸡舍的排烟管离鸡棚的屋檐太近引起排烟倒灌

图2-93 病鸡鸡冠呈樱桃红色，张口呼吸

【病理剖检变化】轻度中毒的病鸡或病死鸡无肉眼可见的病理剖检变化。重症者可见血液呈鲜红色或樱桃红色，肺颜色鲜红，呈弥漫性充血、水肿（图 2-94），嗉囊、胃肠道内空虚，肠系膜血管呈树枝状充血，皮肤和肌肉充血和出血，心脏、肝脏、脾脏肿大，心肌坏死。

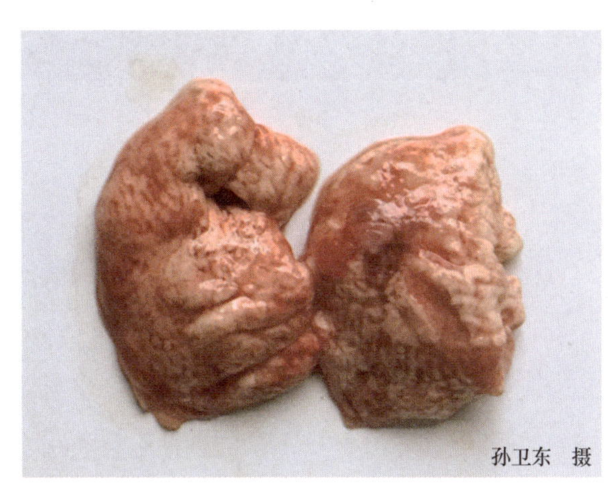

图 2-94　病鸡肺呈弥漫性充血、水肿

【预防】育雏室采用烧煤保温时应经常检查取暖设施，防止烟囱堵塞、倒烟、漏烟；定期检查舍内通风换气设备，并注意鸡舍内通风换气，保证其空气流通。麦收季节注意防止燃烧秸秆引起的烟尘进入鸡舍。

【临床用药指南】一旦发现中毒，应立即打开鸡舍门窗或通风设备进行通风换气，同时还要尽量保证鸡舍的温度。或立即将所有的鸡都转移到空气新鲜的环境中，病鸡吸入新鲜空气后，轻度中毒鸡可自行逐渐康复。对于重症者可皮下注射糖盐水及强心剂，有一定的疗效。当然也可用亚甲蓝、输氧等方法治疗。

第三章　消化系统疾病的鉴别诊断与防治

第一节　消化系统疾病发生的因素及感染途径

一、疾病发生的因素

（1）**生物性因素**　包括病毒（如新城疫病毒、传染性腺胃炎病毒等）、细菌（如大肠杆菌、巴氏杆菌、弯曲杆菌、魏氏梭菌、白色念珠菌等）、霉菌和某些寄生虫（组织滴虫、球虫、蛔虫、绦虫）等。

（2）**饲养管理因素**　如鸡舍的水箱、水线、水壶未及时清理和消毒（图3-1~图3-4，视频3-1），水被一些病原微生物污染；散养鸡群在暴雨过后饮用积聚在运动场的积水；料线或料槽中的饲料被粪便污染（图3-5），或剩料清理不及时，剩料发生霉变（图3-6）；水线乳头漏水至料槽中，导致饲料变质或霉变（图3-7、视频3-2和视频3-3）；在散养鸡群补充一些被寄生虫污染的水生植物等。

视频3-1
水壶的水被污染

视频3-2
水线乳头漏水，水滴到料槽中

图3-1　进入鸡舍的水箱内的水混浊

图3-2　引入水线的水箱内的水混浊

视频3-3
水线的水滴到料槽中

（3）**营养因素**　如饲料配方不合理，饲料中使用的麦类的比例太高且未添加酶制剂或酶制剂失效等。

（4）**中毒因素**　如饲料或饲料原料（视频3-4）霉变引起的霉菌毒素中毒，药物使用不当等引起的肠道菌群失调或药物中毒等。

视频3-4
玉米发霉

（5）**其他因素**　如夏季未做好水塔的降温或提温措施，让鸡群一直饮用烈日暴晒下高温水箱中的水或低温的井水等常可诱发消化道疾病。

图 3-3 水壶的表面不清洁（左）和水壶饮水被污染（右）

图 3-4 水线的托盘被青苔（左）或垫料（右）污染

图 3-5 料槽中的饲料被粪便污染（左），料盘中的饲料被垫料污染（右）

图 3-6 从饲料料槽中收集的霉变饲料

图 3-7 水线乳头漏水至料槽中（左）导致饲料变质（右）

二、疾病的感染途径

消化道黏膜表面是鸡与环境间接触的重要部分，对各种微生物、化学毒物和物理刺激等有良好的防御机能。消化器官在生物性、物理性、化学性、机械性等因素的刺激下及其他器官疾病等的影响下，会削弱或降低消化道黏膜的屏障防御作用和机体的抵抗能力，导致外源性的病原菌、消化道常在病原（内源性的病原菌）的侵入和大量繁殖，引起消化系统炎症等病理反应，进而造成消化系统疾病的发生和传播。消化系统疾病的感染途径示意图见图 3-8。

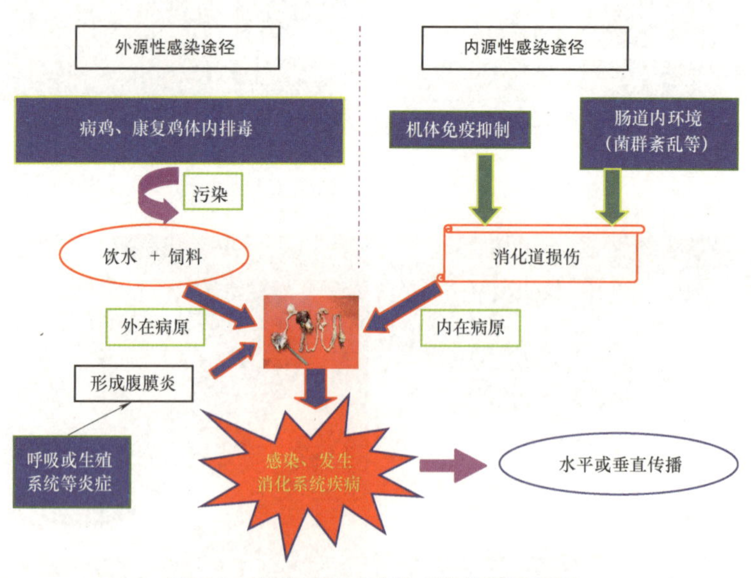

图 3-8 消化系统疾病的感染途径示意图

第二节 腹泻的诊断思路及鉴别诊断要点

一、诊断思路

当发现鸡群中出现以腹泻为主要临床表现的病鸡时，首先应考虑的是消化系统的疾病，此外，还要考虑引起与鸡腹泻相关的泌尿系统疾病及饲养系统因素等引起的疾病。其诊断思路见表 3-1。

表 3-1 鸡腹泻的诊断思路

所在系统	损伤部位或病因		初步印象诊断
消化系统	消化器官	橡皮喙	雏鸡的佝偻病
		口腔炎症	鹅口疮、黏膜型鸡痘
		食道上的小脓包	维生素 A 缺乏
		嗉囊炎	念珠菌病、嗉囊卡他等
		腺胃肿大	传染性腺胃炎、鸡马立克氏病、雏鸡白痢等
		腺胃乳头出血	新城疫、禽流感、急性禽霍乱、喹乙醇中毒等
		肌胃糜烂	变质鱼粉中毒
		腺胃与肌胃交界处出血	鸡传染性法氏囊病
		肠道炎症	出血性肠炎、溃疡性肠炎、坏死性肠炎
		肠道寄生虫	蛔虫、绦虫等
消化系统	消化腺	肝脏肿瘤	鸡马立克氏病、禽淋巴白血病、网状内皮组织增生症等
		肝脏的炎症	弧菌性肝炎、包涵体肝炎、盲肠肝炎
		肝脏上的点状坏死灶	禽霍乱、雏鸡白痢、伤寒、副伤寒等
		肝脏破裂	鸡脂肪肝综合征、胆碱缺乏、鸡马立克氏病等
		肝脏表面的渗出物	大肠杆菌病、鸡毒支原体感染、鸡痛风等
		胰腺出血和坏死	新城疫、高致病性禽流感
泌尿系统	肾脏尿酸盐沉积致肾脏功能异常		鸡传染性法氏囊病、肾病型传染性支气管炎、鸡痛风等
	肾脏的水重吸收功能受阻引起多尿症		橘青霉素、赭曲霉毒素中毒等
管理系统	饮水或饲料不洁或污染，饮水温度高或低		大肠杆菌病、沙门菌病、肉鸡肠毒综合征等
	冬季冷风直接吹到鸡的身上		受凉腹泻等
	饲料中麦类使用过多或酶制剂失效，引起过料、饲料便		消化不良等

二、鉴别诊断要点

引起鸡腹泻的常见疾病的鉴别诊断要点见表 3-2。

表 3-2 引起鸡腹泻的常见疾病的鉴别诊断要点

病名	鉴别诊断要点											
	易感时间	流行季节	群内传播	发病率	病死率	粪便	呼吸	鸡冠、肉髯	神经症状	胃肠道	心脏、肺、气管和气囊	其他脏器
禽流感	全龄	无	快	高	高	黄褐色稀粪	困难	发绀、肿大	部分鸡有	严重出血	肺充血和水肿，气囊有灰黄色渗出物	腺胃乳头肿大、出血
新城疫	全龄	无	快	高	高	黄绿色稀粪	困难	有时发绀	部分鸡有	严重出血	心冠出血、肺瘀血、气管出血	腺胃乳头、泄殖腔出血
鸡传染性法氏囊病	3~6周龄	4~6月	很快	很高	较高	石灰水样稀粪	急促	正常	正常	出血	心冠出血	胸肌、腿肌法氏囊出血
禽霍乱	成年鸡	夏、秋季	较快	较高	较高	草绿色稀粪	急促	部分鸡肉髯肿大	正常	严重出血	心冠脂肪沟有刷状缘出血	肝脏、脾脏有点状坏死灶
鸡白痢	0~2周龄	无	快	不高	较高	白色糊状粪便	困难	有时发绀	正常	出血	肺有坏死结节	肝脏、脾脏肿大，卵黄吸收不良
禽副伤寒	1~3周龄	无	快	较高	较高	白色如水	正常	正常	正常	出血	心包炎	肝脏、脾脏瘀血，表面有条纹状出血斑
败血型大肠杆菌病	中雏鸡	无	较慢	较高	较高	稀粪	困难	有时发绀	正常	炎症	心包炎、气囊炎	肝周炎
球虫病	3~7周龄	春、夏季	较快	较高	较高	棕红色稀粪或鲜血便	正常	正常	正常	小肠、盲肠出血	正常	小肠有时有坏死灶
蛔虫病	小于3月龄	无	慢	不高	不高	有时粪便带血	正常	正常	正常	小肠后段出血	正常	小肠有时有蛔虫和坏死灶
绦虫病	17~40日龄	无	慢	不高	不高	粪便稀薄或带血样黏液	正常	正常	有时瘫痪	肠黏膜出血	正常	肠腔内有大量虫体
内脏型痛风	全龄	无	无	较高	较高	石灰水样稀粪	正常	正常	有时瘫痪	正常	心包膜有尿酸盐沉着	肾脏肿大呈花斑样、浆膜有尿酸盐沉着

第三节 常见疾病的鉴别诊断与防治

一、新城疫

新城疫（Newcastle Disease）是由副黏病毒科副黏病毒亚科腮腺炎病毒属的禽副黏病毒引起禽的一种传染病。毒株间的致病性有差异，根据各亚型毒株对鸡的致病力的不同，将其分为典型新城疫和非典型新城疫。

1. 典型新城疫

典型新城疫是由副黏病毒科副黏病毒亚科腮腺炎病毒属的禽副黏病毒引起禽的一种急性、热性、败血性和高度接触性传染病。临床上以发热、呼吸困难、排黄绿色稀便、扭颈、腺胃乳头出血、肠黏膜和浆膜出血等为特征。本病分布广、传播快、死亡率高，它不仅可引起养鸡业的直接经济损失，而且可严重阻碍国内和国际的鸡产品贸易。世界动物卫生组织（OIE）将其列为必须报告的动物疫病，我国将其列为二类动物疫病。

【流行特点】

（1）易感动物 鸡、野鸡、火鸡、珍珠鸡、鹌鹑均易感，以鸡最易感。历史上有好几个国家因进口观赏鸟类而导致了本病的流行。

（2）传染源 病禽和带毒禽是本病主要传染源，鸟类也是重要的传播媒介。病毒存在于病鸡全身所有器官、组织、体液、分泌物和排泄物中。

（3）传播途径 病毒可经消化道、呼吸道、眼结膜、受伤的皮肤和泄殖腔黏膜侵入机体。

（4）流行季节 本病一年四季均可发生，但以春、秋季多发。

【临床症状】非免疫鸡群感染时，可在4~5天波及全群，发病率、死亡率高达90%及以上。临床症状差异较大，严重程度主要取决于感染毒株的毒力、免疫状态、感染途径、品种、日龄、其他病原混合感染情况及环境因素等。根据病毒感染鸡所表现临床症状的不同，可将新城疫病毒分为5种致病型。

（1）嗜内脏速发型 以消化道出血性病变为主要特征，死亡率高。

（2）嗜神经速发型 以呼吸道和神经症状为主要特征，死亡率高。

（3）中发型 以呼吸道和神经症状为主要特征，死亡率低。

（4）缓发型 以轻度或亚临床性呼吸道感染为主要特征。

（5）无症状肠道型 以亚临床性肠道感染为主要特征。

其共有的典型症状有：发病急、死亡率高；体温升高，精神极度沉郁，羽毛逆立，蹲伏（图3-9和视频3-5）；呼吸困难；食欲减退，粪便稀薄，呈黄白色或黄绿色（图3-10）；发病后期可出现各种神经症状，多表现为扭颈或斜颈（图3-11和视频3-6）、翅膀麻痹等；有的病鸡嗉囊积液，倒提病鸡可从其口腔流出黏液（图3-12）。在免疫鸡群表现为产蛋量下降。

视频3-5 典型新城疫：鸡精神极度沉郁、羽毛逆立等

视频3-6 典型新城疫：扭颈（神经症状）

图 3-9　病鸡精神极度沉郁、羽毛逆立、蹲伏

图 3-10　病鸡排出的粪便稀薄，呈黄白色或黄绿色

图 3-11　病鸡的头颈向一侧扭转

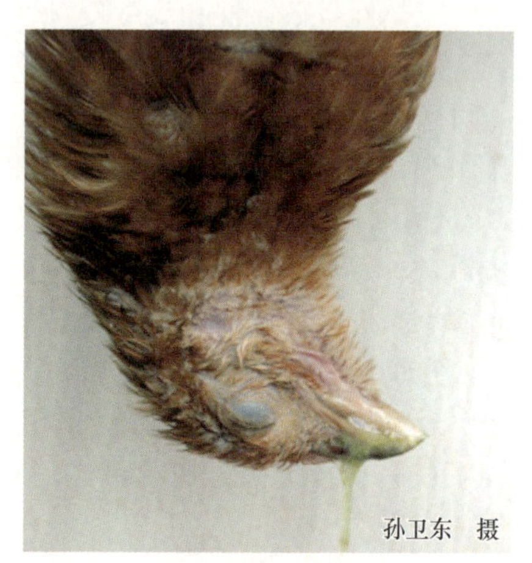

图 3-12　病鸡嗉囊内充满酸臭液体，倒提时从口腔流出

【病理剖检变化】病鸡或病死鸡剖检可见全身黏膜和浆膜出血，以呼吸道和消化道最为严重。腺胃黏膜水肿，整个乳头出血（图 3-13），肌胃角质层下出血（图 3-14）；整个肠黏膜严重出血（图 3-15），有的肠道浆膜面还有大的出血点（图 3-16）；十二指肠后段弥漫性出血（图 3-17），盲肠扁桃体肿大、出血甚至坏死，直肠黏膜呈条纹状出血（图 3-18）。鼻道、喉、气管黏膜和气管环充血，偶有出血（图 3-19），肺可见瘀血和水肿（图 3-20）。有的病鸡可见皮下和腹腔脂肪出血（图 3-21），有的病例可见脑膜充血和出血。蛋鸡或种鸡卵泡充血、出血（图 3-22）、变形，破裂后可导致卵黄性腹膜炎（图 3-23）。

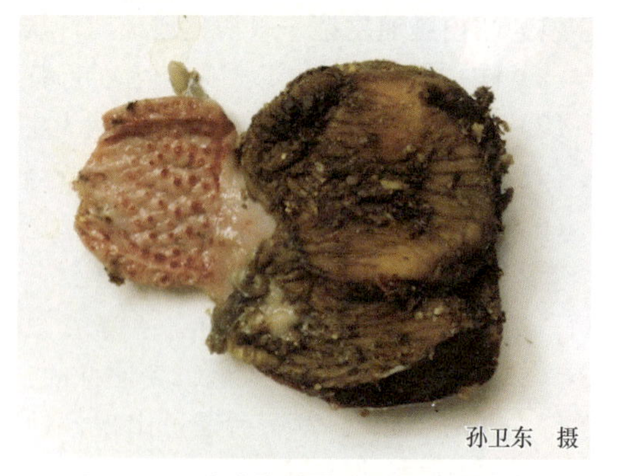

图 3-13　病鸡的腺胃乳头出血，切面可见乳头下出血严重

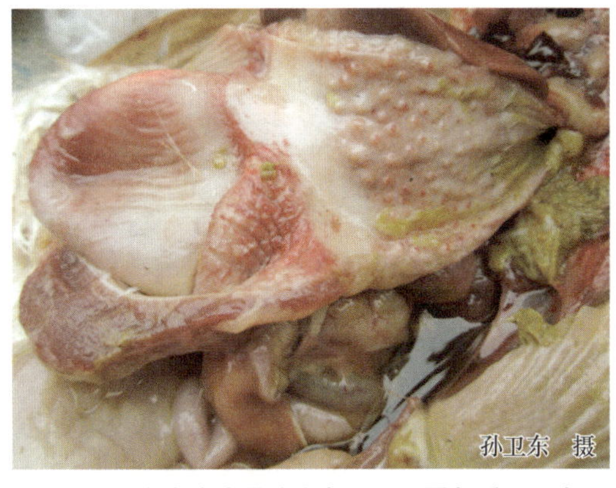

图 3-14 病鸡的腺胃乳头出血，肌胃角质层下出血

图 3-15 病鸡的整个肠道出血，出血处呈枣核状

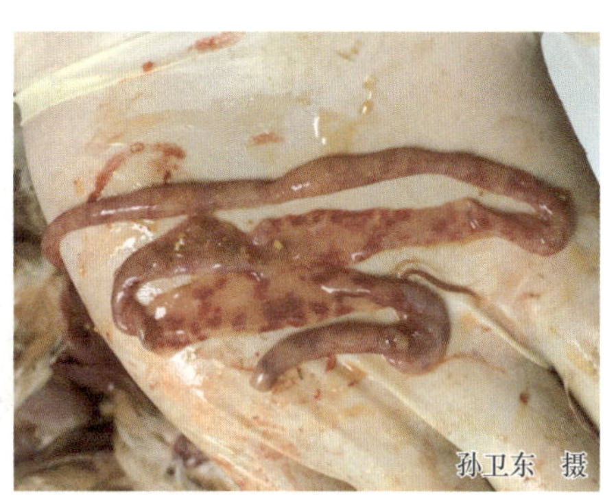

图 3-16 病鸡肠道浆膜（左）及肠黏膜（右）有许多大的出血点

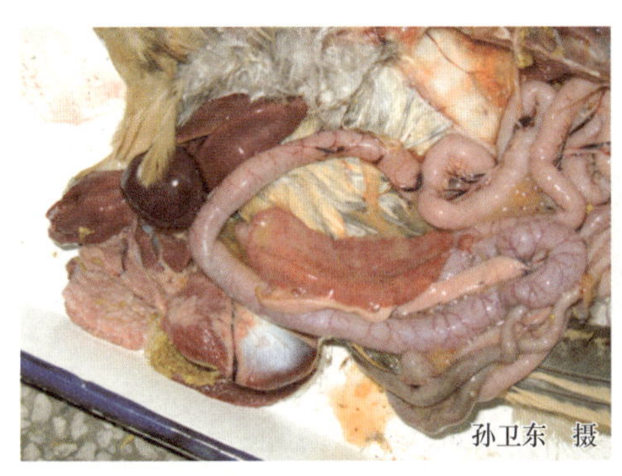

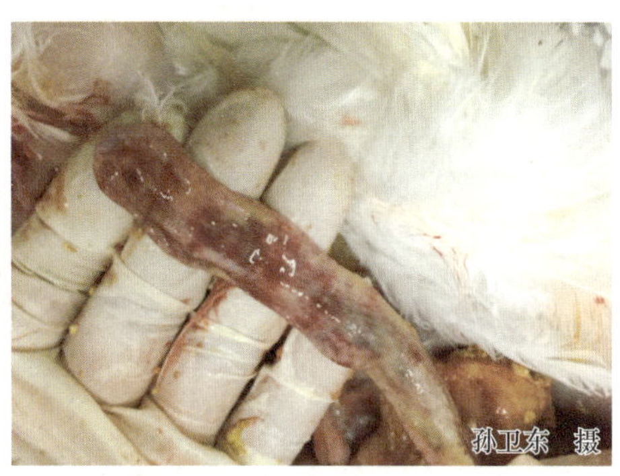

图 3-17 病鸡的十二指肠后段呈弥漫性出血

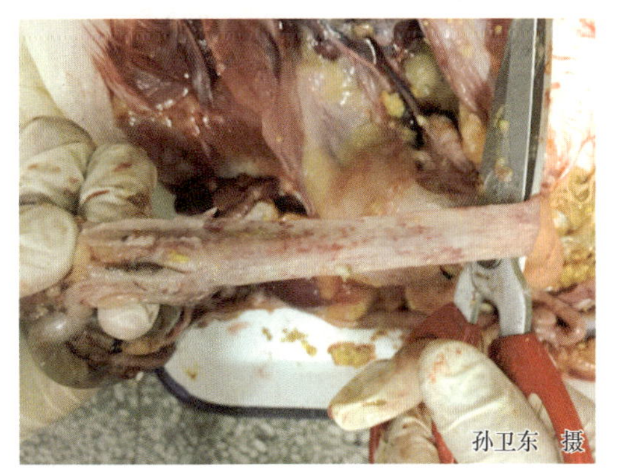

图 3-18 盲肠扁桃体和直肠出血

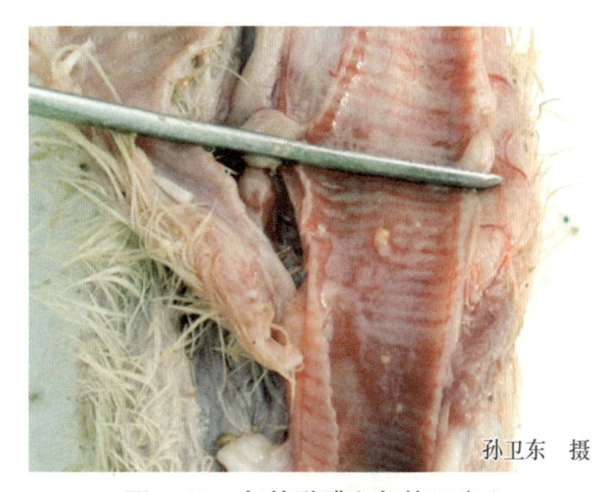

图 3-19 气管黏膜和气管环出血

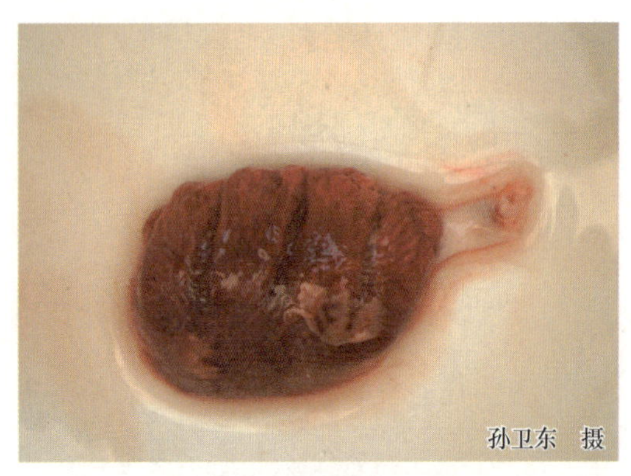

图 3-20 肺瘀血、水肿

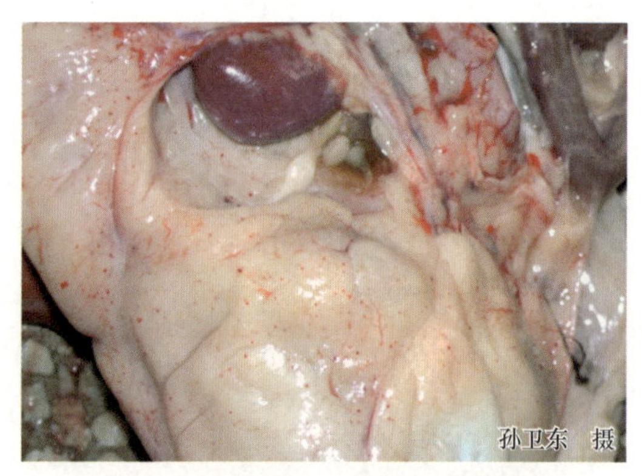

图 3-21 病鸡皮下和腹腔脂肪出血

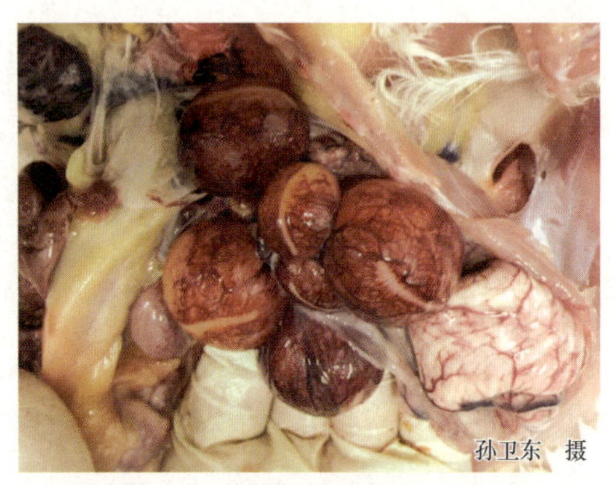

图 3-22 病鸡的卵泡充血、出血

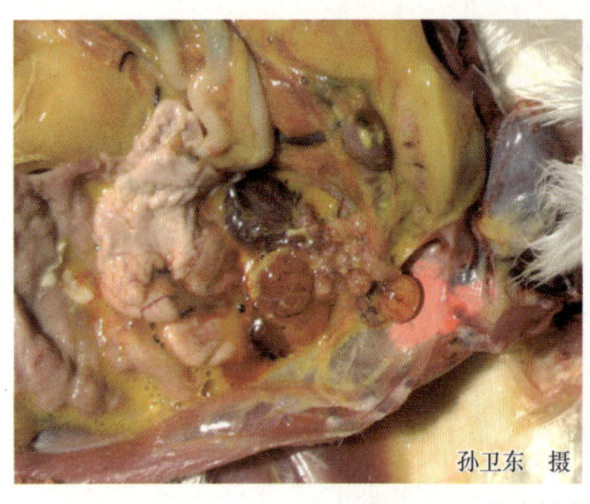

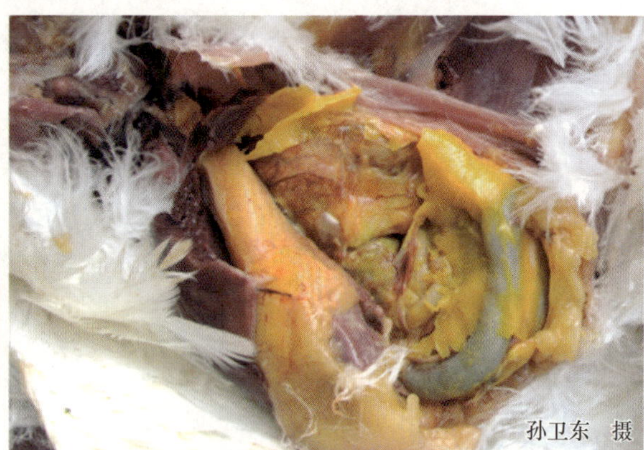

图 3-23 病鸡的卵泡破裂后导致卵黄性腹膜炎

【类症鉴别】 请参考第二章中高致病性禽流感类症鉴别部分的叙述。

【预防】 以免疫为主，采取“扑杀与免疫相结合”的综合性防治措施。

（1）**免疫接种** 国家对新城疫实施全面免疫政策。免疫按农业农村部制订的免疫方案规定的程序进行。所用疫苗必须是经国务院兽医主管部门批准使用的新城疫疫苗。

1）非疫区（或安全鸡场）的鸡群：一般在 10~14 日龄用鸡新城疫Ⅱ系（B1 株）、Ⅳ系（La Sota 株）、C30、N79、V4 株等弱毒苗点眼或滴鼻，25~28 日龄时用同样的疫苗进行点眼、滴鼻或饮水免疫，并同时肌内注射 0.3 毫升的新城疫油佐剂灭活苗。疫区鸡群于 4~7 日龄用鸡新城疫弱毒苗首免（滴鼻或点眼），17~21 日龄用同样的疫苗、同样的方法二免，35 日龄三免（饮水）。若在 70~90 日龄之间抗体水平偏低，再补做 1 次弱毒苗的气雾免疫或Ⅰ系苗接种，120 日龄和 240 日龄左右分别进行 1 次油佐剂灭活苗加强免疫即可。当鸡场与水禽养殖场较近时，应注意使用含基因Ⅶ型的新城疫疫苗。

2）紧急免疫接种：当鸡群受到新城疫威胁时（免疫失败或未做免疫接种的情况下），应进行紧急免疫接种，经多年实践证明，紧急注射接种可缩短流行过程，是一种较经济而积极可行的措施。当然，此种做法会加速鸡群中部分潜在感染鸡的死亡。

（2）加强饲养管理 坚持全进全出和（或）自繁自养的饲养方式，在引进种鸡及产品时，一定要选择无新城疫的养鸡场；采取封闭式饲养，饲养人员进入生产区应更换衣、帽及鞋靴；严禁其他养鸡场人员参观，生产区设立消毒设施，对进出车辆彻底消毒，定期对鸡舍及周围环境进行消毒，加强带鸡消毒；设立防护网，严防野鸟进入鸡舍；多种家禽应分开饲养，尤其必须与水禽分开饲养；定期消灭养鸡场内的有害昆虫（如蚊、蝇）及鼠类。

【临床用药指南】 新城疫发生后请按照《中华人民共和国动物防疫法》和“新城疫防治技术规范”进行处理。具体内容请参考第二章中高致病性禽流感临床用药指南部分的叙述。

2. 非典型新城疫

近十几年来，发现鸡群免疫接种新城疫弱毒型疫苗后，以高发病率、高死亡率、暴发性为特征的典型新城疫已十分罕见，代之而起的低发病率、低死亡率、高淘汰率、散发的非典型新城疫却日渐流行。

【临床症状】 非典型新城疫多发生于 30~40 日龄的免疫鸡群和有母源抗体的雏鸡群，发病率和死亡率均不高。患病雏鸡主要表现为明显的呼吸道症状，病鸡张口伸颈、气喘、呼吸困难，有“呼噜”的喘鸣声，咳嗽，口中有黏液，有摇头和吞咽动作。除有死亡外，病鸡还出现神经症状，如歪头、扭颈、共济失调、头后仰呈观星状、转圈后退、翅下垂或腿麻痹（安静时恢复常态），尚可采食饮水，病程较长，有的可耐过，稍遇刺激即可发作。成年鸡和开产鸡症状不明显，且极少死亡。蛋鸡产蛋率急剧下降，一般下降 20%~30%，软壳蛋、畸形蛋和粗壳蛋明显增多。种蛋的受精率、孵化率降低，弱雏增多。

【病理剖检变化】 病鸡或病死鸡眼观病变不明显。雏鸡一般可见喉头和气管明显充血、水肿、出血、有大量黏液；30% 病鸡的腺胃乳头肿胀、出血；十二指肠淋巴滤泡增生或有溃疡；泄殖腔黏膜出血，盲肠、扁桃体肿胀、出血等。成年鸡发病时病变不明显，仅见轻微的喉头和气管充血。蛋鸡卵巢出血，卵泡破裂后因细菌继发感染引起腹膜炎和气囊炎。

【预防】 加强饲养管理，严格实行消毒制度；运用免疫监测手段；提高免疫应答的整齐度，避免“免疫空白期”和“免疫麻痹”；制订合理的免疫程序，选择正确的疫苗，使用正确的免疫途径进行免疫接种。表 3-3 为临床实践中已经取得良好效果的预防鸡非典型新城疫的疫苗使用方案，供参考。

表 3-3　临床上预防鸡非典型新城疫的疫苗使用方案

免疫时间	疫苗种类	免疫方法
1 日龄	C30+Ma5	点眼
21 日龄	C30	点眼
8 周龄	Ⅳ系、N79、V4 等	点眼或饮水
13 周龄	Ⅳ系、N79、V4 等	点眼或饮水
16~18 周龄	Ⅳ系、N79、V4 等 新支减流四联油乳剂灭活疫苗	点眼或饮水 或肌内注射
35~40 周龄	Ⅳ系、N79、V4 等 新流二联油乳剂灭活疫苗	点眼或饮水 或肌内注射

注：为加强鸡的局部免疫，可在 16~18 周龄与 35~40 周龄中间，采用喷雾法免疫 1 次鸡新城疫弱毒苗，以获得更全面的保护。

【临床用药指南】请参照第二章中低致病性禽流感中临床用药指南部分的叙述。

二、腺胃型传染性支气管炎

腺胃型传染性支气管炎（Adenoid Infectious Bronchitis）1996 年首发于山东，临床上以生长停滞、消瘦死亡、腺胃肿大为特征。

【临床症状】主要发生于 20~80 日龄，以 20~40 日龄为发病高峰。人工感染潜伏期为 3~5 天。病鸡初期生长缓慢，继而精神不振，闭目，饮食减少，拉稀，有呼吸道症状；中后期高度沉郁，闭目，羽毛蓬乱，咳嗽，张口呼吸，消瘦，最后衰竭死亡。病程为 10~30 天，有的可达 40 天。发病率和死亡率差异均较大，发病率为 10%~95%，死亡率为 10% ~ 95%。

【病理剖检变化】初期病鸡消瘦，气管内有黏液；中后期腺胃肿大，如乒乓球状（图 3-24）；腺胃壁增厚，黏膜出血和溃疡，个别鸡腺胃乳头肿胀、出血，或乳头凹陷、消失，周边坏死、出血、溃疡（图 3-25）。胸腺、脾脏和法氏囊萎缩。

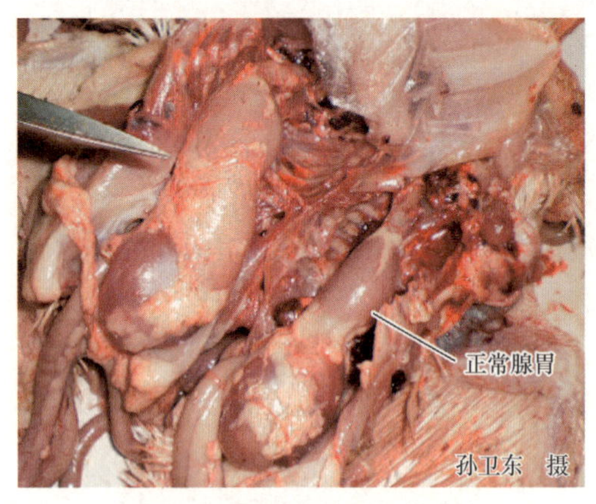

图 3-24　病鸡的腺胃显著肿大

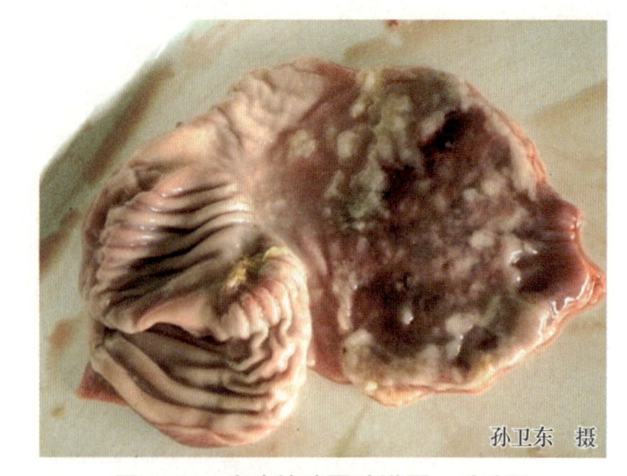

图 3-25　病鸡的腺胃壁增厚，乳头及黏膜出血、糜烂和溃疡

【类症鉴别】本病出现的腺胃肿大与呕吐毒素中毒、沙门菌病等引起的病变有相似之处，应注意鉴别。

【预防】

（1）免疫接种 7~16日龄用VH-H120-28/86滴鼻，同时颈部皮下注射新城疫-腺胃型传染性支气管炎-肾型传染性支气管炎三联苗0.3~0.5毫升，两周后再用新城疫-腺胃型传染性支气管炎-肾型传染性支气管炎三联苗0.4~0.5毫升颈部皮下注射1次。

（2）其他预防措施 请参考第二章中传染性支气管炎预防部分的叙述。

【临床用药指南】

（1）抗病毒、合理使用抗生素 具体参考第二章中传染性支气管炎临床用药指南部分的叙述。

（2）中药治疗 可取板蓝根30克、金银花20克、黄芪30克、枳壳20克、山豆根30克、厚朴20克、苍术30克、神曲30克、车前子20克、麦芽30克、山楂30克、甘草20克、龙胆草20克，水煎取汁，供100只鸡上、下午2次喂服，每天1剂，连用3天。

三、沙门菌病

沙门菌病（Salmonellosis）包括鸡白痢、禽伤寒和禽副伤寒。

1. 鸡白痢

鸡白痢是由鸡白痢沙门菌引起的一种传染病，其主要特征是患病雏鸡排白色糊状粪便。

【流行特点】

（1）易感动物 多种家禽（如鸡、火鸡、鸭、雏鹅、珍珠鸡、野鸡、鹌鹑、麻雀、欧洲莺、鸽等）均可感染，但流行主要限于鸡和火鸡，尤其鸡对本病最敏感。

（2）传染源 病鸡的排泄物、分泌物及带菌种蛋均是本病主要的传染源。

（3）传播途径 主要经蛋垂直传播，也可通过被粪便污染的饲料、饮水和孵化设备而水平传播，野鸟、啮齿类动物和蝇可作为传播媒介。

（4）流行季节 无明显的季节性。

【临床症状】 经蛋严重感染的雏鸡往往在出壳后1~2天死亡，部分外表健康的雏鸡7~10日龄时发病，7~15日龄为发病和死亡的高峰期，16~20日龄时发病逐日下降，20日龄后发病迅速减少。其发病率因品种和性别而稍有差别，一般为5%~40%，但在新传入本病的鸡场，其发病率显著增高，有时甚至达100%，病死率也较老疫区的鸡群高。病鸡的临床症状因发病日龄不同而有较大的差异。

（1）雏鸡 3周龄以内的雏鸡临床症状较为典型，怕冷、扎堆、尖叫、两翅下垂、反应迟钝、不食或少食、拉灰白色糊状或带绿色的稀粪（图3-26），沾染肛门周围的绒毛，粪便干后结成石灰样硬块常常堵塞肛门，发生“糊肛”现象（图3-27、视频3-7和视频3-8），影响排粪。肺型白痢病例出现张口呼吸，最后因呼吸困难、心力衰竭而死亡。某些病雏鸡出现眼盲或关节肿胀、跛行。病程一般为4~7天，短者1天，20日龄以上鸡病程较长，病鸡呈现脱水，鸡冠、腿鳞片发白（图3-28）。病鸡极少死亡。耐过鸡生长发育不良，成为慢性患者或带菌者。

图3-26 病鸡泄殖腔周围的羽毛沾有灰白色或带绿色的稀粪

图 3-27 病鸡泄殖腔周围的羽毛沾有黏稠较干的粪便，形成“糊肛”

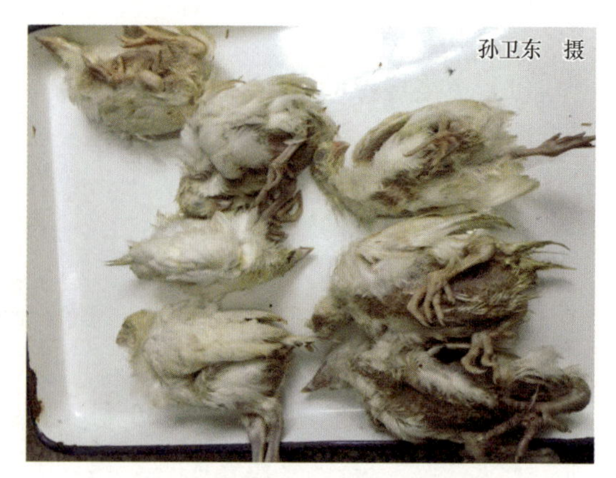

图 3-28 病鸡脱水，鸡冠、腿鳞片发白

（2）**育成鸡** 多发生于40~80日龄，育成鸡的发病受应激因素（如密度过大、气候突变、卫生条件差等）的影响较大。一般突然发生，呈现零星突然死亡，从整体上看鸡群没有什么异常，但鸡群中总有几只鸡精神沉郁、食欲减退和腹泻。病程较长，为15~30天，死亡率达5%~20%。

（3）**成年鸡** 一般呈慢性经过，无任何症状或仅出现轻微症状。冠和眼结膜苍白，渴欲增加，感染母鸡的产蛋量、受精率和孵化率下降。极少数病鸡表现精神委顿，排出稀粪，产蛋停止。有的感染鸡因卵黄囊炎引起腹膜炎、腹膜增生而呈“垂腹”现象。

【病理剖检变化】

（1）**雏鸡** 病雏鸡或病死雏鸡卵黄吸收不良，呈污绿色或灰黄色奶油样或干酪样（图 3-29）；肝脏（图 3-30）、脾脏、肾脏肿胀，有散在或密布的坏死点；肾脏充血或贫血，肾小管和输尿管充满尿酸盐呈花斑状；盲肠膨大，有干酪样物阻塞（图 3-31）。“糊肛”鸡可见直肠积粪（图 3-32）。病程稍长者，在肺上有黄白色米粒大小的坏死结节（图 3-33）。

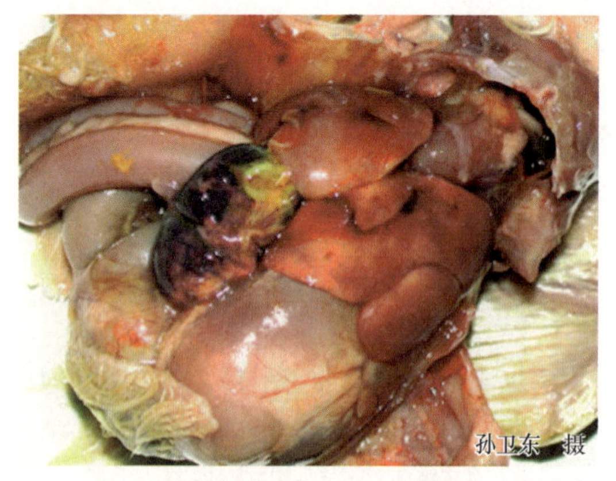

图 3-29 病鸡的卵黄吸收不良，呈污绿色或灰黄色

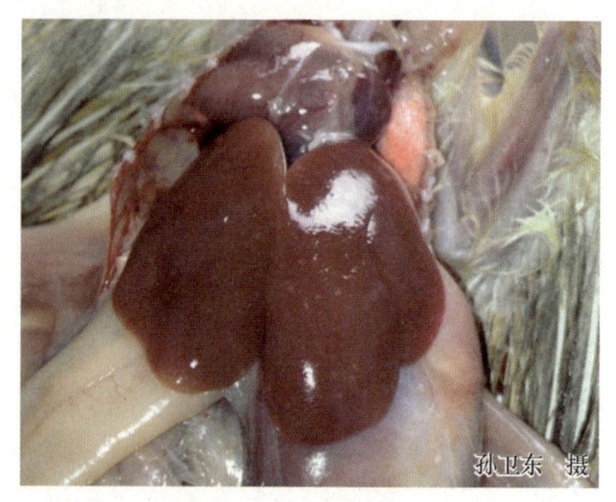

图 3-30 病鸡肝脏上有散在的灰白色坏死点

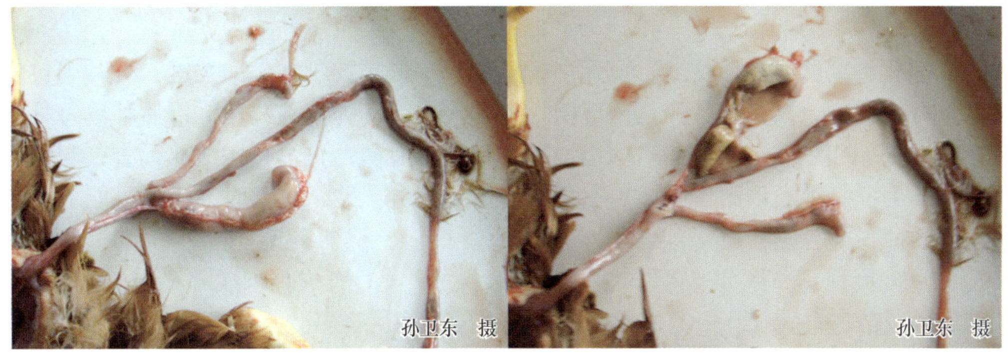

图 3-31 病鸡的盲肠膨大，有干酪样物阻塞

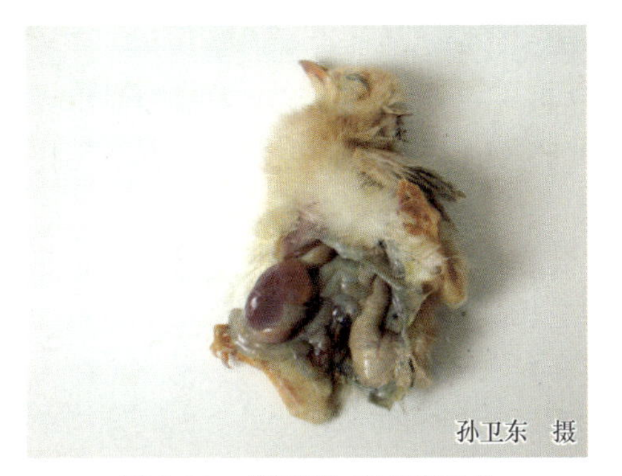

图 3-32 “糊肛”鸡直肠积粪

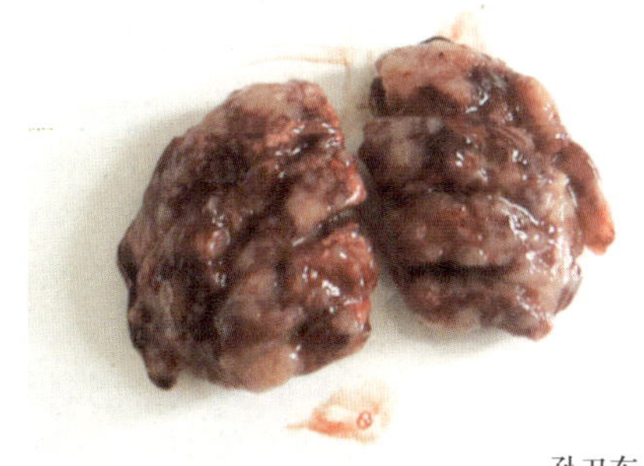

图 3-33 病鸡肺上有黄白色米粒大小的坏死结节

（2）**育成鸡** 肝脏肿大至正常的数倍，质地极脆，一触即破，有散在或较密集的小红点或小白点；脾脏肿大；心脏严重变形、变圆、坏死，心包增厚，心包扩张，心包膜呈黄色不透明，心肌有黄色坏死灶，心脏形成肉芽肿；肠道呈卡他性炎症，盲肠、直肠形成粟粒大小的坏死结节（图 3-34）。

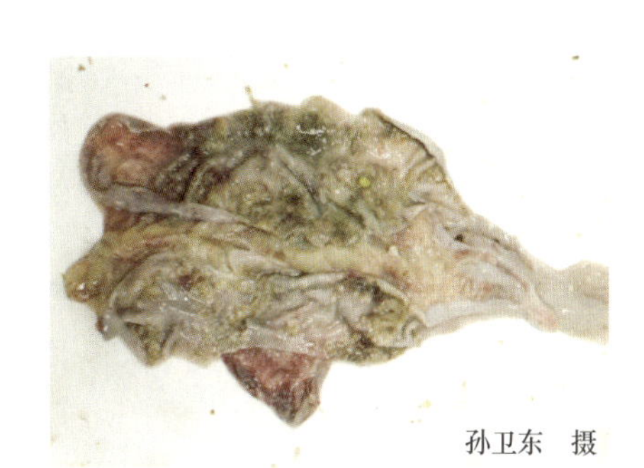

图 3-34 病鸡盲肠上形成粟粒大小的坏死结节

（3）**成年鸡** 成年母鸡主要剖检病变为卵泡变形、变色（图 3-35），有腹膜炎，伴以急性或慢性心包炎；成年公鸡出现睾丸炎或睾丸极度萎缩，输精管管腔增大，充满稠密的均质渗出物。

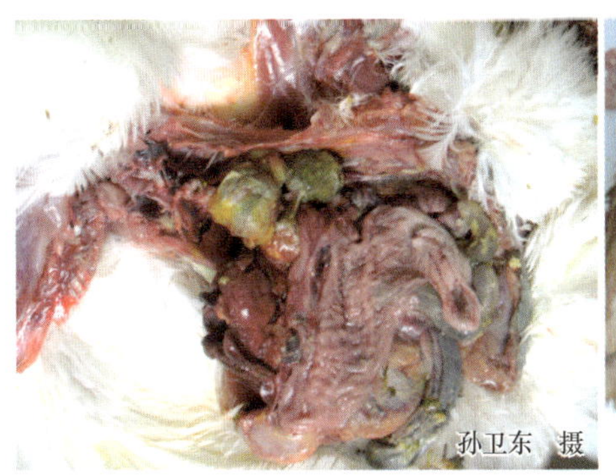

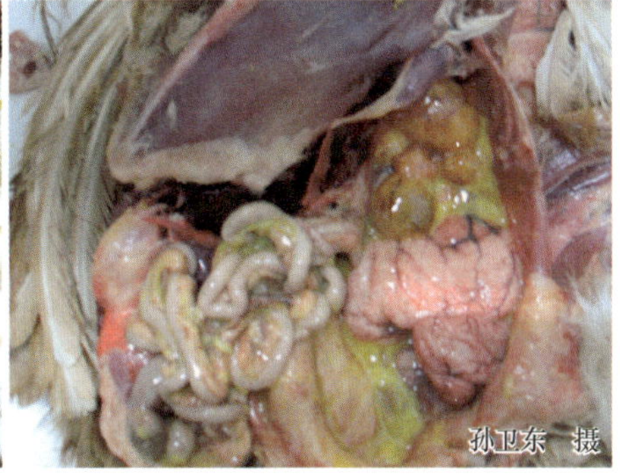

图 3-35 成年鸡卵泡的变色、变形和坏死，卵泡呈灰白色、灰黄色、暗红色、发绿等

【预防】

（1）净化种鸡群 有计划地培育无白痢病的种鸡群是控制本病的关键，对种鸡包括公鸡逐只进行鸡白痢血凝试验，一旦出现阳性立即淘汰或转为商品鸡用，以后种鸡每月进行1次鸡白痢血凝试验，连续进行3次，公鸡要求在12月龄后再进行1~2次检查，阳性者一律淘汰或转为商品鸡，从而建立无鸡白痢的健康种鸡群。购买雏鸡时，应尽可能地避免从有白痢病的种鸡场引进雏鸡。

（2）免疫接种 一种是雏鸡用的菌苗为9R，另一种是育成鸡和成年鸡用的菌苗为9S，这两种弱毒菌苗对本病都有一定的预防效果，但国内使用不多。

（3）做好鸡场生物安全防范措施 要注意切断传染源，防止鸡被沙门菌感染，因此，要求对鸡舍和用具进行经常消毒，产蛋箱内应清洁无粪便，及时收蛋并送至种蛋室保存和消毒。孵化器（尤其是出雏器）内的死胚、破碎的蛋壳及绒毛等应仔细收集后消毒。重视雏鸡的饮水卫生，大小鸡不能混养。防止鼠、飞鸟进入鸡舍，禁止无关人员随便出入鸡舍。发现死鸡，尽快请当地有执业资格证的兽医诊断；死鸡不要随手乱扔，要做无害化处理，焚烧或丢入化粪池。

（4）利用微生态制剂预防 用蜡样芽孢杆菌、乳酸杆菌或粪链球菌等制剂混在饲料中喂鸡，这些细菌在肠道中生长后，有利于厌氧菌的生长，从而抑制了沙门菌等需氧菌的生长。目前市场上此类制剂有促菌生、止痢灵、康大宝等。

（5）药物预防 在雏鸡首次开食和饮水时添加预防鸡白痢的药物（见下面临床用药指南部分）。

【临床用药指南】在隔离病鸡、加强消毒的基础上选择下列药物进行治疗。

① 氨苄西林：注射用氨苄西林钠按每千克体重10~20毫克1次肌内注射或静脉注射，每天2~3次，连用2~3天。氨苄西林钠胶囊按每千克体重20~40毫克1次内服，每天2~3次。55%的氨苄西林钠可溶性粉按每升饮水600毫克混饮。

② 链霉素：注射用硫酸链霉素按每千克体重20~30毫克1次肌内注射，每天2~3次，连用2~3天。硫酸链霉素片按每千克体重50毫克内服，或按每升饮水30~120毫克混饮。

③ 卡那霉素：25%的硫酸卡那霉素注射液按每千克体重10~30毫克1次肌内注射，每天2次，连用2~3天。或按每升饮水30~120毫克混饮2~3天。

④ 庆大霉素：4%的硫酸庆大霉素注射液按每千克体重5~7.5毫克1次肌内注射，每天2次，连用2~3天。硫酸庆大霉素片按每千克体重50毫克内服，或按每升饮水20~40毫克混饮3天。

⑤ 新霉素：硫酸新霉素片按每千克饲料70~140毫克混饲3~5天。3.25%、6.5%的硫酸新霉素可溶性粉按每升饮水35~70毫克混饮3~5天。蛋鸡禁用；肉鸡休药期为5天。

⑥ 土霉素：注射用盐酸土霉素按每千克体重25毫克1次肌内注射。土霉素片按每千克体重25~50毫克1次内服，每天2~3次，连用3~5天；或按每千克饲料200~800毫克混饲。盐酸土霉素水溶性粉按每升饮水150~250毫克混饮。

⑦ 甲砜霉素：甲砜霉素片按每千克体重20~30毫克1次内服，每天2次，连用2~3天。5%的甲砜霉素散按每千克饲料50~100毫克混饲。以上均以甲砜霉素计。

此外，其他抗鸡白痢药物还有氟苯尼考、安普霉素、环丙沙星、恩诺沙星、多西环素、磺胺甲噁唑、阿莫西林等。

2. 禽伤寒

禽伤寒是由鸡伤寒沙门菌引起的一种急性或慢性败血性传染病。临床上以黄绿色腹泻、肝脏肿大呈青铜色（尤其是生长期和产蛋期的母鸡）为特征。

【流行特点】

（1）易感动物 鸡和火鸡对本病最易感。研究发现，雉、珍珠鸡、鹌鹑、孔雀、松鸡、麻雀、斑鸠也可自然感染。鸽子、鸭、鹅则有抵抗力。本病主要发生于成年鸡（尤其是产蛋期的母鸡）和3周龄以上的青年鸡，3周龄以下的鸡偶尔可发病。

（2）传染源 病鸡和带菌鸡是主要的传染源。

（3）传播途径 经蛋垂直传播，也可通过被粪便污染的饲料、饮水、土壤、用具、车辆和环境等水平传播。病菌入侵途径主要是消化道，其他还包括眼结膜等。有研究表明，老鼠可机械性传播本病，是一个重要的传播媒介。

（4）流行季节 无明显的季节性。

【临床症状】本病的潜伏期一般为4~5天，病程约为5天。雏鸡和雏火鸡发病时的临床症状与鸡白痢较为相似，但与鸡白痢不同的是伤寒病雏鸡，除急性死亡一部分外，其余还经常零星死亡，一直延续到成年期。某些血清型的伤寒沙门菌可突破血脑屏障进入脑内引起脑炎，病鸡多有神经症状，如扭颈或斜颈（图3-36和视频3-9），采食减少或不食。青年或成年鸡和火鸡发病后常表现为突然停食，精神委顿，两翅下垂，冠和肉髯苍白，体温升高1~3℃，由于肠炎和肠中胆汁增多，病鸡排出黄绿色稀粪。死亡多发生在感染后5~10天，死亡率较低。一般呈散发性或地方流行性，致死率为5%~15%。康复鸡往往成为带菌者。

图3-36 病鸡脑炎时呈现扭颈（左）和斜颈（右）等神经症状

视频3-9

禽伤寒：扭颈等神经症状（脑炎型）

【病理剖检变化】病雏鸡或病死雏鸡剖检可见肝脏上有大量坏死点（图3-37），有的病雏鸡的肝脏呈铜绿色。病青年鸡和成年鸡或病死青年鸡和成年鸡剖检可见肝脏充血、肿大并染有胆汁呈青铜色或绿色（图3-38），质脆，表面时常有散在性的灰白色粟粒状坏死灶（图3-39），胆囊充斥胆汁而膨大；脾脏与肾脏呈显著的充血、肿大，表面有细小的坏死灶；心包发炎、积水；卵巢和卵泡变形、变色、变性，且往往因卵泡破裂而引发严重的腹膜炎；肺和肌胃可见灰白色

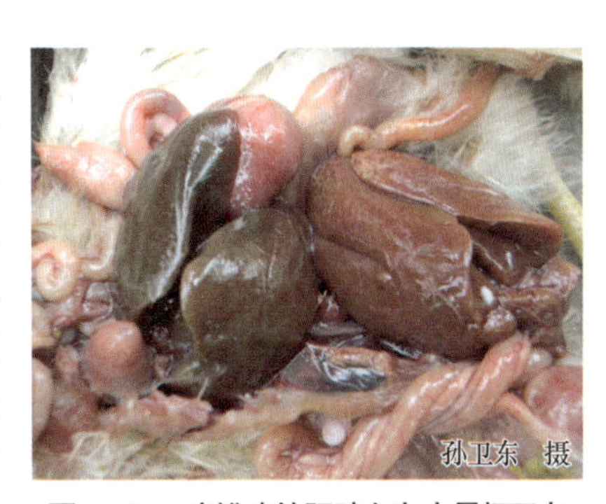

图3-37 病雏鸡的肝脏上有大量坏死点

小坏死灶；肠道一般可见到卡他性肠炎，尤其以小肠明显，盲肠有土黄色干酪样栓塞物，大肠黏膜有出血斑，肠管间发生粘连。成年鸡的卵泡及腹腔病变与成年鸡鸡白痢相似。

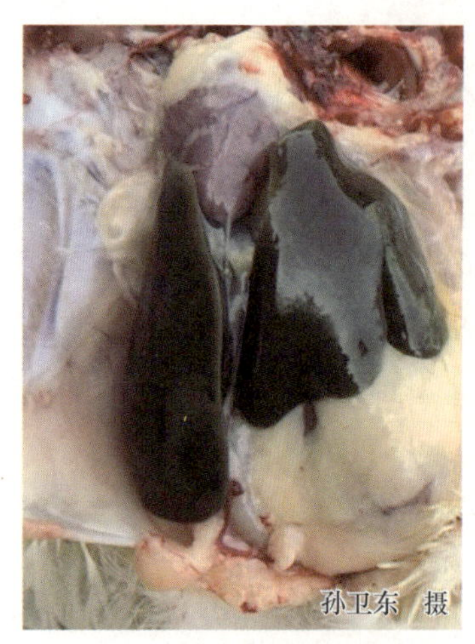

图 3-38　病鸡的肝脏呈青铜色或绿色（“铜绿肝”）

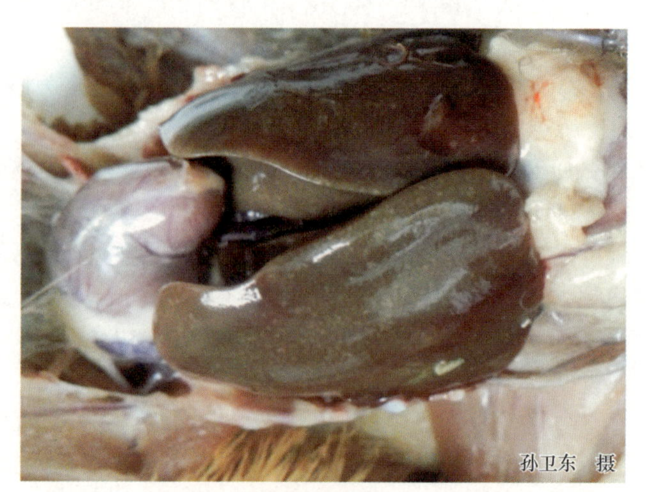

图 3-39　病鸡的肝脏呈青铜色或绿色，伴有大量坏死灶

【预防】请参考鸡白痢预防部分的叙述。

【临床用药指南】请参考鸡白痢临床用药指南部分的叙述。

3. 禽副伤寒

禽副伤寒是由鼠伤寒沙门菌、肠炎沙门菌等引起的一种败血性传染病。本病广泛存在于各类鸡场，给养鸡业造成严重的经济损失。

【流行特点】经蛋传播或早期孵化器感染时，在出雏后的几天发生急性感染，6~10日龄时达到死亡高峰期，死亡率为 20%~100%。通过病雏鸡的排泄物引起其他雏鸡的感染，多于 10~12 日龄发病，死亡高峰期为 10~21 日龄，1 月龄以上的鸡一般呈慢性或隐性感染，很少发生死亡。该细菌主要经消化道传播，也可经蛋垂直传播。

【临床症状和病理剖检变化】病雏鸡主要表现为精神沉郁、呆立，垂头闭眼，羽毛松乱，恶寒怕冷，食欲减退，饮水增加，出现水样腹泻。有些病雏鸡可见结膜炎和失明。成年鸡一般不表现症状。最急性感染的病死雏鸡可能看不到病理变化，病程稍长时可见消瘦、脱水、卵黄凝固（图 3-40），肝脏、脾脏充血、出血或有点状坏死，肾脏充血，心包炎等。肌肉感染处可见肌肉变性、坏死。有些病鸡关节上有多个大小不等的肿胀物。成年鸡急性感染表现为肝脏、脾脏肿大、出血，心包炎，腹膜炎，出血性或坏死性肠炎。

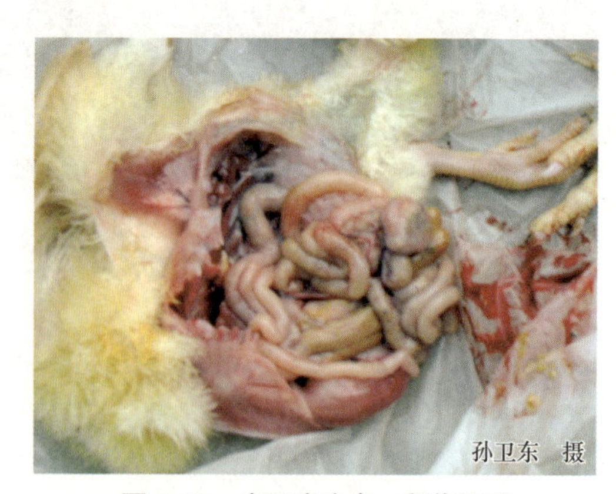

图 3-40　病死鸡消瘦、卵黄凝固

【预防】请参考鸡白痢预防部分的叙述。此外，要重视禽副伤寒在人类公共卫生上的意义，并给以预防，以消除人类的食物中毒。

【临床用药指南】药物治疗可以减少发病和死亡，但应注意治愈鸡仍可长期带菌。具体内容请参考鸡白痢临床用药指南部分的叙述。

四、禽霍乱

禽霍乱（Fowl Cholera）是由多杀性巴氏杆菌引起的一种急性、热性传染病。临床上以传播快，心冠脂肪出血和肝脏有针尖大小的坏死点等为特征。

【流行特点】

（1）**易感动物** 各种日龄和各品种的鸡均易感染本病，3~4 月龄的鸡和成年鸡较容易感染。

（2）**传染源** 病鸡和带菌鸡的排泄物、分泌物及带菌动物均是本病主要的传染源。

（3）**传播途径** 主要通过消化道和呼吸道传播，也可通过吸血昆虫和损伤的皮肤黏膜而感染。

（4）**流行季节** 本病一年四季均可发生，但以夏、秋季节多发。但气候剧变、闷热、潮湿、多雨时期发生较多。长途运输或频繁迁移，过度疲劳，饲料突变，营养缺乏，寄生虫等可诱发本病。

【临床症状】禽霍乱的自然感染潜伏期为 2~9 天。多杀性巴氏杆菌的强毒力菌株感染后多呈败血性经过，急性发病，病死率高，可达 30%~40%，较弱毒力的菌株感染后病程较慢，死亡率也不高，常呈散发性。病鸡表现的症状主要有以下 3 种：

（1）**最急性型** 常发生在暴发的初期，特别是产蛋鸡，没有任何症状，突然倒地，双翅扑腾几下即死亡。

（2）**急性型** 最为常见，表现为发热，少食或不食，精神不振，呼吸急促，鼻和口腔中流出混有泡沫的黏液，排黄色、灰白色或浅绿色稀粪。鸡冠、肉髯发绀呈青紫色（图 3-41），肉髯肿胀、发热，最后出现痉挛、昏迷而死亡。

（3）**慢性型** 多见于流行后期或常发地区，病变常局限于身体的某一部位，某些病鸡一侧或两侧肉髯明显肿大（图 3-42），某些病鸡出现呼吸道症状，鼻腔流黏液，脸部、眶下窦肿大，喉头分泌物增多，病程在 1 个月以上，某些病鸡关节肿胀或化脓，出现跛行。蛋鸡产蛋量减少。

孙卫东 摄

图 3-41 病鸡的鸡冠、肉髯发绀呈青紫色

孙卫东 摄

图 3-42 慢性禽霍乱病鸡的肉髯肿大

【病理剖检变化】最急性型死亡的病鸡无特殊病变，有时只能看见心外膜有少许出血点。急性病例病变较为特征，病鸡的腹膜、皮下组织及腹部脂肪常见小点出血；心包变厚，心包内积有大量浅黄色液体（图 3-43），有的含纤维素絮状液体，心外膜、心冠脂肪出血尤为明显（图 3-44），有的病鸡的心冠脂肪在炎性渗出物下有大量出血（图 3-45）；肺有充血或出血点；肝脏稍肿，质变脆，呈棕色或黄棕色，肝脏表面散布有许多针头大小的灰白色坏死点（图 3-46）；有的病例腺胃乳头出血，肌胃角质层下出血显著；肠道尤其是十二指肠呈卡他性和出血性肠炎，肠内容物含有血液。产蛋鸡卵泡充血、出血，十二指肠出血发黑，输卵管内往往有即将产出的蛋（图 3-47）。

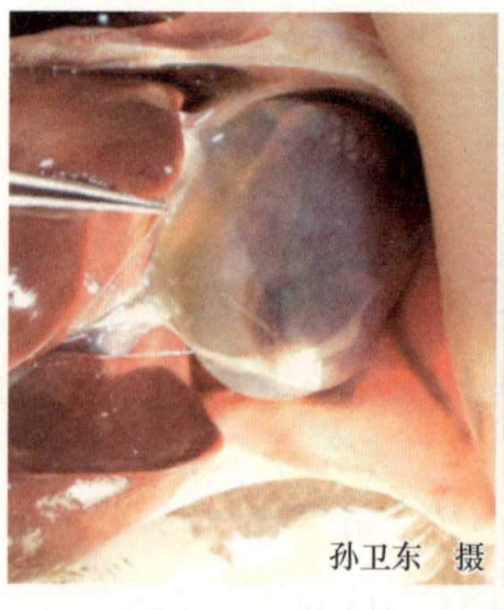

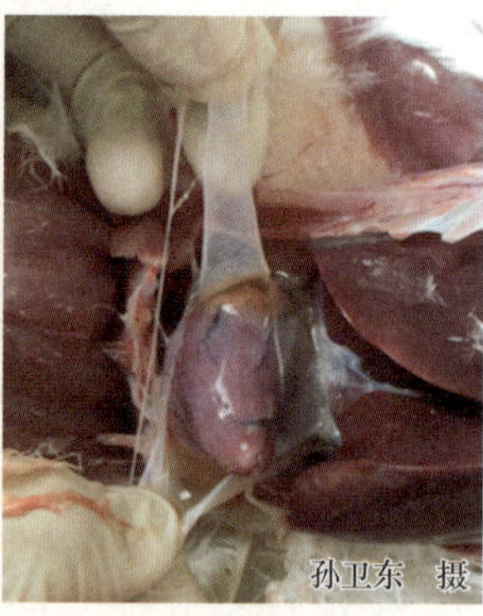

图 3-43　病鸡的心包内积有大量浅黄色液体

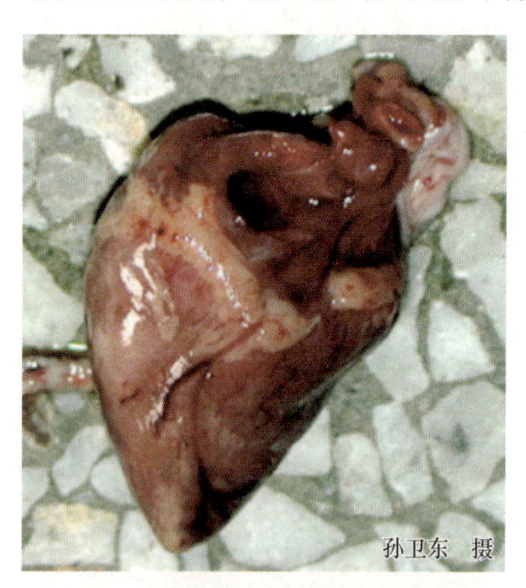

图 3-44　病鸡的心冠脂肪上有出血点

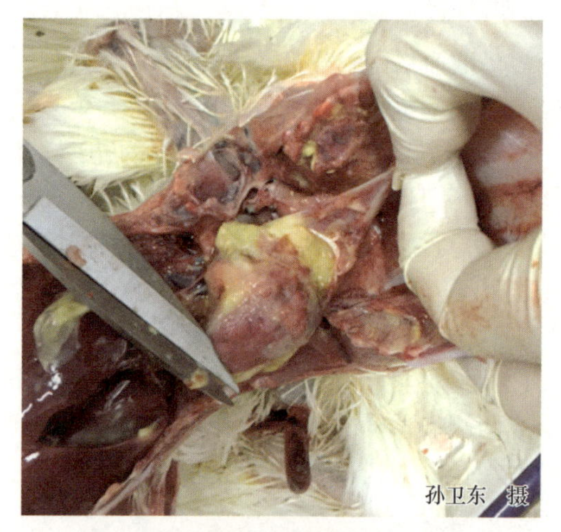

图 3-45　病鸡的心冠脂肪和心肌在炎性渗出物下有出血点

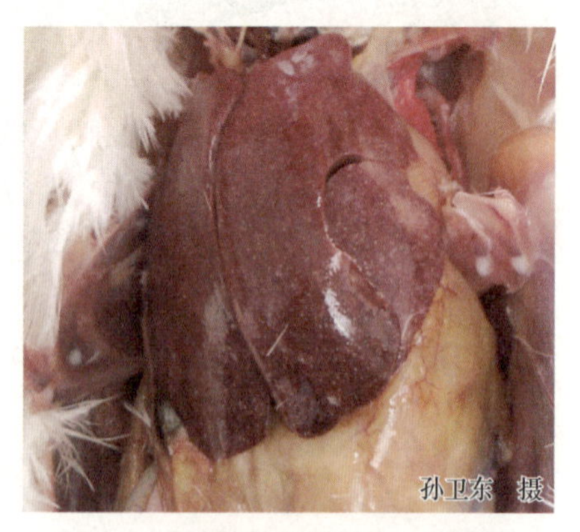

图 3-46　病鸡的肝脏肿大，表面有针尖大小的灰白色坏死点

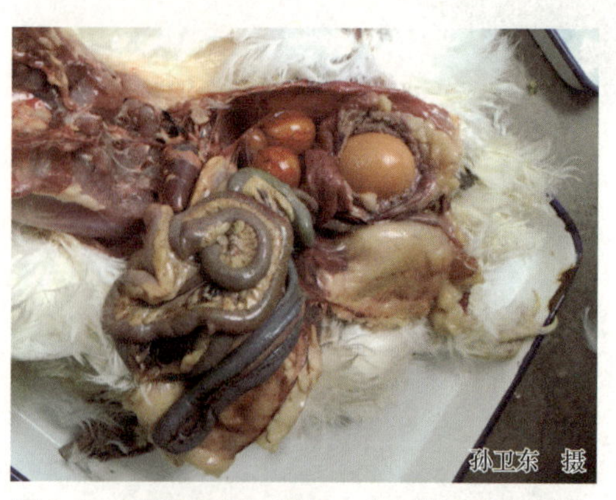

图 3-47　卵泡充血、出血，十二指肠出血发黑，输卵管内有即将产出的蛋

【类症鉴别】本病的急性型出现的腺胃乳头出血与新城疫、禽流感、喹乙醇中毒等病出现的病变类似，应注意鉴别。

【预防】

（1）免疫接种 弱毒菌苗有禽霍乱 $G_{190}E_{40}$ 弱毒菌苗等，灭活菌苗有禽霍乱氢氧化铝菌苗、禽霍乱油乳剂灭活菌苗、禽霍乱乳胶灭活菌苗等，其他还有禽霍乱荚膜亚单位疫苗。建议免疫程序如下：肉鸡于 20~30 日龄免疫 1 次即可；蛋鸡和种鸡于 20~30 日龄首免，开产前半个月二免，开产后每半年免疫 1 次。

（2）被动免疫 患病鸡群可用猪源抗禽霍乱高免血清，在鸡群发病前做短期预防接种，每只鸡皮下或肌内注射 2~5 毫升，免疫期为 2 周左右。

（3）加强饲养管理 平时应坚持自繁自养原则，由外地引进种鸡时，应从无本病的鸡场选购，并隔离观察 1 个月，无问题再与原有的鸡合群。采取全进全出的饲养制度，搞好清洁卫生和消毒工作。

【临床用药指南】许多抗菌药物能迅速控制本病，但停药后极易复发，在治疗时应注意疗程。磺胺类药物会影响机体维生素的吸收，在治疗过程中应在饲料或饮水中补充适量的维生素或电解多维；磺胺类的药物使用时间过长会对鸡的肾功能造成损害，用药后应适当使用通肾的药物。

（1）特异疗法 用牛或马等异种动物及禽制备的禽霍乱抗血清，用于本病的紧急治疗，有较好的效果。

（2）西药治疗

① 磺胺甲噁唑：40% 的磺胺甲噁唑注射液按每千克体重 20~30 毫克 1 次肌内注射，连用 3 天。磺胺甲噁唑片按 0.1%~0.2% 混饲。

② 磺胺对甲氧嘧啶：磺胺对甲氧嘧啶片按每千克体重 50~150 毫克 1 次内服，每天 1~2 次，连用 3~5 天。按 0.05%~0.1% 混饲 3~5 天，或按 0.025%~0.05% 混饮 3~5 天。

③ 磺胺氯达嗪钠：30% 的磺胺氯达嗪钠可溶性粉，肉禽按每升饮水 300 毫克混饮 3~5 天。休药期为 1 天。产蛋鸡禁用。

④ 沙拉沙星：5% 的盐酸沙拉沙星注射液，1 日龄雏鸡按每只 0.1 毫升 1 次皮下注射。1% 的盐酸沙拉沙星可溶性粉按每升饮水 20~40 毫克混饮，连用 5 天。产蛋鸡禁用。

此外，其他抗禽霍乱的药物还有链霉素、土霉素、金霉素、环丙沙星、甲磺酸达氟沙星等。

（3）中药治疗

① 穿心莲、板蓝根各 6 份，蒲公英、旱莲草各 5 份，苍术 3 份，粉碎成细粉，过筛，混匀，加适量淀粉，压制成片，每片含生药为 0.45 克，鸡每次 3~4 片，每天 3 次，连用 3 天。

② 雄黄、白矾、甘草各 30 克，双花、连翘各 15 克，茵陈 50 克，粉碎成末拌入饲料投喂，每次 0.5 克，每天 2 次，连用 5~7 天。

③ 茵陈、半枝莲、大青叶各 100 克，白花蛇舌草 200 克，藿香、当归、车前子、赤芍、甘草各 50 克，生地 150 克，水煎取汁，为 100 只鸡 3 天用量，分 3~6 次饮服或拌入饲料，病重不食者灌少量药汁，适用于治疗急性禽霍乱。

④ 茵陈、大黄、茯苓、白术、泽泻、车前子各 60 克，白花蛇舌草、半枝莲各 80 克，生地、生姜、半夏、桂枝、白芥子各 50 克，水煎取汁供 100 只鸡 1 天用，饮服或拌入饲料，连用 3 天，用于治疗慢性禽霍乱。

五、弯曲杆菌病

弯曲杆菌病（Campylobacteriasis）又称为鸡弧菌性肝炎，是由弯曲杆菌感染引起雏鸡或成年鸡患病的传染病。

【流行特点】

（1）易感动物 自然条件下只感染鸡和火鸡，较常见于初产或已开产数月的母鸡，偶尔也发生于雏鸡。

（2）传染源 病鸡和带菌鸡的排泄物及带菌动物均是本病主要的传染源。

（3）传播途径 病原菌随粪便排出，污染饲料、饮水和用具，被健康鸡采食后而感染。

（4）流行季节 多呈散发性或地方流行性。本病发病率高，死亡率一般为2%~5%。无明显的季节性。

【临床症状】本病多呈慢性经过，病鸡精神不振，体重减轻，鸡冠皱缩并常有水泻，排黄色粪便。本病进展缓慢，但也有很肥壮的病鸡急性死亡，死前48~72小时仍产蛋。鸡群不能达到预期的产蛋高峰，产蛋率下降25%~35%。病仔鸡发育受阻，腹围增大，并出现贫血和黄疸。

【病理剖检变化】最明显的病理变化在肝脏。急性病例表现为肝脏实质变性、肿大、质脆，被膜下有出血区、血肿、坏死灶；肝脏表面因有许多出血点而呈斑驳状，在肝脏表面和实质内散布有大量星状坏死灶（图3-48），或布满菜花样坏死区（图3-49），肝脏呈黄褐色，胆囊内充满黏性分泌物；常由于肝脏破裂而致急性内出血死亡（图3-50）。慢性病例表现为肝脏硬化、萎缩，并伴有腹水；脾脏肿大，偶见黄色易碎的梗死区；卵巢可见卵泡萎缩退化，仅为豌豆大小。

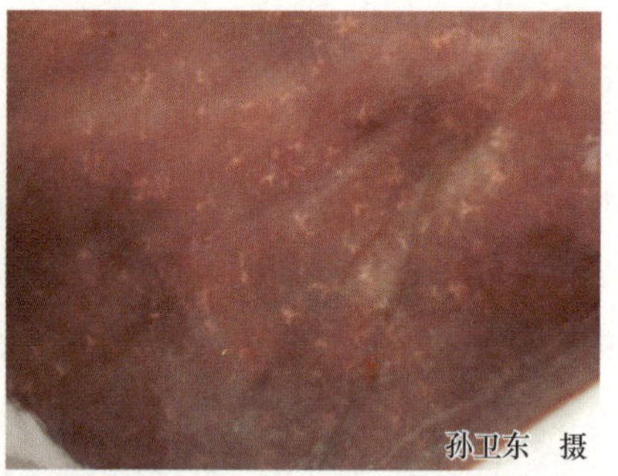

图3-48 肝脏表面和实质内散布有大量星状坏死灶（右侧为放大的照片）

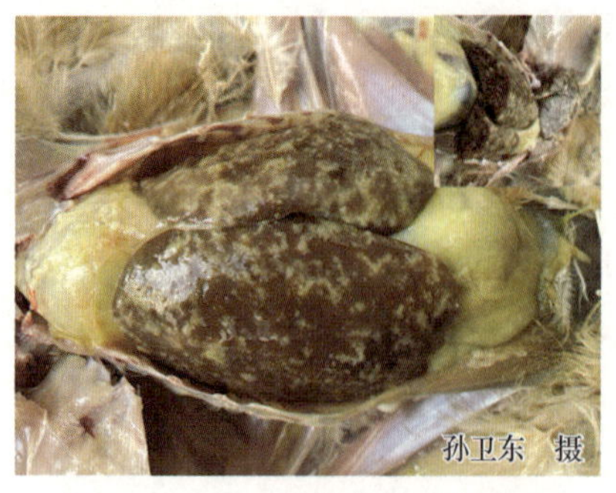

图3-49 肝脏布满菜花样坏死区

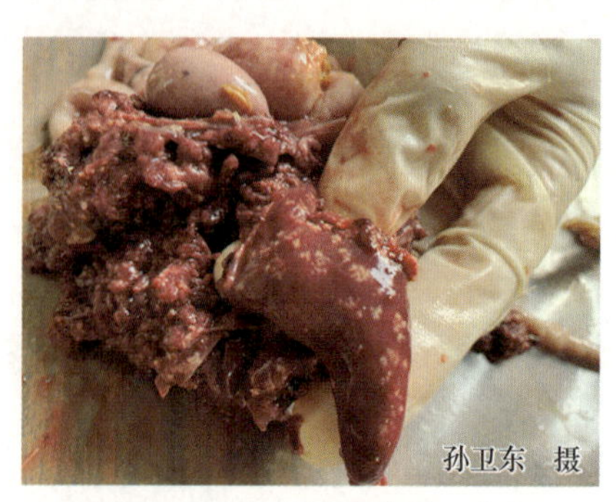

图3-50 病鸡肝脏破裂、出血

【预防】首先防止患病鸡与其他动物及野生禽类接触，对病死鸡、排泄物及被污染物做无害化处理；加强饲养管理，提高鸡群抵抗力；从病原、宿主和传播途径3个方面入手研究鸡弯曲杆菌最新控制措施，对人弯曲杆菌感染的控制和食品安全将具有重要意义。

【临床用药指南】

（1）**隔离病鸡，加强消毒** 病鸡严格隔离饲养，鸡舍由原来1周消毒1次，改为1天带鸡消毒1次；用3%的次氯酸和2%的癸甲溴氨药物交替消毒。水槽、食槽每天用消毒液清洗1次；环境用3%的热氢氧化钠水溶液1~2天消毒1次。

（2）**西药治疗** 对病重鸡，每只鸡肌内注射氨苄西林5毫克，连用3~5天，同时用（氟）甲砜霉素水溶液饮用7天；或在每吨饲料中拌入500克多西环素饲喂5天。对受威胁的临床健康鸡群，在其饲料中拌入多西环素（300克/吨）饲喂5~7天。

（3）**中药治疗** 用龙胆泻肝汤合郁金散加减：郁金300克、栀子150克、黄芩240克、黄檗240克、白芍240克、金银花200克、连翘150克、菊花200克、木通150克、龙胆草300克、柴胡150克、大黄200克、车前子150克、泽泻200克，按每只成年鸡2克/天，水煎饮用，每天1次，连用5天。

六、坏死性肠炎

坏死性肠炎（Necrotic Enteritis）是由A型或C型魏氏梭菌引起的一种传染病。临床上以发病急、死亡快为特征。

【流行特点】

（1）**易感动物** 以2~6周龄的鸡多发，发病率为13%~40%，死亡率为5%~30%。

（2）**传染源** 病鸡和带菌鸡的排泄物及带菌动物均是本病主要的传染源。

（3）**传播途径** 该细菌主要通过消化道传播。

（4）**诱发因素** 突然更换饲料或饲料品质差，饲喂变质的鱼粉、骨粉等，鸡舍的环境卫生差，长时间在饲料中添加土霉素等抗生素，这些因素可促使本病的发生。研究发现患过球虫病和蛔虫病的鸡常易暴发本病。

【临床症状】鸡群突然发病，精神不振，羽毛蓬乱，食欲减退或废绝，不愿走动，粪便稀软，呈暗黑色，有时混有血液。有的病例会突然死亡，病程为1~2天。

【病理剖检变化】病鸡或病死鸡剖检时可见嗉囊中仅有少量的食物，有较多的液体，打开腹腔时即闻到一种特殊的腐臭味。小肠表面污黑、呈绿色，肠道扩张，充满气体（图3-51），肠壁增厚，肠内容物呈液体，有泡沫，有时为栓子（图3-52）或絮状。肠道黏

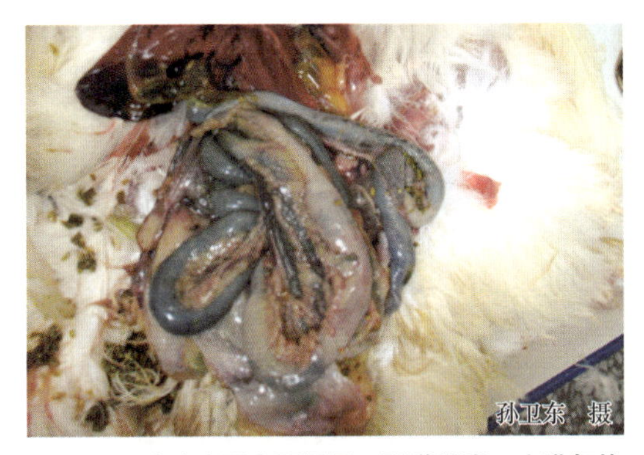

图3-51 病鸡小肠表面污黑，肠道扩张，充满气体

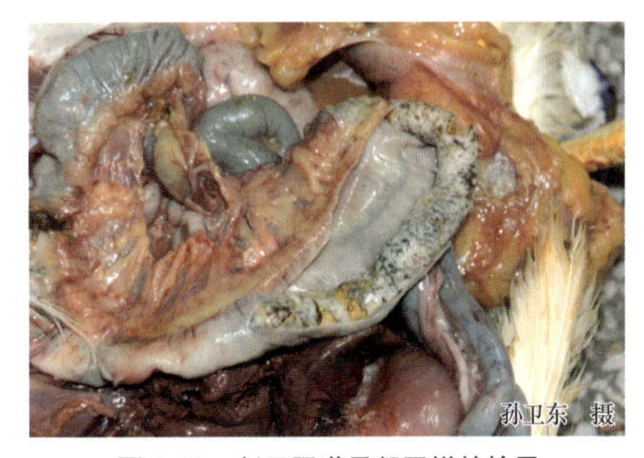

图3-52 剖开肠道见凝固样的栓子

膜有时有出血和坏死点（图 3-53），肠管脆，易碎，严重时黏膜呈弥漫性土黄色，干燥无光，黏膜呈严重的纤维素性坏死，并形成伪膜（图 3-54）。

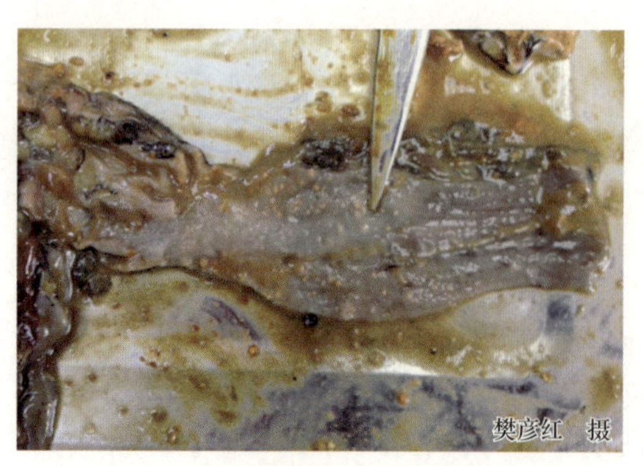

图 3-53 肠道黏膜有时有出血和坏死点

图 3-54 肠道黏膜有严重的纤维素性坏死，并形成伪膜

【类症鉴别】要注意与溃疡性肠炎进行鉴别。溃疡性肠炎的病原是肠道梭菌，其主要病变表现在肝脏、脾脏和肠道，肝脏一般肿大，表面有大小不等的黄色或灰白色的坏死灶，脾脏肿大、有瘀血，打开腹腔后一般闻不到腐臭味；而坏死性肠炎的主要病变表现在小肠，肝脏和脾脏几乎没有病变。

【预防】平时不喂发霉变质的饲料，饲料中减少鱼粉的供给，添加益生素，搞好球虫病的预防等都是预防坏死性肠炎的重要措施。

【临床用药指南】饮水效果较好的药物有林可霉素、青霉素（用药剂量请参考第一章中葡萄球菌病临床用药指南部分），土霉素（用药剂量请参考本章中鸡白痢临床用药指南部分），氟苯尼考（用药剂量请参考第二章中大肠杆菌病临床用药指南部分），泰乐菌素（用药剂量请参考第二章中鸡毒支原体感染临床用药指南部分）。

注意　在治疗的同时应给病鸡适当补充口服补液盐或电解质平衡剂；药物治疗后应在饲料中添加微生态制剂，连喂 10 天。

七、念珠菌病

念珠菌病（Candidiasis）又称为鹅口疮，俗称“大嗉子病”。临床上以上部消化道黏膜形成白色伪膜和溃疡、嗉囊增大等为特征。

【流行特点】

（1）易感动物　从育雏期到 50 日龄的鸡均可感染。

（2）传染源　病鸡和带菌鸡的分泌物及带菌动物均是本病主要的传染源。

（3）传播途径　由发霉变质的饲料、垫料或污染的饮水等在鸡群中传播。

（4）流行季节　主要发生在夏、秋两季。

【临床症状】从育雏转到育成鸡期间，发现部分小鸡嗉囊稍胀大，但精神、采食及饮水都正常。触诊嗉囊柔软，压迫病鸡鸣叫、挣扎，有的病鸡从口腔内流出嗉囊中的黏液样内容物（图 3-55），有的病鸡将嗉囊中的液体吐到料槽或料盘中（图 3-56）。随后胀大的嗉囊越来越明显（图 3-57），但鸡的精神、饮水、采食仍基本正常，很少死亡，但生长速度明显减慢，肉鸡多在 40~50 日龄逐渐消瘦而死或被淘汰，而蛋鸡在采取适当的治疗措施后可痊愈。有的病鸡在眼睑、口角部位出现痂皮，病鸡绝食和断水 24 小时后，嗉囊增大症状可消失，但再次采食和饮水时又可增大。

孙卫东 摄

图 3-55 碰触病鸡的嗉囊，鸡从口腔排出黏液样内容物

鲁宁 摄

鲁宁 摄

图 3-56 病鸡将嗉囊中的液体吐到料槽（左）或料盘（右）中

孙卫东 摄

图 3-57 病鸡的嗉囊高度胀大并下垂（箭头方向）

【病理剖检变化】 病鸡或病死鸡剖检可见：病鸡的嗉囊增大，消瘦（图 3-58）；口腔、咽、食道黏膜形成溃疡斑块，有乳白色干酪样伪膜；嗉囊有严重病变，黏膜粗糙、增厚（图 3-59），表面有隆起的芝麻粒乃至绿豆大小的白色圆形坏死灶，重症鸡黏膜表面形成白色干酪样伪膜，伪膜易剥离、似豆腐渣样，刮下伪膜会留下红色凹陷基底；个别死雏肾肿色白，输尿管变粗，内积乳白色尿酸盐；其他脏器无特异性变化。

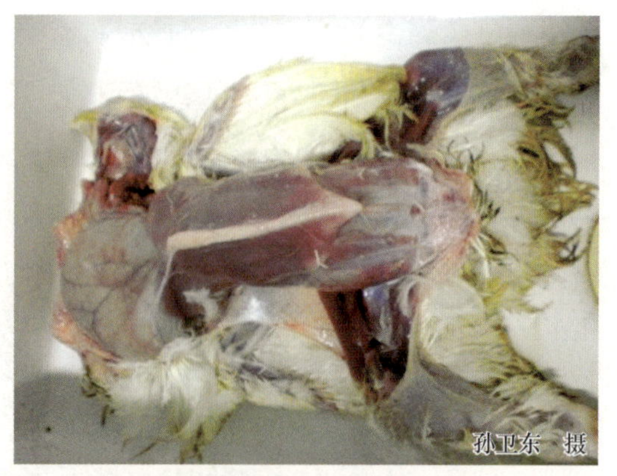

图 3-58 病鸡的嗉囊增大、消瘦

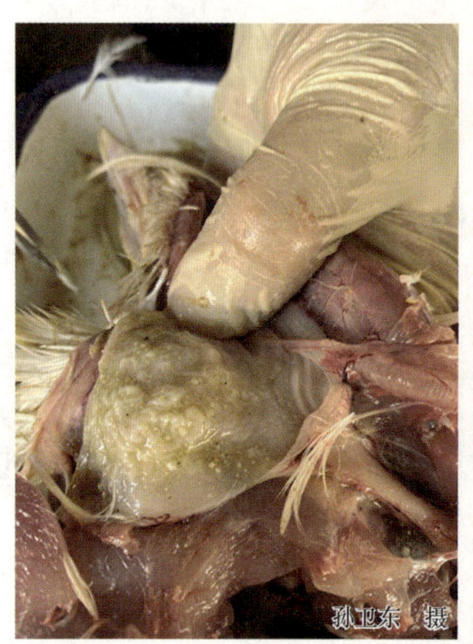

图 3-59 病鸡嗉囊黏膜粗糙、增厚

【类症鉴别】在鸡病诊治的过程中，发现念珠菌病的发生较为普遍，但在剖检过程中多数兽医临床工作者往往忽视检查嗉囊这一器官而造成误诊或漏诊。传统文献没有说明或报道过念珠菌病有肾脏病变，但在剖检病雏鸡的过程中发现 95% 以上的病鸡肾脏及输尿管均有明显的病变，该病变是原发性还是继发性有待进一步的探讨与研究。本病出现的肾脏病变和少数病死鸡的腺胃病变在临床诊断中常易误诊为传染性腺胃炎、雏鸡病毒性肾炎、肾病型传染性支气管炎，霉菌毒素或药物引起的尿毒症、亚临床型新城疫等，必须仔细鉴别。此外，本病的发生能抑制各种疫苗产生的抗体，影响多种治疗药物发挥疗效，导致目前所出现的呼吸道病、腹泻病难以治疗，或者从临床上看类似禽流感、类似新城疫、类似法氏囊，但治疗及用药都不能达到理想效果。

【预防】禁喂发霉变质饲料、禁用发霉的垫料，保持鸡舍清洁、干燥、通风可有效防止发病。潮湿雨季，在鸡的饮水中加入 0.02% 的结晶紫，每星期喂 2 次可有效预防本病。本病菌抵抗力不强，用 3%~5% 的来苏儿溶液对鸡舍、垫料进行消毒，可有效地杀死该菌。

【临床用药指南】立即停用抗生素，鸡舍用 0.1% 的硫酸铜喷洒消毒，每天 1 次，饮水器具用碘消毒剂每天浸泡 1 次，每次 15~20 分钟，连用 3 天。鸡群用制霉菌素拌料饲喂，每千克饲料拌 100 万单位。同时，让病鸡禁食 24 小时后，喂干粉料并在饲料中按说明书剂量加入酵母片、维生素 A 丸或乳化鱼肝油，每天 2 次。昼夜交替饮用硫酸铜溶液（3 克硫酸铜加 10 千克水）和口服补液盐溶液（227 克加 10 千克水），连用 5 天。

八、球虫病

球虫病（Coccidiosis）是由艾美耳属球虫（柔嫩艾美耳球虫、毒害艾美耳球虫等）引起的疾病的总称。临床上以贫血、消瘦和血痢等为特征。我国将其列为三类动物疫病。

【流行特点】

（1）易感动物 鸡是球虫唯一的天然宿主。所有日龄和品种的鸡对球虫都易感染，一般暴发于 3~7 周龄的鸡，很少见于 2 周龄以内的鸡群。堆型、柔嫩和巨型艾美耳球虫的感染常发生于 3~7 周龄的鸡，而毒害艾美耳球虫常见于 4~18 周龄的鸡。

（2）传染源 病鸡、带虫鸡排出的粪便为传染源。耐过的鸡，可持续从粪便中排出球虫卵囊达 7.5 个月。

（3）传播途径 苍蝇、甲虫、蟑螂、鼠类、野鸟甚至人都可成为该寄生虫的机械性传播媒介，凡被病鸡、带虫鸡的粪便或其他动物污染过的饲料、饮水、土壤或用具等都可能有卵囊存在，易感鸡吃了大量被污染的卵囊，经消化道传播。

（4）流行季节 本病一年四季均可发生，4~9 月为流行季节，特别是 7~8 月潮湿多雨、气温较高的梅雨季节易暴发。

【临床症状】不同品种、年龄的鸡均有易感性，以 15~50 日龄的鸡易感性最高，发病率高达 100%，死亡率为 80% 以上。病愈后生长发育受阻，长期不能康复。成年鸡几乎不发病，多为带虫者，但增重和产蛋受到一定影响。其临床表现可分为急性型和慢性型。

（1）急性型 多见于 1~2 月龄的鸡。在鸡感染球虫且未出现临床症状之前，一般采食量和饮水明显增加，继而出现精神不振，食欲减退，羽毛松乱，缩颈闭目呆立；贫血，皮肤、冠和肉髯颜色苍白（图 3-60），逐渐消瘦；拉血样粪便，或暗红色（西红柿样）粪便（图 3-61），严重者甚至排出鲜血（图 3-62），尾部羽毛被血液或暗红色粪便污染（图 3-63）。末期病鸡常痉挛或昏迷而死。

（2）慢性型 多见于 2~4 月龄的青年鸡或成年鸡，症状与急性型类似，逐渐消瘦，间歇性腹泻，产蛋量减少。病程为数周或数月，饲料报酬低，生产性能降低，死亡率低。

图 3-60 病鸡的鸡冠和肉髯苍白

图 3-61 病鸡排出暗红色粪便

图 3-62 病鸡排出鲜血样粪便

图 3-63 病鸡的尾部羽毛被血液或暗红色粪便污染

【病理剖检变化】不同种类的艾美耳球虫感染后，其病理变化也不同。

柔嫩艾美耳球虫寄生于盲肠，致病力最强。盲肠肿大 2~3 倍，呈暗红色，浆膜外有出血点、出血斑（图 3-64）；剪开盲肠，内有大量血液、血凝块（图 3-65），盲肠黏膜出血（图 3-66）、水肿和坏死，盲肠壁增厚。

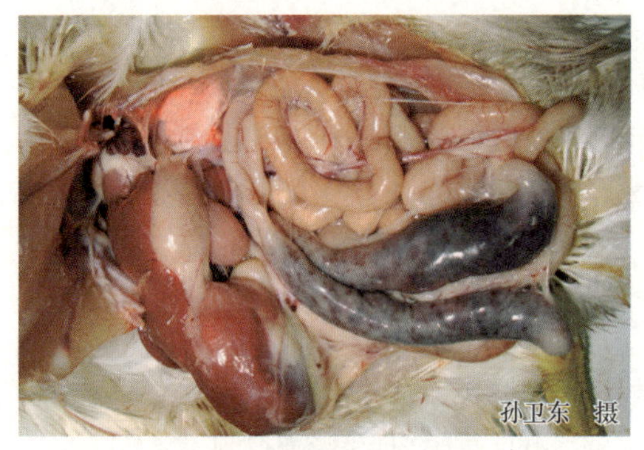

图 3-64 病鸡的盲肠肿大，呈暗红色，浆膜外有出血点、出血斑

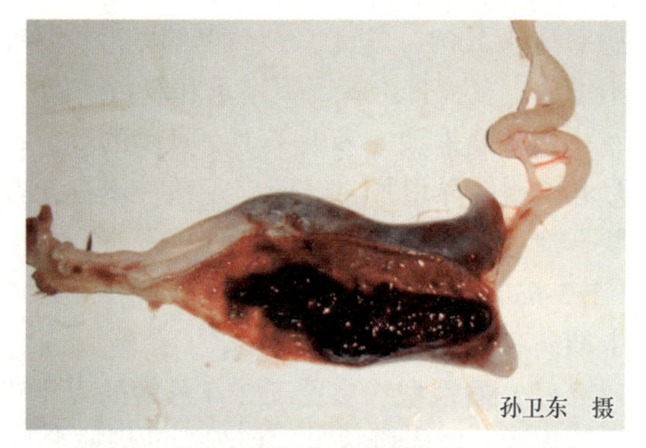

图 3-65 病鸡盲肠内有大量血液、血凝块

毒害艾美耳球虫寄生于小肠中 1/3 段，致病力强；巨型艾美耳球虫寄生于小肠，以中段为主，有一定的致病作用；堆型艾美耳球虫寄生于十二指肠及小肠前段，有一定的致病作用，严重感染时引起肠壁增厚和肠道出血等病变；和缓艾美耳球虫、哈氏艾美耳球虫寄生于小肠前段，致病力较低，可能引起肠黏膜的卡他性炎症；早熟艾美耳球虫寄生于小肠前 1/3 段，致病力低，一般无肉眼可见的病变；布氏艾美耳球虫寄生于小肠后段、盲肠根部，有一定的致病力，能引起肠道点状出血和卡他性炎症。其共同的特点是损害的肠管变粗、增厚，黏膜上有许多小出血点（图 3-67）或严重出血（图 3-68），肠内有凝血（图 3-69）或西红柿样（图 3-70）黏性内容物，重症者肠黏膜出现糜烂、溃疡（图 3-71）或坏死（图 3-72）。剖检过程见视频 3-10。

视频 3-10

球虫病：剖检见肠道黏膜增厚、出血等

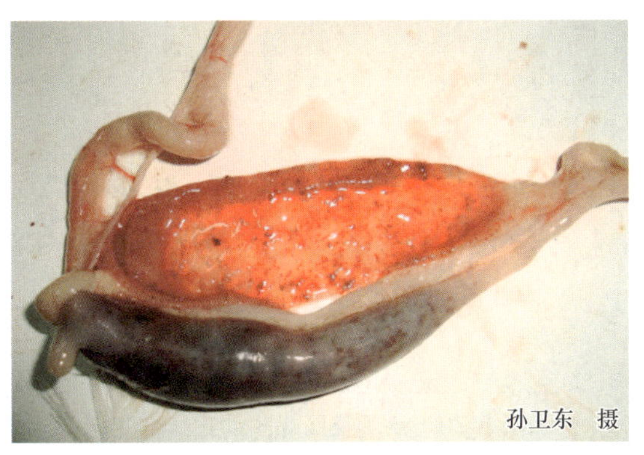

图 3-66　病鸡盲肠黏膜出血

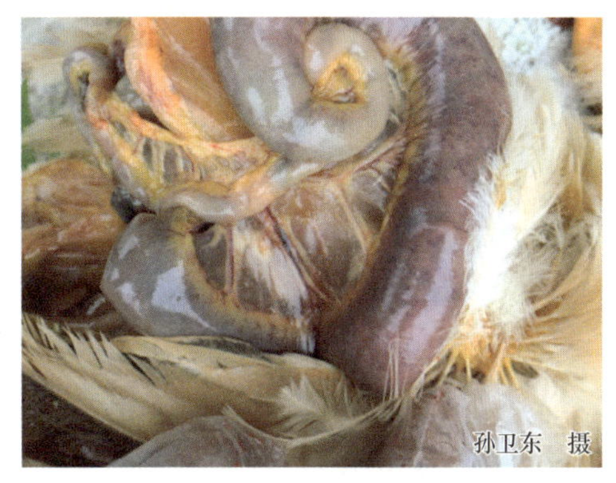

图 3-67　病鸡的小肠肠管变粗，黏膜上有许多小出血点

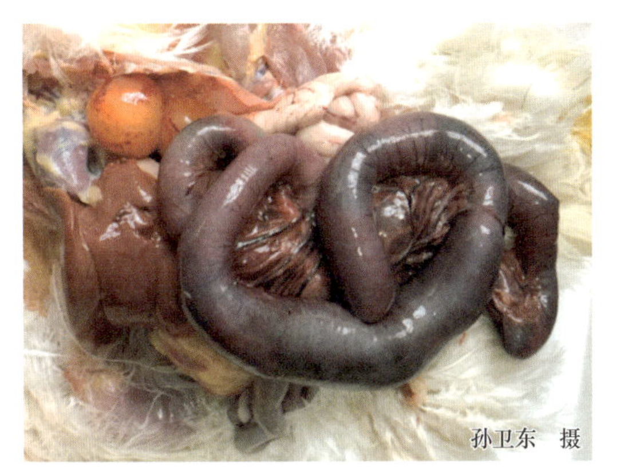

图 3-68　病鸡的小肠肠管变粗，黏膜严重出血

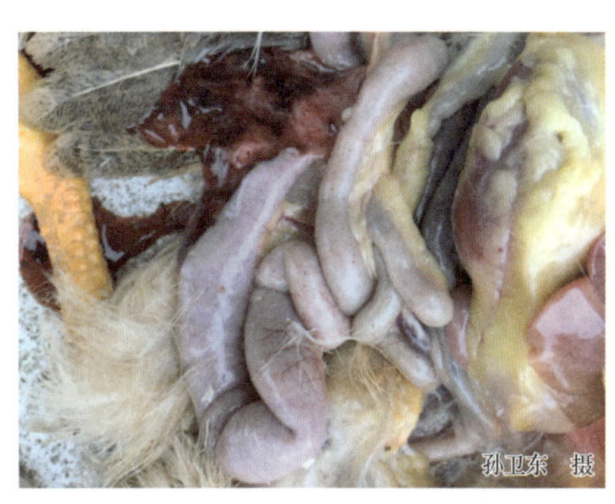

图 3-69　病鸡小肠内的血样内容物

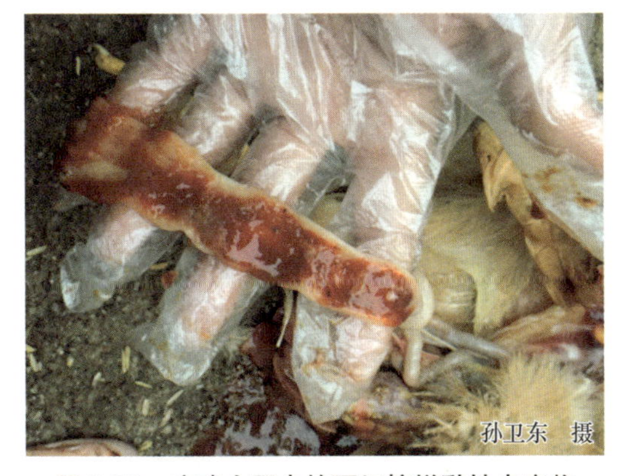

图 3-70　病鸡小肠内的西红柿样黏性内容物

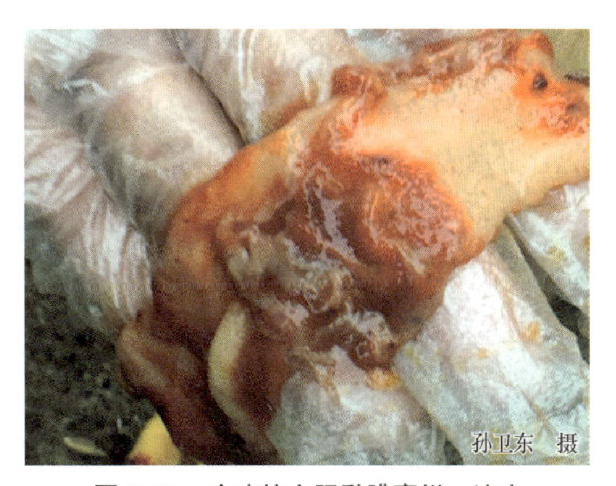

图 3-71　病鸡的小肠黏膜糜烂、溃疡

变位艾美耳球虫寄生于小肠、直肠和盲肠，有一定的致病力，轻度感染时肠道的浆膜和黏膜上出现单个的、包含卵囊的斑块，严重感染时可出现散在的或集中的斑点（图 3-73）。

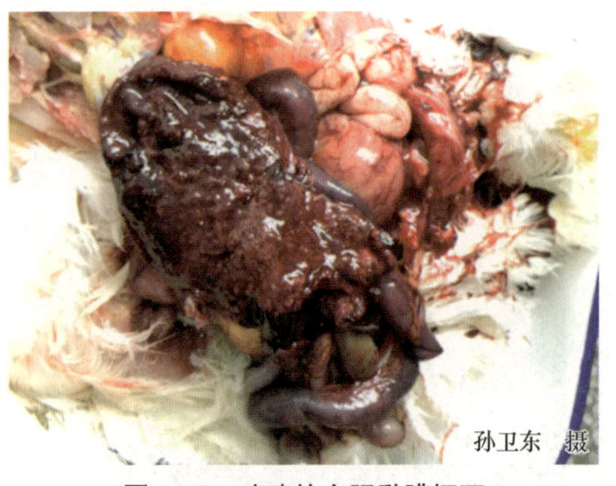

图 3-72 病鸡的小肠黏膜坏死

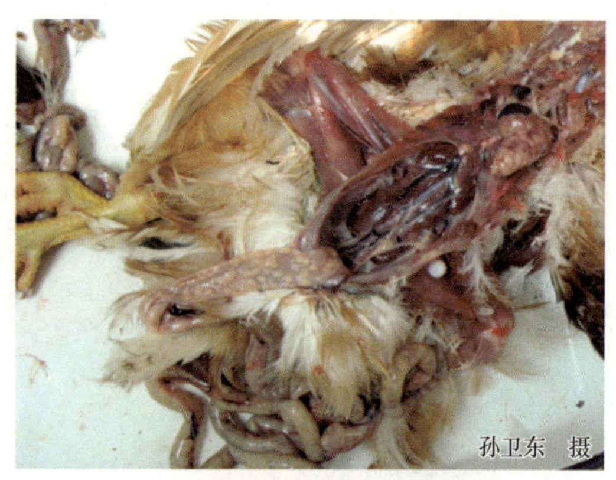

图 3-73 病鸡直肠黏膜的丘疹样变化

【类症鉴别】本病的排血便（西红柿样粪便）和肠道出血症状与维生素 K 缺乏症、出血性肠炎、坏死性肠炎、鸡组织滴虫病等出现的症状相似，应注意鉴别。本病出现的鸡冠、肉髯苍白症状与鸡传染性贫血、磺胺类药物中毒、住白细胞虫病、蛋鸡脂肪肝综合征、维生素 B_{12} 缺乏症等出现的症状相似，详细鉴别见鸡脂肪肝综合征中类症鉴别部分的叙述。本病表现出的过料、水样粪便与雏鸡开口药药量过大、氟苯尼考加量使用导致维生素 B 缺乏、肠腔缺乏有益菌等出现的症状相似，应注意鉴别。

【预防】

（1）免疫接种 疫苗分为强毒卵囊苗和弱毒卵囊苗两类，疫苗均为多价苗，包含柔嫩、堆型、巨型、毒害、布氏、早熟等主要虫种。疫苗大多采用喷料或饮水，将球虫苗（1~2 头份）喷料接种可于 1 日龄进行，饮水接种必须推迟到 5~10 日龄进行。鸡群在地面垫料上饲养的，接种一次卵囊；笼养与网架饲养的，首免之后间隔 7~15 天要进行二免。疫苗免疫前后应避免在饲料中使用抗球虫药物，以免影响免疫效果。

（2）药物预防

1）蛋鸡的药物预防：可从 10~12 日龄开始，至 70 日龄前后结束，在此期间持续用药不停；也可选用两种药品，间隔 3~4 周交替使用（即穿梭用药）。

2）肉鸡的药物预防：可从 1~10 日龄开始，至屠宰前休药期为止，在此期间持续用药不停。

3）蛋鸡与肉鸡若是笼养，或在金属网床上饲养，可不用药物预防。

（3）平时的饲养管理 鸡群要全进全出，鸡舍要彻底清扫、消毒（有条件时应使用火焰消毒），保持环境清洁、干燥和通风，在饲料中保持有足够的维生素 A 和维生素 K 等。同一鸡场，应将雏鸡和成年鸡分开饲养，避免耐过鸡排出的病原传给雏鸡。

【临床用药指南】用药后应及时清除鸡群排出的粪便，将粪便堆积发酵，同时将粪便污染的场地进行彻底消毒，避免二次感染。为防止球虫在接触药物后产生耐药性，应采用穿梭用药、轮换用药或联合用药方案；抗球虫药物在治疗球虫病时易破坏肠内的微生物区系，故在喂药之后饲喂 1~2 天微生态制剂（益生素）；抗球虫药会影响机体维生素的吸收，在治疗过程中应在饲料或饮水中补充适量的维生素或电解多维；使用（甲基）盐霉素等聚醚类抗球虫药物时应注意与治疗支原体病药物（如泰乐菌素、枝原净）等的药物配伍反应。

① 用 2.5% 的妥曲珠利溶液混饮（25 毫克 / 升）2 天。也可用 0.2%、0.5% 的地克珠利

预混剂混饲（每千克饲料 1 克），连用 3 天。

注意　0.5% 的地克珠利溶液，使用时现用现配，否则会影响疗效。

② 用 30% 的磺胺氯吡嗪钠可溶性粉混饲（每千克饲料 0.6 克）3 天，或混饮（0.3 克 / 升）3 天，休药期为 5 天。也可用 10% 的磺胺喹噁啉可溶性粉，治疗时常采用 0.1% 的含量，连用 3 天，停药 2 天后再用 3 天；预防时混饲（每千克饲料 125 毫克）。磺胺二甲嘧啶按 0.1% 混饮 2 天，或按 0.05% 混饮 4 天，休药期为 10 天。

③ 20% 的盐酸氨丙啉可溶性粉混饲（每千克饲料 125~250 毫克）3~5 天，或混饮（60~240 毫克 / 升）5~7 天。也可用鸡宝 -20（每千克含盐酸氨丙啉 200 克，盐酸呋吗唑酮 200 克），治疗时混饮（每 100 升水 60 克）5~7 天；预防量减半，连用 1~2 周。

④ 用 20% 的尼卡巴嗪预混剂混饲（肉鸡每千克饲料 125 毫克），连用 3~5 天。

⑤ 用 1% 的马杜霉素铵预混剂混饲（肉鸡每千克饲料 5 毫克），连用 3~5 天。

⑥ 用 25% 的氯羟吡啶预混剂混饲（每千克饲料 125 毫克），连用 3~5 天。

⑦ 用 5% 的盐霉素钠预混剂混饲（每千克饲料 60 毫克），连用 3~5 天。也可用 10% 的甲基盐霉素预混剂（禽安）混饲（每千克饲料 60~80 毫克），连用 3~5 天。

⑧ 用 15% 或 45% 的拉沙洛西钠预混剂（球安）混饲（每千克饲料 75~125 毫克），连用 3~5 天。

⑨ 用 5% 的赛杜霉素钠预混剂混饲（肉鸡每千克饲料 25 克），连用 3~5 天。

⑩ 用 0.6% 的氢溴酸常山酮预混剂混饲（每千克饲料 3 毫克），在雏鸡料和中期料中连续添加使用，对球虫的两个发病高峰（第 3 周、第 4 周）有很好的预防效果。

此外，可用 25% 的二硝托胺（球痢灵）预混剂，治疗时混饲（每千克饲料 250 毫克），预防量减半（每千克饲料 125 毫克）；盐酸氯苯胍片内服（每千克体重 10~15 毫克），10% 的盐酸氯苯胍预混剂混饲（每千克饲料 30~60 克）；乙氧酰胺苯甲酯混饲（每千克饲料 4~8 克）。

九、蛔虫病

蛔虫病（Ascariasis）是由鸡蛔虫引起的一种线虫病，是鸡吞食了感染性虫卵或啄食了携带感染性虫卵的蚯蚓而引起的。临床上以鸡消瘦、生长缓慢，甚至因肠道阻塞而死亡为特征。本病分布很广，对散养鸡有较大的危害。

【流行特点】 4 周龄内的鸡感染后一般不出现症状，5~12 周龄的鸡（尤其是散养鸡和地面平养鸡）感染后发病率较高，且病情较重，超过 12 周龄的鸡抵抗力较强，1 年以上的鸡不发病，但可带虫。

【临床症状】 病鸡表现为发育不良，精神委顿，不爱活动，羽毛松乱，鸡冠苍白，食欲减退，有的病鸡腹泻，渐渐消瘦死亡。

【病理剖检变化】 病鸡或病死鸡剖检时在小肠内可见到蛔虫，有的甚至充满整个肠管（图 3-74 和图 3-75），偶见于食道、嗉囊、肌胃（图 3-76）、输卵管和体腔。蛔虫的虫体呈黄白色（图 3-77 和视频 3-11），表面有横纹（图 3-78）。雄虫长 27~70 毫米，宽 0.09~0.12 毫米，尾端有交合刺（图 3-79）；雌虫长 60~116 毫米，宽 0.9 毫米。

视频 3-11

蛔虫病：从感染鸡的小肠中取出的蛔虫外观

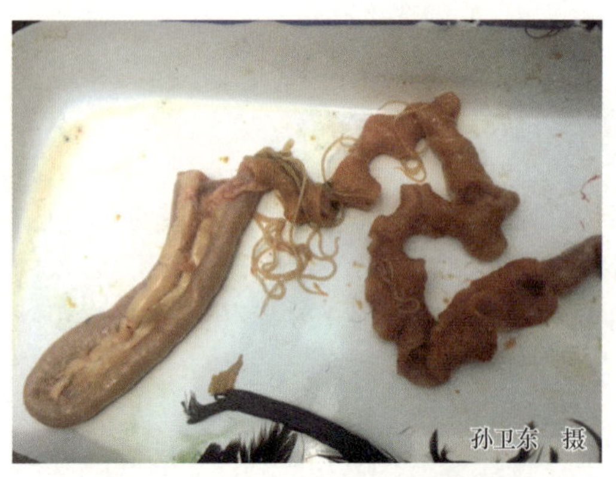

图 3-74 病鸡十二指肠后肠管内的蛔虫虫体、肠管外翻

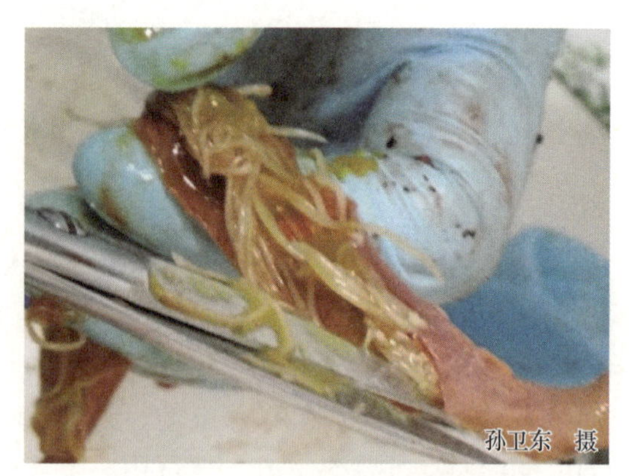

图 3-75 病鸡小肠内充满蛔虫虫体

图 3-76 病鸡肌胃内的蛔虫虫体

图 3-77 从肠道取出的蛔虫虫体呈黄白色

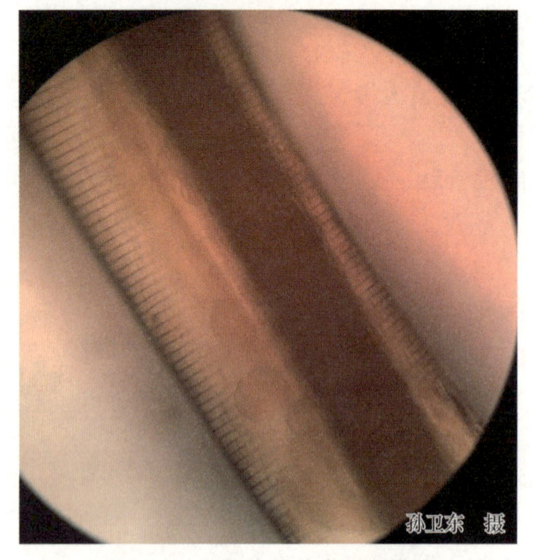

图 3-78 蛔虫虫体的表面有横纹

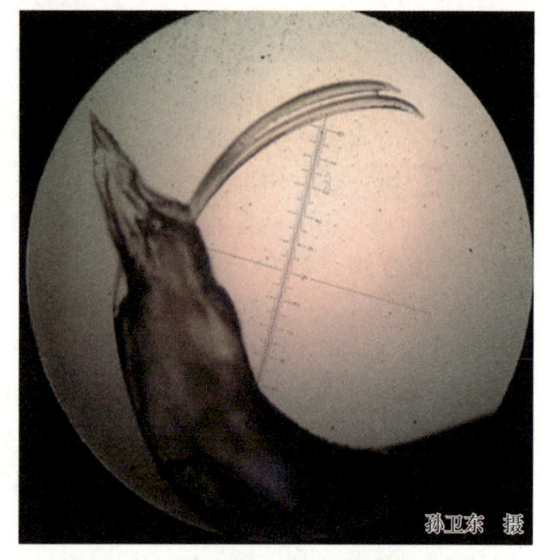

图 3-79 蛔虫雄虫虫体的尾端有交合刺

【类症鉴别】鸡蛔虫和鸡异刺线虫的幼虫和虫卵很相似，应注意鉴别。鸡蛔虫卵长70~80微米，宽47~51微米，呈椭圆形，较扁圆；鸡异刺线虫卵长50~70微米，宽30~39微米，呈椭圆形，但较长。鸡蛔虫幼虫尾部短，急行变尖；鸡异刺线虫幼虫尾部较长，逐渐变尖。

【预防】

（1）加强饲养管理 改善环境卫生，每天清除鸡舍内外的积粪，粪便应堆积发酵。雏鸡与成年鸡应分群饲养，不共用运动场。

（2）预防性驱虫 对有蛔虫病流行的鸡场，每年应进行2~3次定期驱虫。雏鸡在2月龄左右进行第一次驱虫，第二次在冬季进行；成年鸡的驱虫第一次在10~11月，第二次在春季产蛋季节前1个月进行。

【临床用药指南】用药期间应尽可能将鸡群圈养4~5天，并及时清除鸡群排出的粪便，将粪便堆积发酵，同时将粪便污染的场地进行彻底消毒，避免二次感染。

① 哌嗪（驱蛔灵）：按每千克体重250毫克，空腹时拌于少量饲料中一次性投喂，或配成1%的水溶液任其饮服，但药物必须在8~12小时用完，且应在用药前禁食（饮）1夜。

② 驱虫净（主要成分是伊维菌素、芬苯达唑等）：按每千克体重40~60毫克，空腹时逐个鸡灌服，或按每千克体重60毫克，混于少量饲料中喂给。也可用左旋咪唑内服（每千克体重25毫克），或拌于少量饲料中内服，或用5%的注射液肌内注射（每千克体重0.5毫升）；阿苯达唑1次口服（每千克体重25毫克）；奥苯达唑1次口服（每千克体重40毫克）。以上药物1次口服往往不易彻底驱除，间隔2周后再重复用药1次。

③ 潮霉素B：1.76%的潮霉素B预混剂按每千克饲料8~12克混饲，休药期为3天。

④ 越霉素A：20%的越霉素A预混剂按每千克饲料5~10毫克混饲。产蛋鸡禁用，休药期为3天。

⑤ 伊维菌素或阿维菌素：1%的伊维菌素注射液按每千克体重0.2~0.3毫克1次皮下注射或内服。

十、绦虫病

绦虫病（Cestodiasis）是由赖利绦虫、戴文绦虫等寄生于鸡的肠道引起的一类寄生虫病。本病在我国的分布较广，特别是对农村的散养鸡和鸡舍条件简陋的鸡场危害较严重。

【流行特点】各种年龄的鸡都能感染，以17~40日龄的鸡最易感，在饲养管理条件低劣的鸡场有利于本病的流行。若采用笼养或能隔绝含囊尾蚴的中间宿主蚂蚁、蜗牛和甲虫的舍养鸡群，则发病率较低。

【临床症状】由于绦虫的品种不同，感染鸡的症状也有差异。病鸡共同表现有可视黏膜苍白或黄染，精神沉郁，羽毛蓬乱，缩颈垂翅，采食减少，饮水增多，肠炎，腹泻，有时带血，消瘦、大小不一（图3-80）。有的绦虫产物能使鸡中毒，引起腿脚麻痹、头颈扭曲、进行性瘫痪（甚至“劈叉”）等症状（图3-81）；有些病鸡因瘦弱、衰竭而死亡。感染病鸡一般在14：00~17：00排出绦虫节片（图3-82）。一般在感染初期（感染后50

图3-80 病鸡消瘦、大小不一

天左右）节片排出最多，以后逐渐减少。

图 3-81 有的病鸡瘫痪呈“劈叉”姿势

图 3-82 病鸡粪便上的白色绦虫节片

【病理剖检变化】剖检病鸡或病死鸡可见机体消瘦，在小肠内发现大型绦虫的虫体（图 3-83），严重时可阻塞肠道，其他器官无明显的眼观变化（图 3-84），只见绦虫节片似面条、呈乳白色、不透明、扁平，虫体可分为头节、颈与链体 3 部分。小型绦虫则要用放大镜仔细寻找，也可将剪开的肠管平铺于玻璃皿中，滴少许清水，看有无虫体浮起。

图 3-83 病鸡小肠内发现绦虫虫体

图 3-84 病鸡的内脏器官无明显的眼观变化

【类症鉴别】有些病鸡所表现的消瘦、腿脚麻痹、进行性瘫痪（劈叉）等症状与鸡马立克氏病的症状相似，有些病鸡的头颈扭曲症状与新城疫、细菌性脑炎、维生素 E 缺乏症等病的症状相似，应注意鉴别。

【预防】请参考本章中蛔虫病预防部分的叙述。

【临床用药指南】用药期间应尽可能将鸡群圈养 4~5 天，并及时清除鸡群排出的粪便，将粪便堆积发酵，同时将粪便污染的场地进行彻底消毒，避免二次感染。

① 阿苯达唑：按每千克体重 15~25 毫克 1 次内服。

② 氯硝柳胺：按每千克体重 50~100 毫克 1 次内服。

③ 吡喹酮：按每千克体重 10~20 毫克 1 次内服，对绦虫成虫及未成熟虫体有效。

十一、鸡组织滴虫病

鸡组织滴虫病（Histomoniasis in Chicken）又称为盲肠肝炎或黑头病，是由火鸡组织滴虫寄生于鸡盲肠引起的一种急性寄生虫病。临床上以肝脏表面扣状坏死和盲肠发炎溃疡、渗出物凝固等为特征。

【流行特点】

（1）易感动物 2周龄至4月龄的鸡均可感染，但2~6周龄的鸡易感性最强，成年鸡也可以发生，但呈隐性感染，并成为带虫者。

（2）传染源 病鸡、带虫鸡排出的粪便为传染源。

（3）传播途径 该寄生虫主要通过消化道感染，此外蚯蚓、蚱蜢、蝇类、蟋蟀等由于吞食了土壤中的异刺线虫的虫卵和幼虫，而使它们成为机械的带虫者，当雏鸡吞食了这些昆虫后，单孢虫即逸出，并使雏鸡发生感染。

（4）流行季节 本病多发生于夏季。

（5）诱发因素 鸡群的管理条件不良、鸡舍潮湿、过度拥挤、通风不良、光线不足、饲料质量差、营养不全、饲料中营养缺乏特别是维生素A缺乏等，都可促使本病的流行。

【临床症状】病鸡表现为不爱活动，嗜睡，食欲减退或废绝，衰弱，贫血，消瘦，身体蜷缩，腹泻，粪便呈浅黄色或浅绿色，严重者带有血液，随着病程的发展，病鸡头部皮肤、冠及肉髯严重发绀，呈紫黑色，故有“黑头病”之称。病程为1~3周，病死率为60%左右。

【病理剖检变化】病鸡或病死鸡剖检可见肝脏肿大，表面形成圆形或不规则、中央凹陷、黄色或黄褐色的溃疡灶，溃疡灶数量不等，有时融合成大片的溃疡区（图3-85）。盲肠高度肿大，肠壁肥厚、紧实像香肠一样（图3-86），肠内容物干燥坚实、成干酪样的凝固栓子（图3-87），横切栓子，切面呈同心层状，中心有黑色的凝固血块，外周为灰白色或浅黄色的渗出物和坏死物。急性病鸡可见一侧或两侧盲肠肿胀，呈出血性炎症，肠腔内含有血液。严重病鸡盲肠黏膜发炎出血，形成溃疡，会发生盲肠壁穿孔，引起腹膜炎而死。

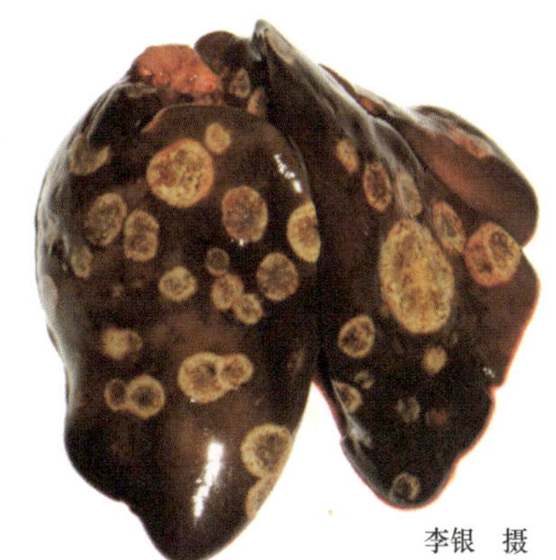
李银 摄

图3-85 肝脏上有大小不一溃疡灶，有时融合成大片的溃疡区

孙卫东 摄

图3-86 盲肠高度肿大，像香肠一样

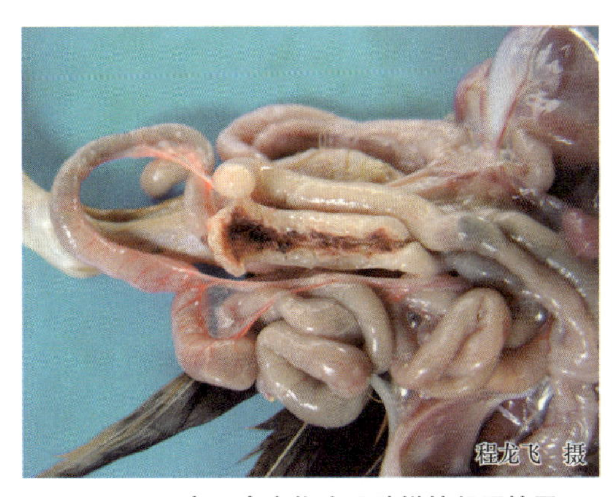
程龙飞 摄

图3-87 盲肠内容物为干酪样的凝固栓子

【预防】

（1）驱除异刺线虫 左旋咪唑按每千克体重 25 毫克（1 片）1 次内服。也可使用针剂，用量、效果与片剂相同。另外，应对成年鸡进行定期驱虫。

（2）严格做好鸡群的卫生和管理工作 及时清除粪便，定期更换垫料，防止带虫体的粪便污染饮水或饲料。此外，鸡与火鸡一定要分开进行饲养管理。

【临床用药指南】在隔离病鸡的基础上选择下列药物进行治疗；在治疗的同时应配合使用维生素 K_3 粉以减少盲肠出血，并用抗生素广谱抗菌药物如复方敌菌净等控制并发或继发感染；治疗后应及时收集粪便，将其堆积做无害化处理。

① 甲硝唑：按每升水 500 毫克混饮 7 天，停药 3 天，再用 7 天。蛋鸡禁用。

② 地美硝唑：20% 的地美硝唑预混剂，治疗时按每千克饲料 500 毫克混饲；预防时按每千克饲料 100~200 毫克混饲。产蛋鸡禁用，休药期为 3 天。

③ 阿苯达唑：按每千克体重 40 毫克 1 次内服。

十二、鸡脂肪肝综合征

鸡脂肪肝综合征（Fatty Liver Syndrome in Chicken）是产蛋鸡的一种营养代谢病，临床上以过度肥胖和产蛋量下降为特征。本病多出现在产蛋量高的鸡群或鸡群的产蛋高峰期，病鸡体况良好，其肝脏、腹腔及皮下有大量的脂肪蓄积，常伴有肝脏小血管出血，故其又称为脂肪肝出血综合征（Fatty Liver Hemorrhagic Syndrome，FLHS）。本病发病突然，病死率高，给蛋鸡养殖业造成了较大的经济损失。

【发病原因】导致鸡发生脂肪肝综合征的因素包括：遗传、营养、环境与管理、有毒物质、激素等，除此之外，促进性成熟的高水平雌激素也可能是本病的诱因。

（1）遗传因素 为提高产蛋性能而进行的遗传选择是脂肪肝综合征的诱因之一，重型鸡及肥胖鸡多发，有的鸡群发病率较高，可高达 31.4%~37.8%。

（2）营养因素 过量的能量摄入是造成鸡脂肪肝综合征的主要原因之一，笼养自由采食可诱发鸡脂肪肝综合征；高能量蛋白比的日粮可诱发本病，饲喂能蛋比为 66.94 的日粮，产蛋鸡脂肪肝综合征的发病率可达 30%，而饲喂能蛋比为 60.92 的日粮，其鸡脂肪肝综合征发病率为 0；饲喂以玉米为基础的日粮，产蛋鸡亚临床脂肪肝综合征的发病率高于以小麦、黑麦、燕麦或大麦为基础的日粮；低钙日粮可使肝脏的出血程度增加，体重和肝重增加，产蛋量减少；与能量、蛋白质、脂肪水平相同的玉米 - 鱼粉日粮相比，采食玉米 - 大豆日粮的产蛋鸡，其鸡脂肪肝综合征的发病率较高；抗脂肪肝物质的缺乏可导致肝脏脂肪变性，维生素 C、维生素 E、B 族维生素、Zn、Se、Cu、Fe、Mn 等影响自由基和抗氧化机制的平衡，上述维生素及微量元素的缺乏都可能引起鸡脂肪肝综合征。

（3）环境与管理因素 从冬季到夏季的环境温度波动，可能会引起能量采食的错误调节，进而也造成鸡脂肪肝综合征，而炎热季节发生鸡脂肪肝综合征可能和脂肪沉积量较高有关；笼养是鸡脂肪肝综合征的一个重要诱发因素，因为笼养限制了鸡的运动，活动量减少，过多的能量转化成脂肪；任何形式（营养、管理和疾病）的应激都可能是鸡脂肪肝综合征的诱因。

（4）有毒物质 黄曲霉毒素也是蛋鸡产生鸡脂肪肝综合征的基本因素之一，而菜籽饼中的硫葡萄苷是造成出血的主要原因。

（5）激素 肝脏脂肪变性的产蛋鸡，其血浆的雌二醇浓度较高，这说明激素 - 能量的相互关系可引起鸡脂肪肝综合征。

【临床症状】 当病鸡肥胖超过正常体重的25%，在下腹部可以摸到厚实的脂肪组织，其产蛋率波动较大，可从高产蛋率的75%~85%突然下降到35%~55%，甚至仅为10%。病鸡冠及肉髯色浅，或发绀，继而变黄、萎缩，精神委顿，多伏卧，很少运动。有些病鸡食欲减退，鸡冠变白，体温正常，粪便呈黄绿色、水样。当拥挤、驱赶、捕捉或抓提方法不当时，引起强烈挣扎，往往突然发病，病鸡表现为喜卧、腹大而软绵下垂，鸡冠肉髯褪色乃至苍白（图3-88）。重症病鸡嗜睡、瘫痪，体温为41.5~42.8℃，进而鸡冠、肉髯及脚变冷，可在数小时内死亡。

图3-88 鸡冠肉髯褪色乃至苍白

【病理剖检变化】 病鸡或病死鸡剖检可见皮下、腹腔及肠系膜均有大量的脂肪沉积；肝脏肿大，边缘钝圆，呈黄色油腻状，表面有出血点和白色坏死灶，质地脆，腹部脂肪厚，有的能浸出油滴（图3-89）。有的病鸡由于肝脏破裂而发生腹腔积血（图3-90和视频3-12），肝脏有血凝块（图3-91）或陈旧的出血灶（图3-92），肝脏易碎如泥样（图3-93），用刀切时，表面上有脂肪滴附着。腹腔内、内脏周围、肠系膜上有大量的脂肪。有的鸡心肌变性呈黄白色。有些鸡的肾脏略变黄，脾脏、心脏、肠道有程度不同的小出血点。当死亡鸡处于产蛋高峰状态，输卵管中常有正在发育的蛋。

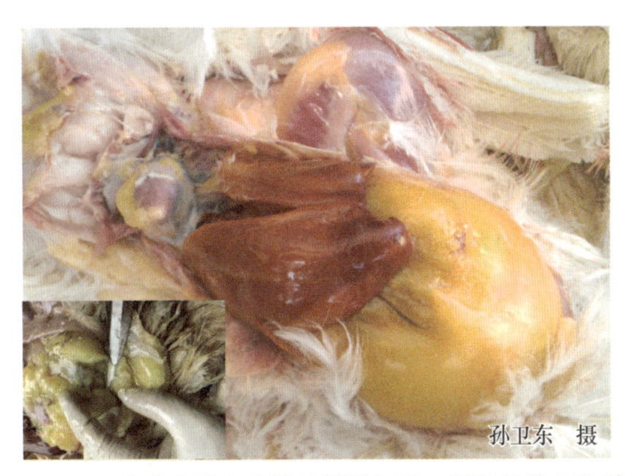

图3-89 病鸡腹腔有大量的脂肪沉积，肝脏呈黄色油腻状

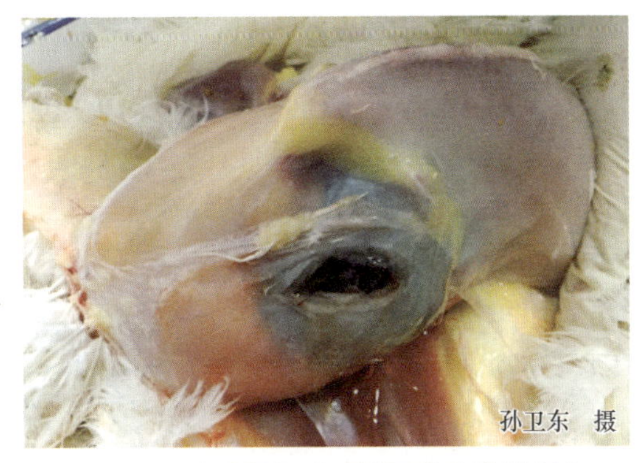

图3-90 病鸡因肝脏破裂而发生腹腔积血

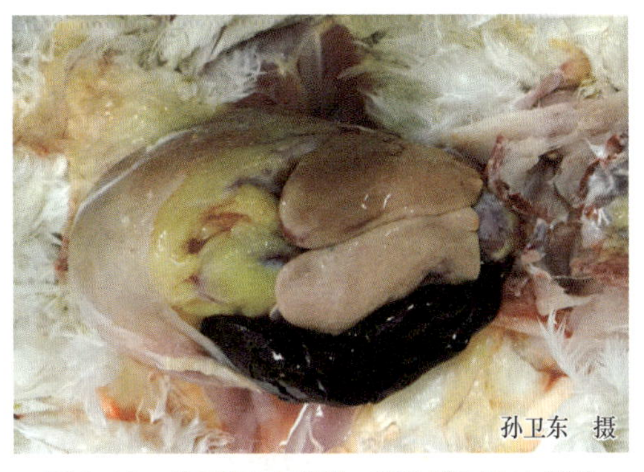

图3-91 病鸡肝脏破裂，肝被膜下有血凝块

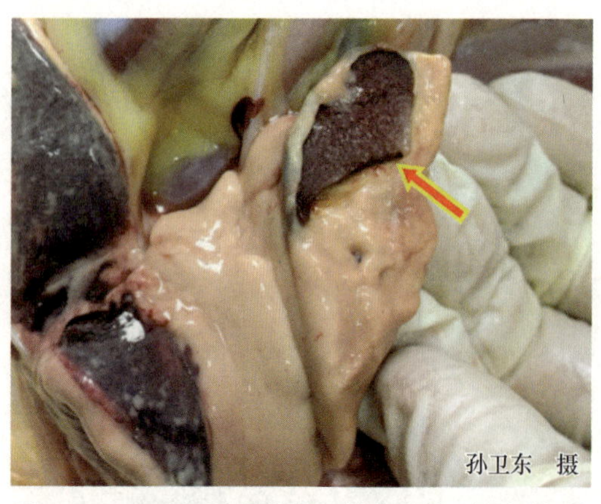

图 3-92 病鸡肝脏内的陈旧性出血灶（箭头所示）

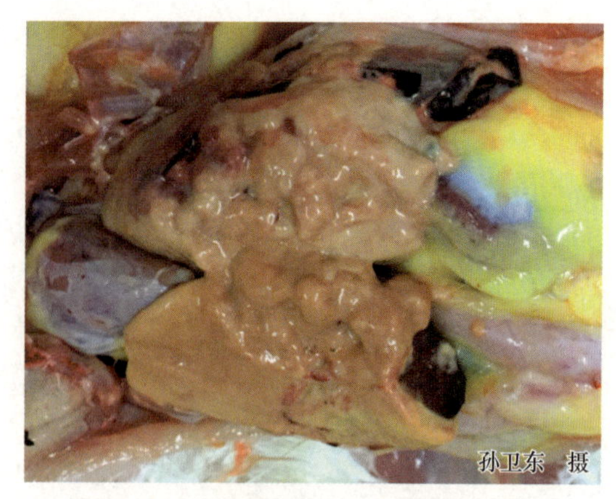

图 3-93 病鸡肝脏质脆，切面易碎如泥样

【类症鉴别】本病出现的鸡冠肉髯褪色苍白症状与鸡传染性贫血、住白细胞虫病、磺胺类药物中毒、球虫病、维生素 B_{12} 缺乏症等类似，应注意鉴别。

（1）与鸡传染性贫血的鉴别 对于鸡传染性贫血，先天性感染的雏鸡在 10 日龄左右发病，表现症状且死亡率上升。雏鸡若在 20 日龄左右发病，表现症状并有死亡，可能是水平传播所致。贫血是本病的特征性变化，病鸡感染后 14~16 天贫血最严重。病鸡衰弱，消瘦，瘫痪，翅、腿、趾部出血或肿胀，一旦碰破，则流血不止。剖检时可发现血液稀薄，血凝时间延长，骨髓萎缩，常见股骨骨髓呈脂肪色、浅黄色或浅红色。而鸡脂肪肝综合征发病和死亡的鸡都是母鸡，剖检可见体腔内有大量血凝块，并部分地包着肝脏，肝脏明显肿大，色泽变黄，质脆易碎，有油腻感。

（2）与球虫病的鉴别 球虫病表现的可视黏膜苍白等贫血症状与鸡脂肪肝综合征有相似之处，但很容易鉴别，球虫病剖检症状很典型，即受侵害的肠段外观显著肿大，肠壁上有灰白色坏死灶或肠道内充满大量血液或血凝块。

（3）与住白细胞虫病的鉴别 住白细胞虫病表现的鸡冠苍白、血液稀薄、骨髓变黄等症状与鸡脂肪肝综合征有相似之处，鉴别要点：一是住白细胞虫病剖检时还可见内脏器官广泛性出血，在胸肌、腿肌、心脏、肝脏等多种组织器官有红色小结节；二是住白细胞虫病在我国的福建、广东等地呈地方流行性，每年的 4~10 月发病较多，有明显的季节性。

（4）与磺胺类药物中毒的鉴别 磺胺类药物中毒除表现贫血症状外，初期鸡群还表现兴奋，后期精神沉郁，鸡群有大剂量或长期使用磺胺类药物的病史。

【预防】

（1）坚持育成期的限制饲喂 育成期的限制饲喂至关重要，一方面，它可以保证蛋鸡体成熟与性成熟的协调一致，充分发挥鸡只的产蛋性能；另一方面，它可以防止鸡只过度采食，导致脂肪沉积过多，从而影响鸡只日后的产蛋性能。因此，对体重达到或超过同日龄同品种标准体重的育成鸡，采取限制饲喂的措施是非常必要的。

（2）严格控制产蛋鸡的营养水平，供给营养全面的全价饲料 处于生产期的蛋鸡，代谢活动非常旺盛。在饲养过程中，既要保证充分的营养，满足蛋鸡生产和维持的各方面的需要，同时又要避免营养的不平衡（如高能低蛋白）和缺乏（如饲料中蛋氨酸、胆碱、维生素 E 等的不足），一定要做到营养合理与全面。

【临床用药指南】 当确诊鸡群患有脂肪肝综合征时，应及时找出病因进行针对性治疗。重症病鸡无治疗价值，应及时淘汰。通常可采取以下几种措施。

（1）**平衡饲料营养** 尤其注意饲料中能量是否过高，如果能量过高，则可降低饲料中玉米的含量，改用麦麸代替。研究表明，如果在饲料中增加一些富含亚油酸的植物油而减少碳水化合物的含量，则可降低脂肪肝综合征的发病率。日本学者提出，饲料中代谢能与蛋白质的比值（ME/P）是由于温度和产蛋率的不同而不同的，温暖时代谢能与蛋白质的比值应减少 10%，低温时应增加 10%。

（2）**补充“抗脂肪肝因子”** 主要是针对病情轻和刚发病的鸡群。在每千克日粮中补加胆碱 22~110 毫克，治疗 1 周有一定帮助。澳大利亚研究者曾推荐补加维生素 B_{12}、维生素 E 和胆碱。在美国曾有研究者提出，在每吨日粮中补加氯化胆碱 1000 克、维生素 E 10000 国际单位、维生素 B_{12} 12 毫克和肌醇 900 克，连续饲喂；或每只鸡喂服氯化胆碱 0.1~0.2 克，连服 10 天。

（3）**调整饲养管理水平** 适当限制饲料的喂量，使体重适当，鸡群产蛋高峰前限量要小，高峰后限量可相应增大，小型鸡种可在 120 日龄后开始限制饲喂，一般限制饲喂 8%~12%。

十三、鸡生石灰中毒

生石灰又叫氧化钙，遇水变成氢氧化钙，氢氧化钙具有杀菌消毒的作用，是农村养鸡户常用的消毒剂，价格低廉，效果好，但使用不当也会引起鸡生石灰中毒（Chicken Born with Lime）。石灰不但会破坏消化道的酸性环境，影响营养物质吸收，损伤消化道黏膜，引起发炎、水肿和胃糜烂、穿孔等。

图 3-94 在垫料中能发现明显的石灰颗粒

【发病原因】 多因在养鸡的地面上撒上一层生石灰粉，又在生石灰粉上面铺上一层砻糠或锯末。在垫料中能发现明显的石灰颗粒（图 3-94），或因垫料较薄鸡刨食时误食生石灰而引起。

图 3-95 病鸡怕冷、围绕热源打堆

【临床症状】 鸡群中部分鸡食欲减退，伏卧、伸头、闭眼、呆立、垂头，全身像发冷似的颤抖，围绕热源打堆（图 3-95）；有的病鸡甩头，口腔流出黏液性分泌物，嗉囊积食；有的病鸡运动失调，两脚无力，鸡冠先发凉后变成紫色；有的病鸡爱喝水，呼吸困难，排出黄色或酱色稀粪，有的死亡。

【病理剖检变化】 病鸡或病死鸡剖检可见嗉囊、肌胃内有垫料，混有白色乳状物或颗粒——生石灰（乳）（图 3-96）。肌胃、肠道黏膜炎性水肿，充血、出血，严重者出现糜烂、溃疡甚至穿孔（图 3-97），肺不同程度水肿。

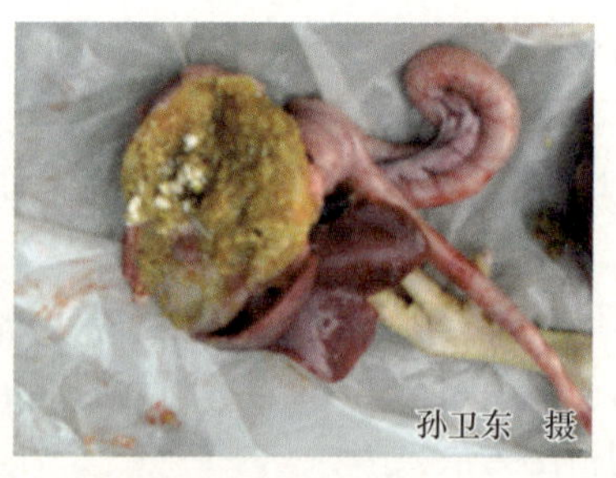

图 3-96 肌胃内容物混有白色石灰颗粒和石灰乳

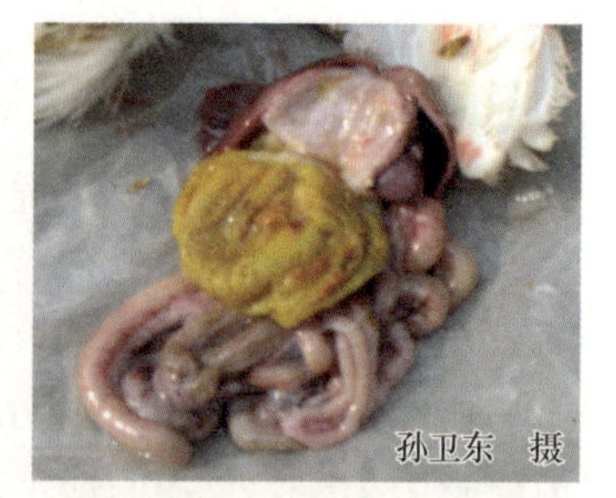

图 3-97 肌胃糜烂和溃疡

【预防】用生石灰消毒鸡舍及地面时，应使用 20% 的石灰乳，消毒后应及时清除剩余的生石灰和颗粒，避免其与鸡直接接触，防止鸡啄食后造成中毒。

【临床用药指南】

（1）**清除鸡舍内生石灰** 将鸡舍内的垫料、生石灰粉全部清理干净，换上新鲜的垫料。

（2）**中和碱性** 发现中毒后，鸡群立即饮用 0.5% 的稀盐酸或 5% 的食醋。

（3）**对症治疗** 灌服牛奶或蛋清以保护胃肠黏膜。同时在饲料中拌入 1% 的土霉素和多维素，连用 4 天。对于症状较重的鸡，每只鸡可用滴管口服食醋 0.2~0.5 毫升，并灌服 0.5 毫升 1% 的食盐水，每天 2 次；肌内注射维生素 B_1、维生素 C 各 5 毫克，每天 1 次，至鸡恢复食欲。

十四、有机磷农药中毒

有机磷农药因其在治疗农作物病虫害上被广泛地应用，故放养或散养的鸡发生有机磷农药急性中毒的病例并不少见，而舍饲的鸡也可因饲料中带有有机磷农药而引起有机磷农药中毒（Organophosphorus Pesticide Poisoning）。

【发病原因】用刚喷过有机磷农药不久的菜叶、青草、谷物等喂鸡；在刚施用过有机磷农药的田地上放鸡；用有机磷农药驱虫、杀灭鸡体表的寄生虫或鸡舍内外的昆虫时，药物的剂量、浓度超过了安全的限度，或鸡食入较多被有机磷毒死的昆虫；由于工作上的疏忽或其他原因使有机磷农药混入饲料或饮水中，造成鸡中毒等。

【临床症状】最急性中毒时可不出现症状而突然死亡；急性中毒时表现为兴奋、鸣叫、盲目奔走，行走时摇摆不定，严重时倒地不起，抽搐、痉挛（图 3-98），流泪，瞳孔明显缩小（图 3-99），流鼻液，流涎（图 3-100），呼吸困难，频频排粪，冠、肉髯和皮肤呈蓝

图 3-98 病鸡倒地不起，抽搐、痉挛

图 3-99 病鸡流泪，瞳孔缩小

紫色，最后因衰竭而死亡。慢性中毒病例主要表现为食欲减退、消瘦，有头颈扭转、圆圈运动等神经症状，最后也可因虚弱而致死。

图 3-100 病鸡流涎

【病理剖检变化】病鸡或病死鸡剖检时可见胃肠黏膜充血、出血、肿胀并易于剥落；嗉囊、胃肠内容物有大蒜味，心肌出血，肺充血水肿，气管、支气管内充满泡沫状黏液，心肌、肝脏、肾脏、脾脏变性，如煮熟样。

【预防】养鸡场内所购进的有机磷农药应与常规药物分开存放并由专人负责保管，严防毒物误入饲料或饮水中；使用有机磷农药毒杀体表寄生虫或鸡舍内外的昆虫时，药物的计量应准确；驱虫最好是逐只喂药，或经小群投药试验确认安全后再大群使用；不要在新近喷过有机磷农药的地区放牧；不要用喷过有机磷农药后不久的菜叶、青草、谷物喂鸡等。已经死亡的鸡严禁食用，要集中深埋或进行其他无害化处理。

【临床用药指南】当有鸡出现中毒时，应立即停喂含毒物的饲料和饮水，改换新配的安全的饲料和饮水。对于已发病的鸡可根据实际情况，选择下列方法进行治疗：肌内注射碘解磷定，每只鸡 0.2~0.5 毫升（每毫升含碘解磷定 40 毫克）；肌内注射硫酸阿托品，每只鸡 0.2~0.5 毫升（每毫升含 0.5 毫克）；灌服 1% 的硫酸铜或 0.1% 的高锰酸钾水溶液 2~10 毫升，对经口食入有机磷农药的病例有效；灌服 1%~2% 的石灰水上清液 2~10 毫升，对经口食入有机磷农药后不久的病例有效，但对敌百虫中毒的病鸡严禁灌服石灰水，因为敌百虫遇碱后变成毒性更强的敌敌畏。此外，饲料中添加一些维生素 C，用 3%~5% 的葡萄糖饮水。

十五、呕吐毒素中毒

呕吐毒素中毒（Vomiting Toxin Poisoning）是由饲料、饲料原料中呕吐毒素超标而引起的一种霉菌毒素中毒病。该毒素会对鸡产生消化系统损伤、细胞毒性、免疫毒性、神经毒性及“三致”（致突变、致畸和致癌）等作用，其危害在很多鸡场是隐形的，对鸡场的经济效益影响很大。

图 3-101 病鸡口角损伤，有大量结痂

【临床症状】病鸡口腔和皮肤损伤（图 3-101），采食量下降，生长缓慢（图 3-102）；喙、爪、皮下脂肪着色差，出现腿弱、跛行（图 3-103），死淘率明显升高；粪便多呈黑糊状，泄殖腔周围的羽毛沾有粪便（图 3-104）。有的病例可见粪便中未消化的饲料颗粒（过料）（图 3-105）；重症鸡粪便中会有大量脱落

的肠黏膜。病程较长的鸡羽毛生长不良（图 3-106）。蛋鸡产蛋量迅速下降，产“雀斑”蛋（图 3-107）、薄壳蛋；种鸡受精率下降、孵出率下降、出壳健雏率下降。

图 3-102 病鸡生长缓慢

图 3-103 病鸡出现腿弱、跛行

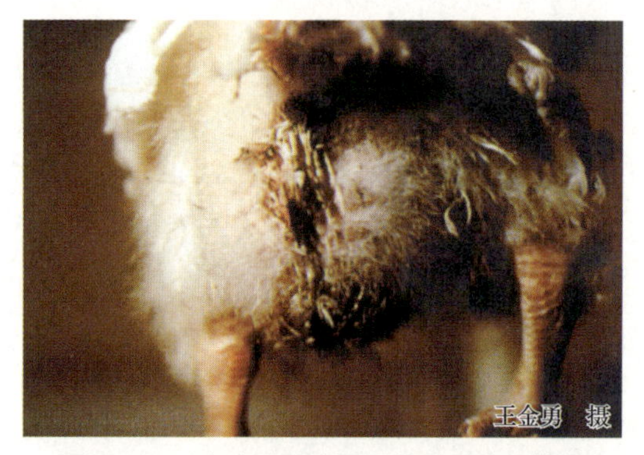

图 3-104 病鸡泄殖腔周围的羽毛沾染粪便

图 3-105 病鸡排出的粪便中含有未消化的饲料

图 3-106 病鸡的羽毛生长不良

图 3-107 病鸡产的“雀斑”蛋

【病理剖检变化】 病鸡或病死鸡剖检可见口腔黏膜溃烂，或形成黄色结痂（图 3-108）；腺胃严重肿大、呈椭圆形或梭形，腺胃壁增厚，乳头出血、透明、肿胀；肌胃内容物呈黑色（图 3-109），肌胃角质层明显溃烂，部分有明显溃疡灶（图 3-110）；肾脏肿大，有尿酸盐沉积。青年鸡胸腺萎缩或消失。蛋鸡的卵巢和输卵管萎缩。

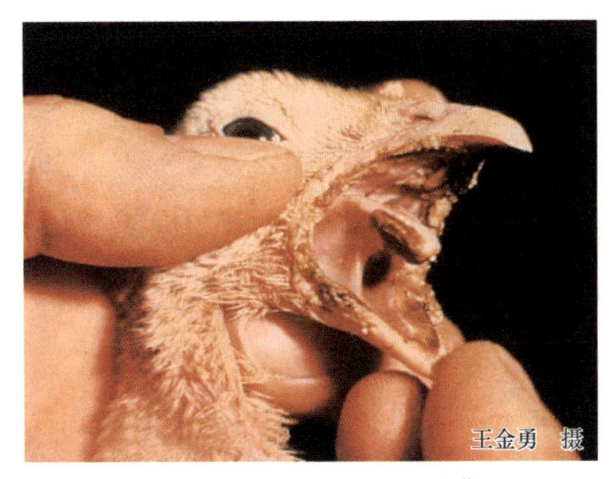

图 3-108 病鸡或病死鸡口腔黏膜溃烂，形成黄色结痂

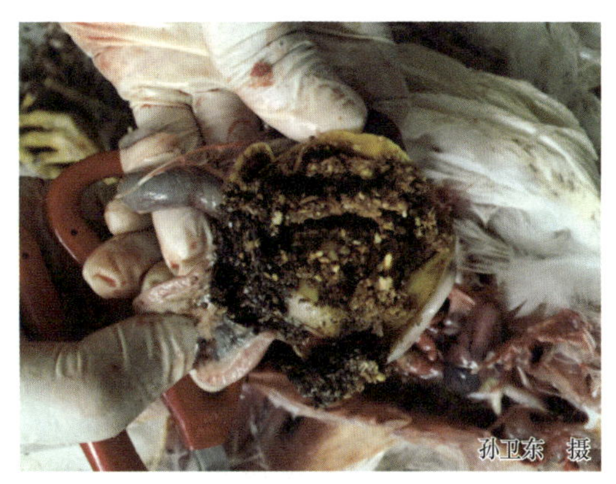

图 3-109 病鸡的肌胃内容物呈黑色

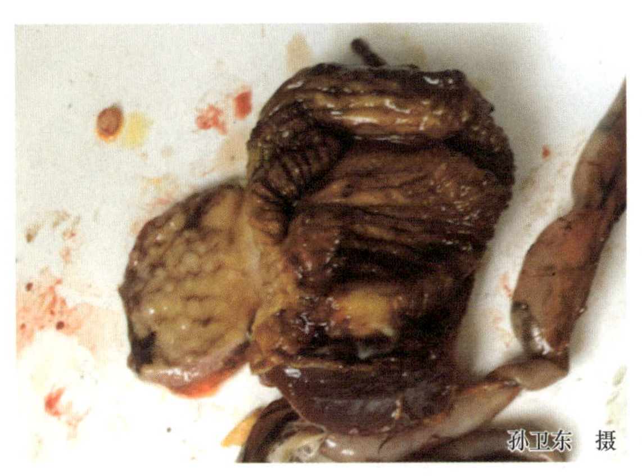

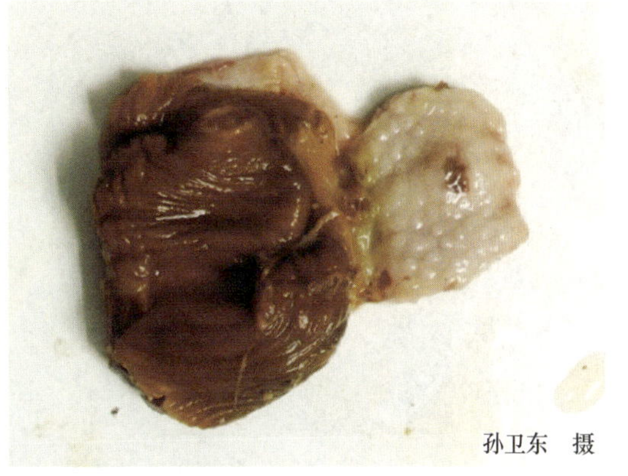

图 3-110 病鸡的肌胃角质层糜烂、溃疡

注意 在治疗的同时应给病鸡适当补充口服补液盐或电解质平衡剂；药物治疗后应在饲料中添加微生态制剂，连喂 10 天。

【预防】霉菌毒素没有免疫原性，并不能通过低剂量霉菌毒素的长时间饲喂而使鸡产生抵抗力，反而会不断蓄积，最终暴发。

所以从原料生产、运输、存储，饲料生产、使用等每一个环节加以预防和控制。

【临床用药指南】当有鸡出现中毒时，应立即停喂含毒物的饲料，改换新配饲料。新配饲料可根据实际情况，做如下处理：使用霉菌毒素吸附剂或吸收剂，如活性炭、基于硅的聚合物（如蒙脱石）、基于碳的聚合物（如植物纤维、甘露寡糖）等；有效使用防霉剂，丙酸或丙酸盐、山梨酸或山梨酸钠（钾）、苯甲酸或苯甲酸钠、富马酸或富马酸二甲酯等；有效使用抗氧化剂，如维生素 E、维生素 C、硒、类胡萝卜素、L- 肉碱、褪黑激素，或合成的抗氧化剂等。

十六、肌胃糜烂症

肌胃糜烂症（Muscular Stomach Erosion）是近几年来普遍引起重视的鸡的一种非传染性疾病。临床上多见于肉用仔鸡、1~5月龄的蛋鸡。

【发病原因】病鸡多有饲喂变质鱼粉或超量饲喂鱼粉（或动物蛋白质）、霉变饲料的病史。

【临床症状】病鸡精神不振，吃食减少，喜蹲伏，不爱走动，羽毛粗乱、蓬松，发育缓慢，消瘦，贫血，倒提病鸡可从其口腔中流出黑色或煤焦油样物质，排出棕色或黑褐色软粪，出现死亡，但死亡率不高，为2%~4%。

【病理剖检变化】病鸡或病死鸡剖检时可见其整个消化系统呈暗黑色（图3-111），但最明显的病理变化在胃部。肌胃、腺胃、肠道内充有暗褐色或黑色内容物（图3-112~图3-114），轻者在腺胃和肌胃交界处出现变性、坏死（图3-115），随后向肌胃中后部发展，角质变色，皱襞增厚、粗糙、似树皮样；重者可见皱襞深部出血、大面积溃疡和糜烂（图3-116）；最严重时，溃疡向深部发展造成胃穿孔，嗉囊扩张，内充满黑色液体，十二指肠可见卡他性炎症或局部坏死。

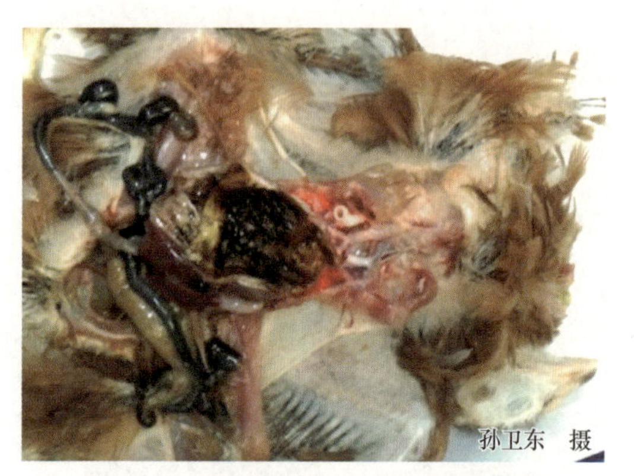

图3-111 病鸡整个消化系统呈暗黑色

图3-112 病鸡肌胃、腺胃内有暗褐色或黑色内容物

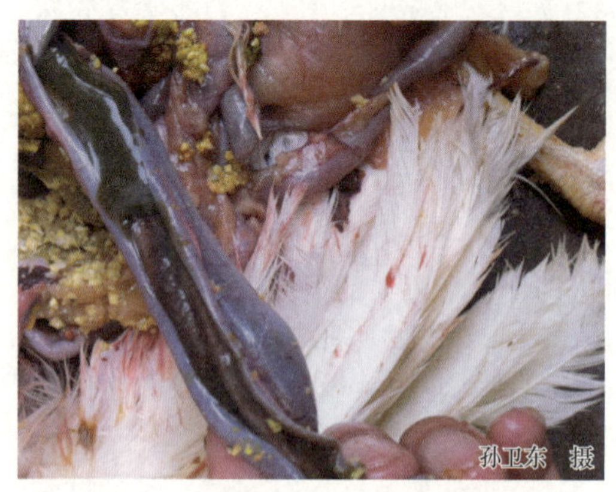

图3-113 病鸡十二指肠内充满暗褐色或黑色内容物

图3-114 病鸡小肠内充满暗褐色或黑色内容物

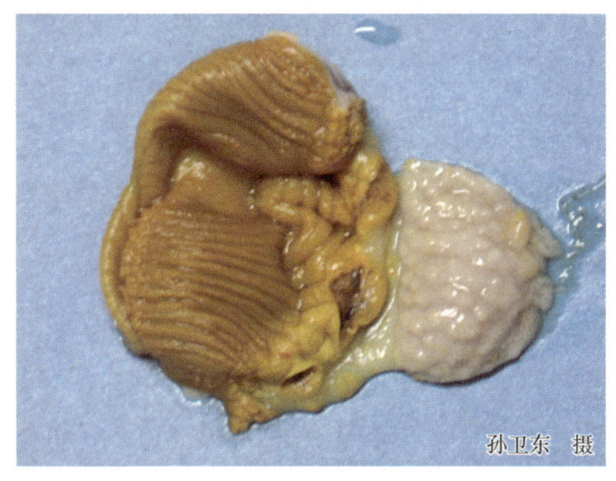

图 3-115 腺胃和肌胃交界处出现变性、坏死

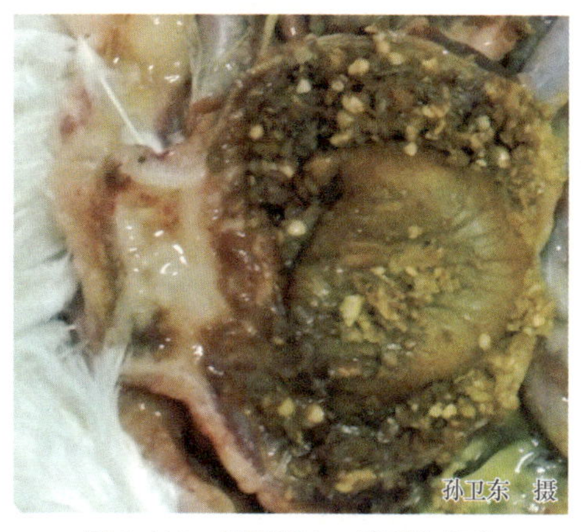

图 3-116 肌胃出血、糜烂和溃疡

【预防】严禁用腐烂变质鱼生产鱼粉，或将其他变质动物蛋白质加工成动物性饲料蛋白质，或饲喂霉变饲料。有条件的单位，可以对所购鱼粉、动物蛋白质或饲料霉菌毒素进行监测，如检测质量不合格者不予利用；选用优质鱼粉，饲料中的鱼粉含量不能超过10%，并在饲料中补添足够的维生素等；注意改善饲养管理条件，搞好鸡舍内环境卫生，以消除各种致病的诱发因素。

【临床用药指南】目前尚无有效的治疗方法。一旦发病，立即更换饲料，适当使用保护胃肠黏膜及止血的药物等，一般经 3~5 天可控制病情。

第四章 心血管系统疾病的鉴别诊断与防治

第一节 心血管系统疾病概述及发生的因素

一、概述

鸡的心血管系统包括心脏和血管，心脏占体重的比例较大，为4%~8%。鸡的心脏呈倒圆锥形，外覆有心包，位于胸腔后下方，心底与第一和第二肋相对，心尖位于左右两肝叶之间，与第五肋相对。心脏包括两个心房和心室，右房室口的瓣膜不是三尖瓣，而是一片肌肉瓣，且没有腱索。血管包括动脉血管、静脉血管和毛细血管。

二、疾病发生的因素

（1）**生物性因素** 包括病毒（如鸡传染性贫血病毒、禽淋巴白血病病毒等）、某些寄生虫（如住白细胞虫）等，这些疾病除了引起贫血、血液成分和性质的变化外，还可导致造血器官和免疫功能的损伤；某些细菌的菌血症（如大肠杆菌等）引起的心包、心肌损伤。

（2）**饲养管理因素** 如鸡舍通风不足缺氧引起的右心衰竭等。

（3）**营养因素** 如维生素A缺乏，饲料中动物性蛋白质含量过高，日粮中钙磷比例不合理（尤其是钙含量过高）等原因引起的高尿酸盐血症，引起心包膜、心脏表面尿酸盐沉积；硒缺乏引起的心肌变性等。

（4）**中毒性因素** 如砷中毒引起的心肌菌丝状出血等。

（5）**其他因素** 如高钾血症引起的肉鸡猝死综合征等。

第二节 常见疾病的鉴别诊断与防治

一、鸡传染性贫血

鸡传染性贫血（Chicken Infectious Anemia）是由鸡传染性贫血病毒引起的以再生障碍性贫血和淋巴组织萎缩为特征的一种免疫抑制性疾病。目前本病在我国的邻国日本等地广泛存在，应引起兽医临床工作者的重视。

【流行特点】

（1）**易感动物** 本病主要发生于2~4周龄雏鸡，发病率为100%，死亡率为10%~50%，肉鸡比蛋鸡易感，公鸡比母鸡易感。

（2）**传染源** 病鸡和带毒鸡是本病的主要传染源。

（3）**传播途径** 病毒主要经鸡蛋垂直传播，一般在出壳后 2~3 周发病，也可经呼吸道、免疫接种、伤口等水平传播。

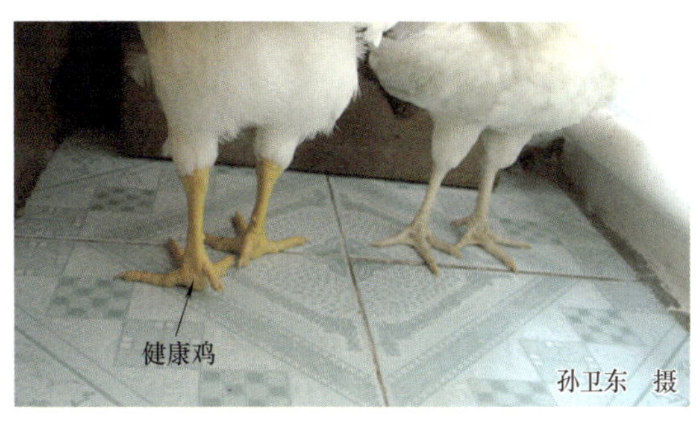

图 4-1 病鸡的脚鳞颜色变白

【临床症状】本病一般在感染 10 天后发病，病鸡表现为精神沉郁、衰弱、消瘦、行动迟缓、生长缓慢（体重减轻），鸡冠、肉髯等可视黏膜苍白，喙、脚颜色变白（图 4-1），翅膀皮炎或呈现蓝翅，下痢。病程为 1~4 周。

【病理剖检变化】病鸡血液稀薄、色浅（图 4-2），血凝时间延长，血细胞比容值可下降到 20% 以下，重症者可降到 10% 以下。全身肌肉及各脏器均呈贫血状态（图 4-3），胸腺显著萎缩甚至完全退化、呈暗红褐色，骨髓褪色呈脂肪色、浅黄色或粉红色，偶有出血肿胀。肝脏、脾脏及肾脏肿大、褪色，有时肝脏黄染、有坏死灶。严重贫血鸡可见腺胃（肌胃）黏膜糜烂或溃疡，消化道萎缩、变细，黏膜有出血点（图 4-4）。部分病鸡的肺有实质病变，心肌、真皮及皮下出血。

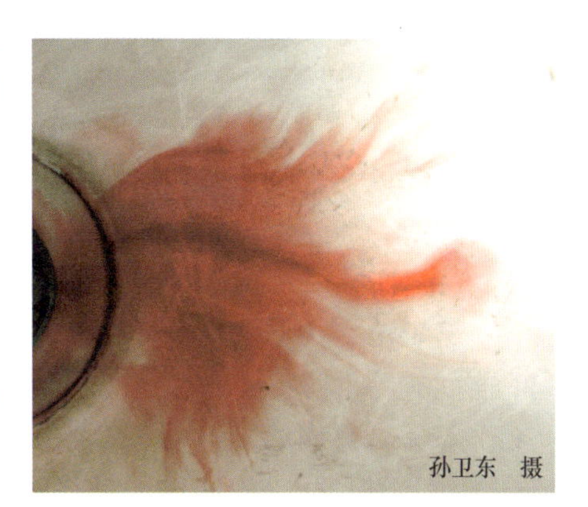

图 4-2 病鸡的血液稀薄、色浅

图 4-3 病鸡的全身肌肉出血，各脏器呈贫血状态

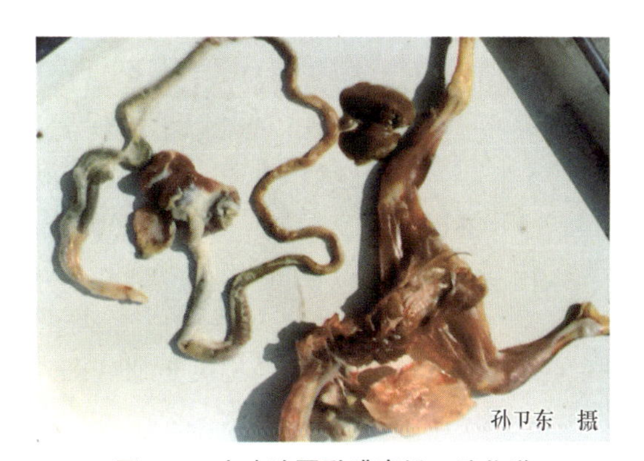

图 4-4 病鸡腺胃黏膜糜烂，消化道变细、黏膜有出血点

【类症鉴别】能够引起贫血的疾病还有原髓细胞增多症、球虫病、住白细胞虫病、黄曲霉素中毒，服用过量磺胺类药物等，应注意鉴别。能够引起胸腺萎缩的疾病还有鸡马立克氏病和鸡传染性法氏囊病，应注意鉴别。

【预防】

（1）**免疫接种** 目前全球成功应用的疫苗为活疫苗，如德国罗曼动物保健有限公司的 Cux-1 株活疫苗，可以经饮水途径接种 8 周龄至开产前 6 周的种鸡，使子代获得较高水平的母源抗体，有效保护子代抵抗自然野毒的侵袭。

注意 不能在开产前3~4周时接种，以防止该病毒通过种蛋传播。

（2）加强饲养管理和卫生消毒措施 实行严格的环境卫生和消毒措施，采取“全进全出”的饲养方式和“封闭式饲养”制度。鸡场应做好马立克氏病、传染性法氏囊病等免疫抑制性病的疫苗接种工作，避免因霉菌毒素或其他传染病导致的免疫抑制。

【临床用药指南】 目前尚无有效的治疗方法。本病一旦发生，应隔离病鸡和同群鸡，禁止病鸡向外流通和上市销售。鸡舍及周围进行彻底消毒，可选用0.3%的过氧乙酸、2%的氢氧化钠溶液、漂白粉溶液等对鸡、过道、水源等每天消毒1次，连续消毒1周。对重症病鸡应立即扑杀，并连同病死鸡、粪便、羽毛及垫料等进行深埋或焚烧等无害化处理。

二、禽淋巴白血病

禽淋巴白血病（Avian Lymphoid Leukemia）是由肉瘤病毒群中的病毒引起的禽类多种肿瘤性疾病的总称。临床上以病禽血细胞和血母细胞失去控制而大量增殖，使全身很多器官发生良性或恶性肿瘤，最终导致死亡或失去生产能力。

【流行特点】

（1）易感动物 鸡是肉瘤病毒群所有病毒的自然宿主。此外，雉、鸭、鸽、日本鹌鹑、火鸡、岩鹧鸪等也可感染。

（2）传染源 病鸡或病毒携带鸡为主要传染源，特别是病毒血症期的鸡。

（3）传播途径 主要通过种蛋（存在于蛋清及胚体中）垂直传播，也可通过与感染鸡或污染的环境接触而水平传播。

（4）流行季节 无明显的季节性。

【临床症状和病理剖检变化】 潜伏期较长，因病毒株不同、鸡群的遗传背景差异等而不同。一般发生于16周龄以上的鸡，并多发生于24~40周龄；且发病率较低，一般不超过5%。其临床症状和病理剖检变化有很多类型。

（1）淋巴性白血病型 在鸡白血病中最常见，本病无明显特征性变化。病鸡表现为食欲减退，进行性消瘦（图4-5），冠和肉髯色浅、苍白、皱缩（图4-6）、偶见发绀，后期腹部增大，可触诊出肝脏肿瘤结节。隐性感染的母鸡，性成熟推迟、蛋小且壳薄，受精率和孵化率降低。剖检时可见到肝脏（图4-7）、脾脏、法氏囊（图4-8）、心脏、肺、肠壁

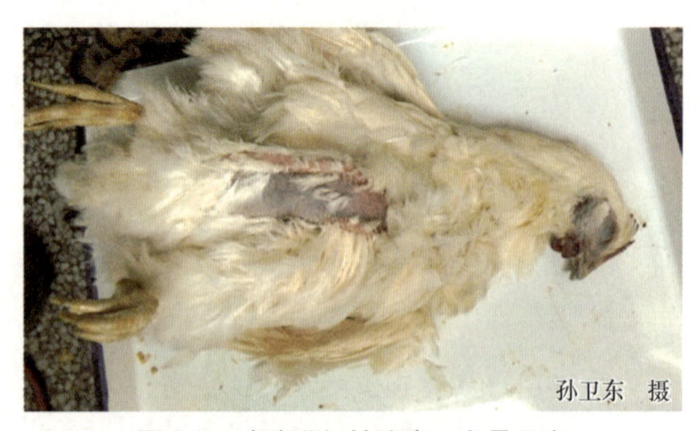

图4-5 病鸡进行性消瘦，龙骨凸出

图4-6 病鸡的鸡冠和肉髯色浅、皱缩

(图 4-9)、卵巢（图 4-10）和睾丸等不同器官有大小不一、数量不等的肿瘤。肿瘤有结节型、粟粒型、弥散型和混合型等。

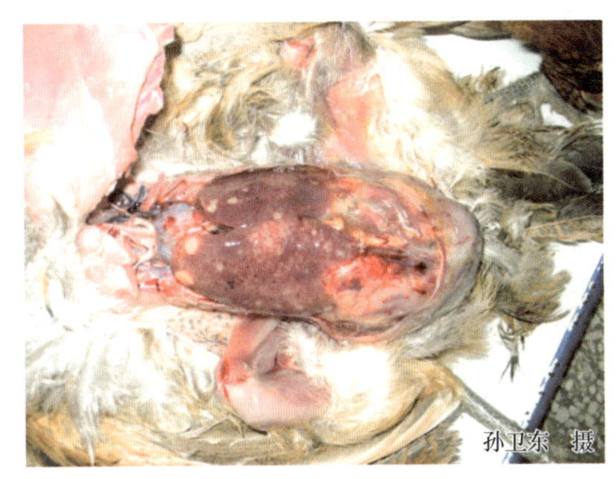

图 4-7 病鸡的肝脏上有大小不等的肿瘤结节

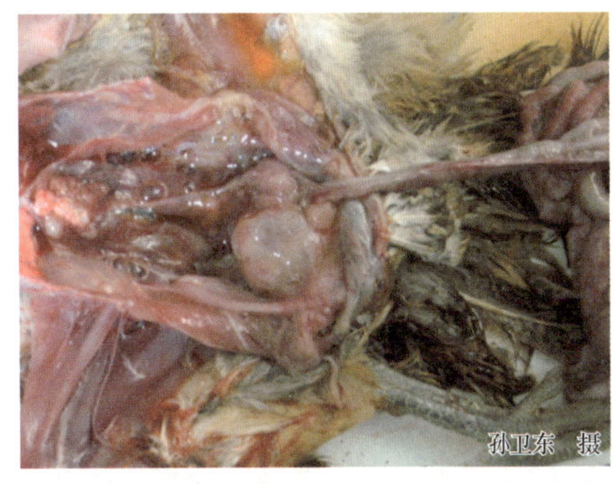

图 4-8 病鸡的法氏囊上有大小不等的肿瘤结节

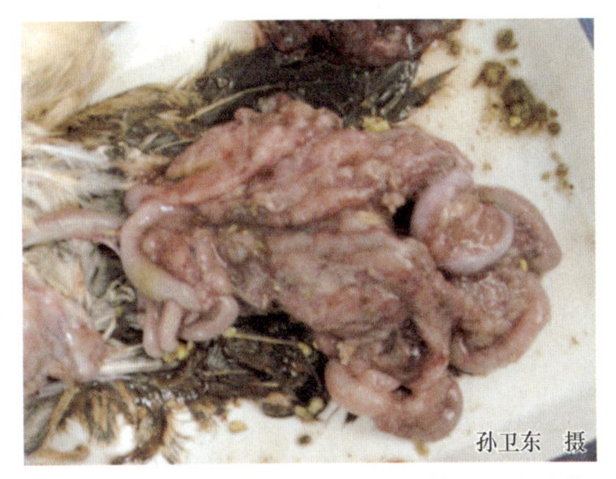

图 4-9 病鸡的肠系膜上有大小不等的肿瘤结节

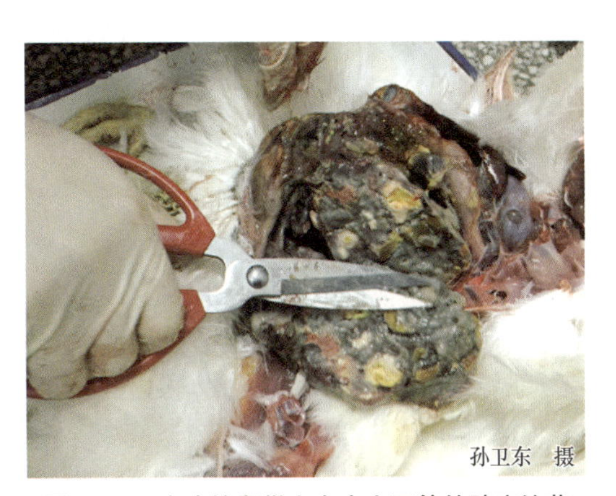

图 4-10 病鸡的卵巢上有大小不等的肿瘤结节

(2) **成红细胞性白血病型** 本病型较少见。有增生型和贫血型两种。病鸡表现为冠轻度苍白或变成浅黄色，消瘦，腹泻，一个或多个羽毛囊可能发生大量出血。病程从数天到数月不等。剖检时，增生型肝脏和脾脏显著肿大，肾脏轻度肿胀，上述器官呈樱红色到曙红色，质脆而柔软。骨髓增生呈水样，颜色为暗红色到樱红色。贫血型病变为内脏器官萎缩，骨髓苍白呈胶冻样。

(3) **成髓细胞性白血病型** 病鸡表现为嗜睡、贫血、消瘦、下痢和部分毛囊出血（图 4-11）。剖检时可见肝脏呈粒状或斑纹状，有灰色斑点，骨髓增生呈苍白色。

(4) **骨髓细胞瘤病型** 在病鸡的骨髓上可见到由骨髓细胞增生所形成的肿瘤，因而病鸡头部、胸和肋骨会出现异常凸起。剖检可见在骨髓的表面靠近肋骨处有肿瘤。骨髓细胞瘤呈浅黄色、柔软、质脆或似干酪样，呈弥漫状或结节状，常散发，两侧对称发生。

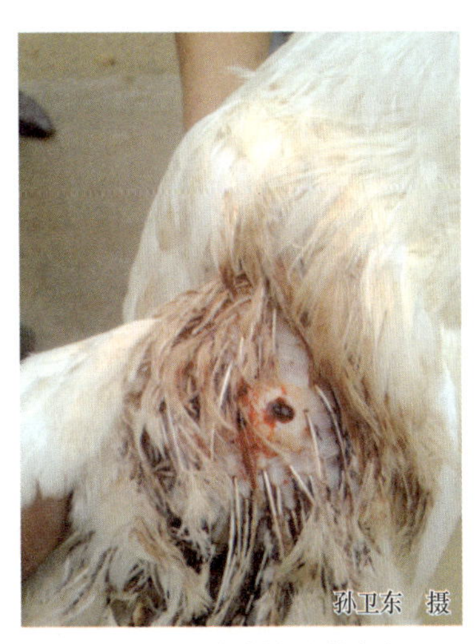

图 4-11 病鸡的毛囊出血

(5) **骨石化病型** 多发于育成期的公鸡，呈散发性，特征是长骨，尤其跖骨变粗（图 4-12），外观似穿长靴样，病变常两侧对称。病鸡一般发育不良，苍白，行走拘谨或跛行。剖检可见骨膜增厚，疏松骨质增生呈海绵状，易被折断，后期骨质变成石灰样，骨髓腔可被完全阻塞，骨质比正常坚硬（图 4-13）。

图 4-12 病鸡的跖骨变粗（箭头所示）

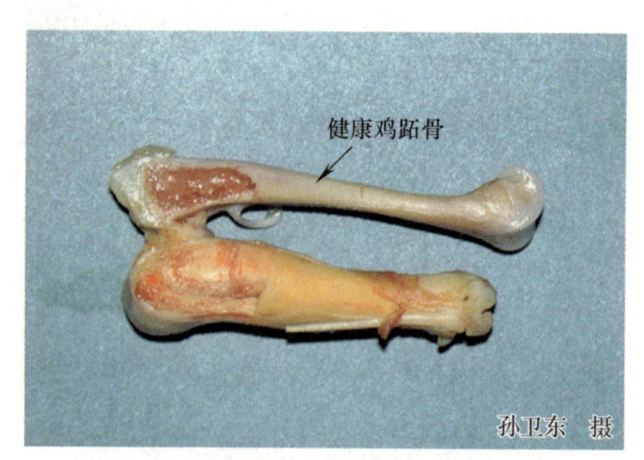

图 4-13 病鸡的跖骨变粗，骨髓腔被完全阻塞，骨质比正常坚硬

【预防】

（1）建立无禽淋巴白血病的鸡群 至今尚无有效疫苗可降低本病的发病率和死亡率。控制本病应从建立无禽淋巴白血病的种鸡群着手，对每批即将产蛋的种鸡群，经酶联免疫吸附试验或其他血清学方法检测，对阳性鸡进行一次性淘汰。如果每批种鸡淘汰 1 次，经 3~4 代淘汰后，鸡群的禽淋巴白血病将显著降低，并逐步消灭。因此，控制本病的重点是做好原种场、祖代场、父母代场鸡群净化工作。

（2）实行严格的检疫和消毒 由于禽淋巴白血病可通过鸡蛋垂直传播，因此种鸡、种蛋必须来自无禽淋巴白血病的鸡场。雏鸡和成年鸡也要隔离饲养。孵化器、出雏器、育雏室及其他设备每次使用前应彻底清洗、消毒，防止雏鸡接触感染。

（3）建立科学的饲养管理体系 采取“全进全出”的饲养方式和“封闭式饲养”制度。加强饲养管理，前期温度一定要稳定，缩小温差；密度要适宜，保证每只鸡有适宜的采食、饮水空间；低应激，防止贼风，不断水，不断料等。使用优质饲料促进鸡群良好的生长发育。

【临床用药指南】 目前尚没有疗效确切的治疗药物。发现病鸡要及时淘汰，同时对被病鸡粪便和分泌物等污染的饲料、饮水和饲养用具等彻底消毒，防止直接或间接接触的水平传播。发现疑似疫情时，养殖户应立即将病鸡及其同群鸡隔离，并限制其移动，并按照《J- 亚群禽白血病防治技术规范》进行疫情处理。

三、住白细胞虫病

住白细胞虫病（Leucocytozoonosis）又称为鸡白冠病，是由住白细胞虫属的沙氏住白细胞虫和卡氏住白细胞虫寄生于鸡的白细胞和红细胞内所引起的一种血液原虫病。临床上以内脏器官、肌肉组织广泛出血及形成灰白色的裂殖体结节等为特征。

【流行特点】 不同品种、性别、年龄的鸡均能感染，日龄较小的鸡和轻型蛋鸡易感性最强，死亡率可高达 50%~80%；成年鸡感染多呈亚急性或慢性经过，死亡率一般为

2%~10%。本病一旦在一个地区发生，在较长的时间内难以根除。本病的发生有明显的季节性，本病的传播和流行与库蠓和蚋的活动密切相关，一般气温在20℃以上时，库蠓繁殖快，活动力强，本病的流行也严重。广州地区多在4~10月发生，严重发病见于4~6月。河南郑州、开封地区多发生于6~8月。在福建地区，沙氏住白细胞虫流行于5~7月及9月下旬至10月。

【临床症状】3~6周龄的鸡感染多呈急性型，病鸡表现为体温在42℃以上，鸡冠苍白、有小的出血点（图4-14），翅下垂，食欲减退，渴欲增强，呼吸急促，粪便稀薄、呈黄绿色；双腿无力行走，轻瘫；翅、腿、背部大面积出血；部分鸡临死前口、鼻流血（图4-15），常见水槽和料槽边沿有病鸡咳出的红色鲜血；病程为1~3天。青年鸡感染多呈亚急性型，鸡冠苍白，贫血，消瘦；少数鸡的鸡冠变黑，萎缩；精神不振，羽毛松乱，行走困难，粪便稀薄且呈黄绿色；病程在1周以上，最后衰竭死亡。成年鸡感染多呈隐性型，无明显的贫血，产蛋率下降不明显，病程在1个月左右。

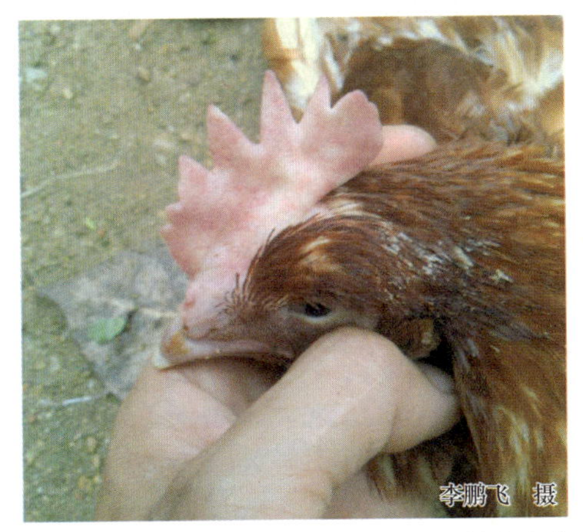

图4-14 病鸡的鸡冠苍白，上面有小的出血点

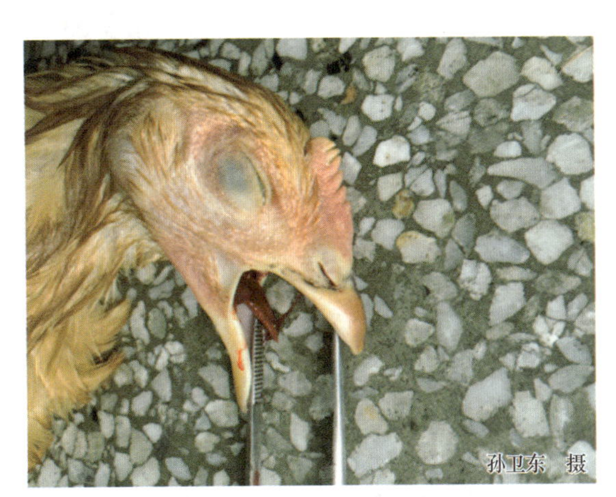

图4-15 病鸡临死前口腔、鼻腔流血

【病理剖检变化】病鸡或病死鸡剖检时可见血液稀薄、骨髓变黄等贫血和全身性出血。在肌肉，特别是胸肌和腿肌（图4-16）常有出血点或出血斑；在皮下脂肪，尤其是腹部脂肪（图4-17）、腺胃外脂肪（图4-18）、肠系膜脂肪（图4-19）有出血点，内脏器官广泛性出血，以肾脏（图4-20）、胰腺（图4-21）、肺、肝脏出血最为常见，胸腔、腹腔积血（图4-22）；嗉囊、腺胃、肌胃、肠道出血，其内容物呈血样；脑实质点状出血。本病的另一个特征是在胸肌、腿肌、心肌、肝脏、脾脏、肾脏、肺等多种组织器官内有白色小结节，结节为针头至粟粒大小，类似圆形，有的向表面凸起，有的在组织中，结节与周围组织分界明显，其外围有出血环。

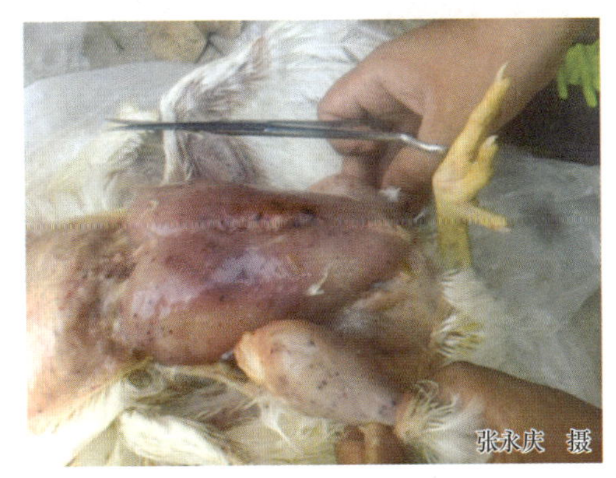

图4-16 病鸡的胸肌出血

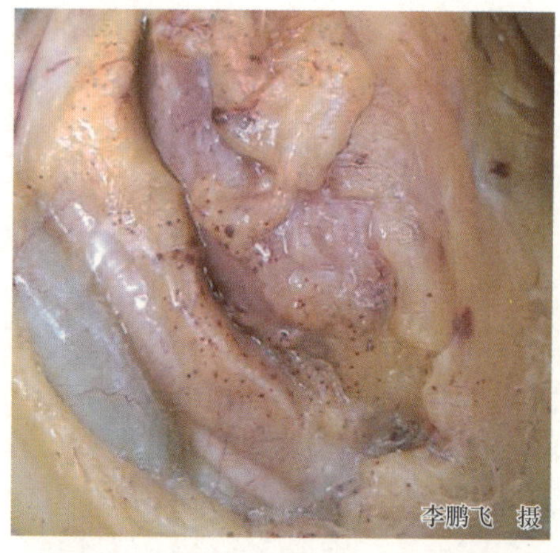

图 4-17　病鸡的腹部脂肪有大量出血点

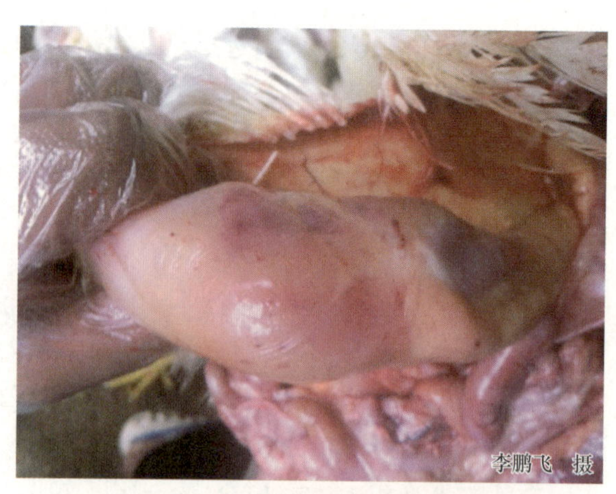

图 4-18　病鸡的腺胃外脂肪有出血点

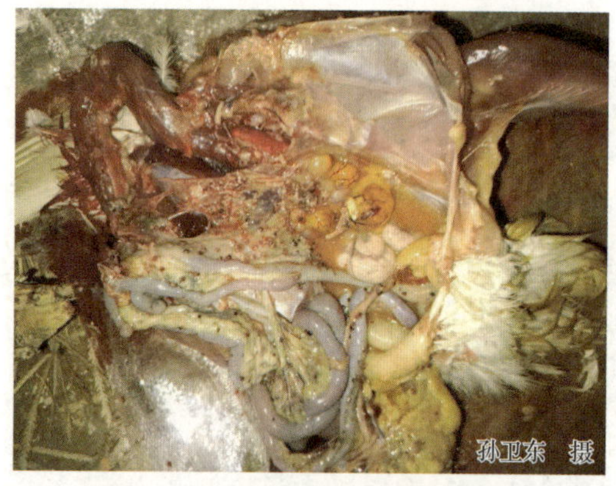

图 4-19　病鸡的肠系膜脂肪有出血点

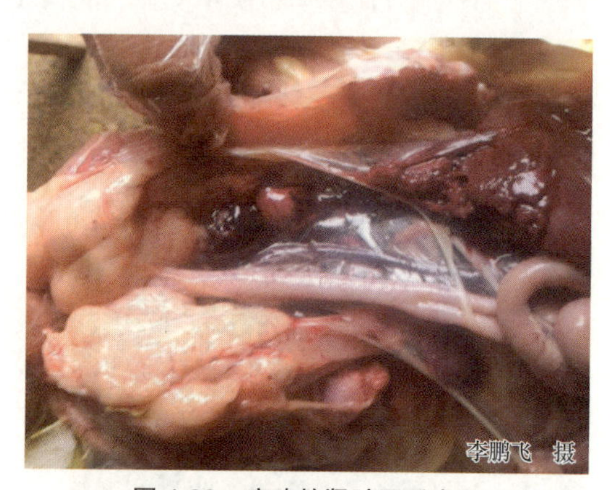

图 4-20　病鸡的肾脏严重出血

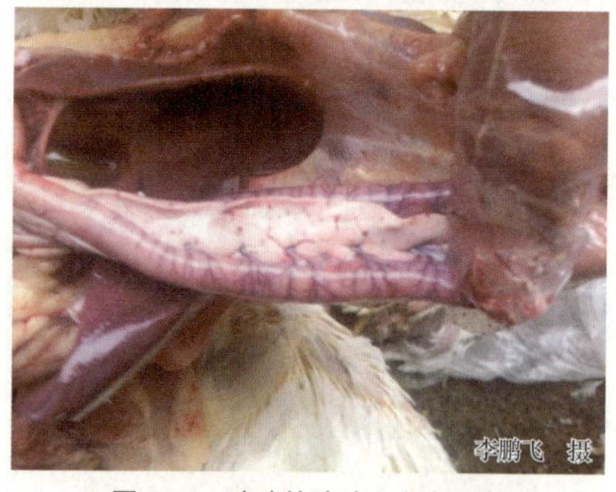

图 4-21　病鸡的胰腺上有出血点

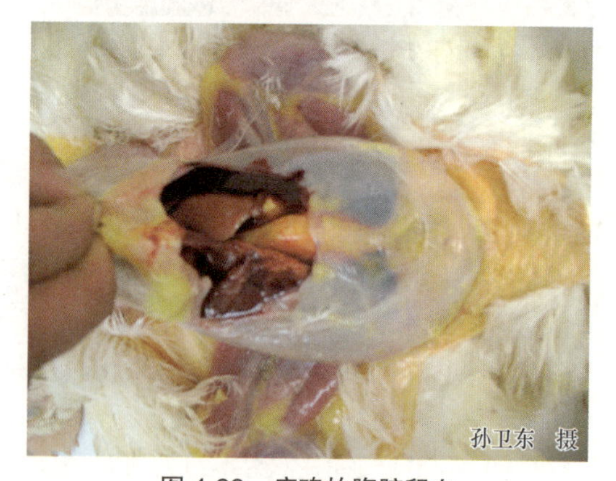

图 4-22　病鸡的腹腔积血

【类症鉴别】本病与巴氏杆菌病、鸡传染性法氏囊病、鸡传染性贫血、包涵体肝炎等都有全身脏器的出血现象，但是出血的形态不同，应注意鉴别。

【预防】

（1）消灭中间宿主，切断传播途径　防止库蠓或蚋进入鸡舍侵袭鸡，可采取以下措施：鸡舍周围至少 200 米以内，不要堆积畜禽粪便与堆肥，并清除杂草，填平水洼，如无此条件，在流行季节可每隔 6~7 天应用马拉硫磷或敌敌畏乳剂等农药喷洒 1 次，杀灭幼虫与成虫；鸡舍内于每天黎明与黄昏点燃蚊香，阻止库蠓、蚋进入；鸡舍用窗纱做窗帘与门帘，黎明与黄昏放下，阻止库蠓、蚋进入，其余时间掀起，以利于通风降温，由于库蠓、蚋比蚊虫小，必须用细纱。

（2）**药物预防** 一般是根据当地本病的流行特点，在流行前期于饲料中添加药物进行预防和控制。预防药物主要有氯羟吡啶（克球粉），剂量为每千克饲料 125 毫克；呋喃唑酮（痢特灵），剂量为每千克饲料 100 毫克。

（3）**避免将病愈鸡或耐过鸡留作种用** 耐过的病鸡或病愈鸡体内可以长期带虫，当有库蠓、蚋出现时，就可能在鸡群中传播本病。因此，在流行地区选留鸡群时应全部淘汰曾患过本病的鸡。同时应避免引入病鸡。

【临床用药指南】磺胺类药物是治疗和预防本病的有效药物，但其易产生耐药性，可选择下列药物交替使用。

① 磺胺间甲氧嘧啶：磺胺间甲氧嘧啶片按每千克体重首次量 50~100 毫克 1 次内服，维持量 25~50 毫克，每天 2 次，连用 3~5 天；按 0.05%~0.2% 混饲 3~5 天，或按 0.025%~0.05% 混饮 3~5 天。休药期为 7 天。

② 磺胺嘧啶：10%、20% 的磺胺嘧啶钠注射液按每千克体重 10 毫克 1 次肌内注射，每天 2 次。磺胺嘧啶片按每只育成鸡 0.2~0.3 克 1 次内服，每天 2 次，连用 3~5 天；按 0.2% 混饲 3 天，或按 0.1%~0.2% 混饮 3 天。蛋鸡禁用。

③ 二盐酸奎宁：每支 1 毫升注射 4 只鸡，每天 1 次，连用 6 天，疗效较好。

④ 氯羟吡啶：25% 的氯羟吡啶预混剂，按每千克饲料 250 毫克混饲。

⑤ 用 0.6% 氢溴酸常山酮（安替科，国家二类新兽药）预混剂混饲（3 毫克 / 千克饲料），在疾病流行季节每个月连续使用 10 天，有很好的预防效果。

四、肉鸡腹水综合征

肉鸡腹水综合征（Ascites Syndrome in Broilers）又称为肉鸡肺动脉高压综合征（Pulmonary Hypertension Syndrome，PHS），是一种由多种致病因子共同作用引起的快速生长幼龄肉鸡以右心肥大、扩张及腹腔内积聚浆液性浅黄色液体为特征，并伴有明显的心脏、肺、肝脏等内脏器官病理性损伤的一种非传染性疾病。

【发病原因】诱发本病的因素很多，包括遗传、饲养环境、营养等。

（1）**遗传因素** 肉鸡（特别是公鸡）生长速度快，存在亚临床症状的肺心病，这可能是发生本病的生理学基础。

（2）**饲养环境因素** 寒冷、饲养环境恶劣，通风换气不良，造成长时间的供氧不足。

（3）**营养因素** 采用高能量、高蛋白质饲料喂鸡，促使其生长，机体需氧量增加，也会发生供氧相对不足；饲料中含有的有毒物质如黄曲霉毒素或高水平的某些药物（如呋喃唑酮等），某些侵害肝脏、肺或气囊的疾病（如大肠杆菌感染、传染性支气管炎病毒感染等）也可引起肉鸡腹水综合征。

【临床症状】患病肉鸡主要表现为精神不振，食欲减退，走路摇摆，腹部膨胀、皮肤呈红紫色（图 4-23），触之有波动感（视频 4-1），病重鸡呼吸困难；病鸡不愿站立，以腹部着地，喜躺卧，行动缓慢，似企鹅状运动；体温正常；羽毛粗乱，两翼下垂，生长滞缓，反应迟钝，严重病例鸡冠和肉髯呈紫红色，皮肤发绀，抓鸡时可突然抽搐死亡；用注射器可从腹腔抽出不同数量的液体，病鸡腹水消失后，生长速度缓慢。

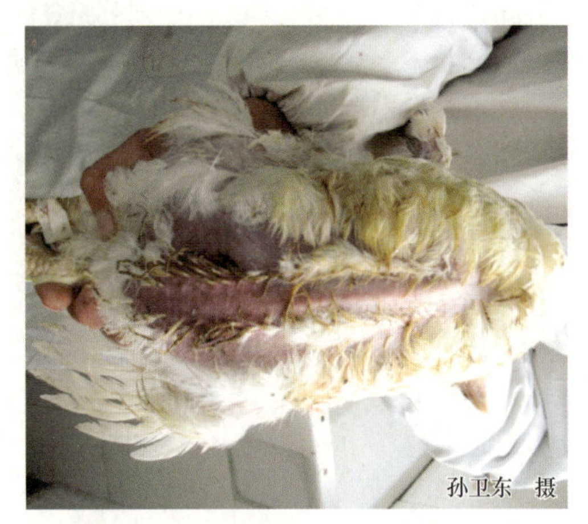

图 4-23　病鸡腹部膨胀、皮肤呈红紫色

视频 4-1

肉鸡腹水综合征：腹部膨大、皮肤呈红紫色，触之有波动感

视频 4-2

肉鸡腹水综合征：肉鸡肝腹膜腔流出浅黄色、半透明液体

【病理剖检变化】病肉鸡或病死肉鸡全身明显瘀血。剖检可见肝腹膜腔内充满清亮、浅黄色、半透明的液体（图 4-24 和视频 4-2），腹水中混有纤维素凝块（图4-25），腹水量为50~500毫升；肝脏充血、肿大，边缘变钝（图 4-26），呈紫红色或微紫红色，有的病例可见肝脏萎缩变硬、表面凹凸不平，肝脏表面有胶冻样渗出物（图 4-27）或纤维素性渗出物（图 4-28）。心包膜增厚，心包积液，右心肥大

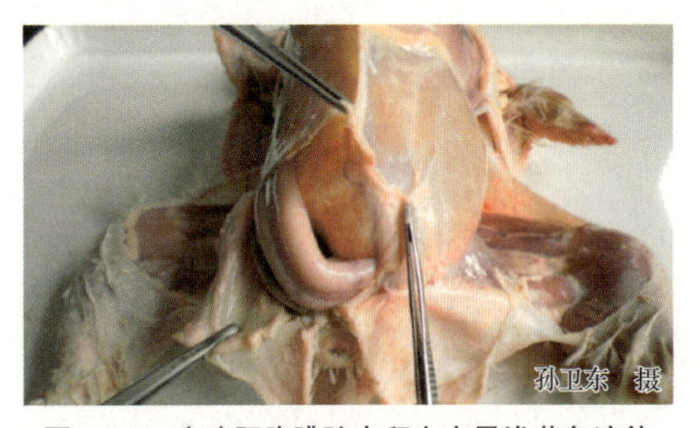

图 4-24　病鸡肝腹膜腔内积有大量浅黄色液体

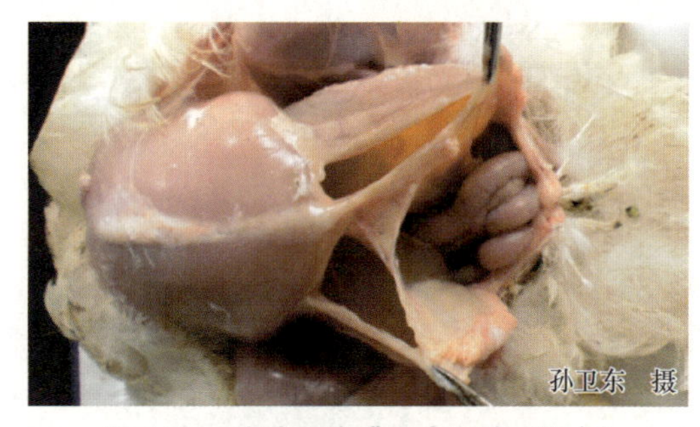

图 4-25　病鸡肝腹膜腔内积液（腹水）呈浅黄色，内混有纤维素凝块

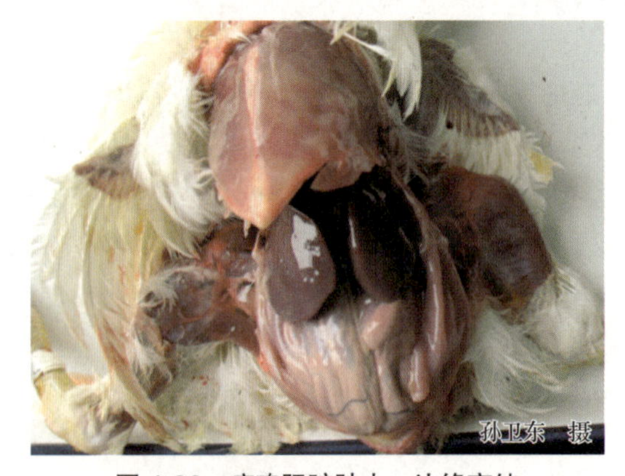

图 4-26　病鸡肝脏肿大，边缘变钝

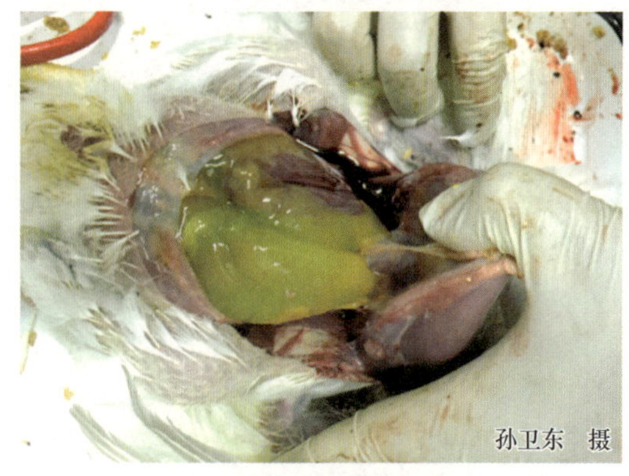

图 4-27　病鸡肝脏表面有胶冻样渗出物

（图 4-29），右心室扩张、柔软，心壁变薄（图 4-30），右心室内常充满血凝块（图 4-31）；肺呈弥漫性充血、水肿（图 4-32），副支气管充血；胃、肠显著瘀血（图 4-33）；肾脏充血、肿大，有的有尿酸盐沉着；脾脏通常较小；胸肌和骨骼肌充血。

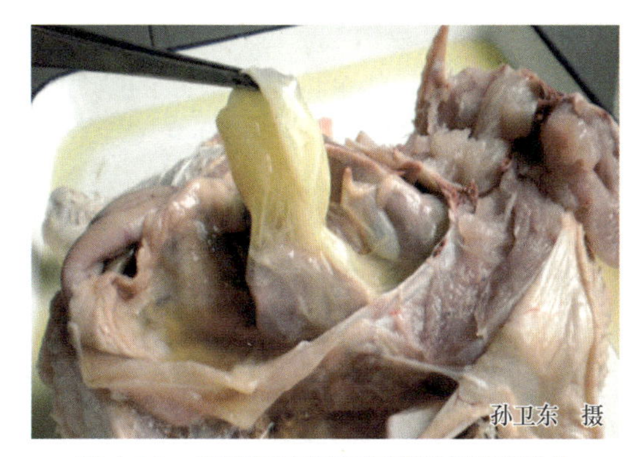

图 4-28 病鸡肝脏表面有纤维素性渗出物

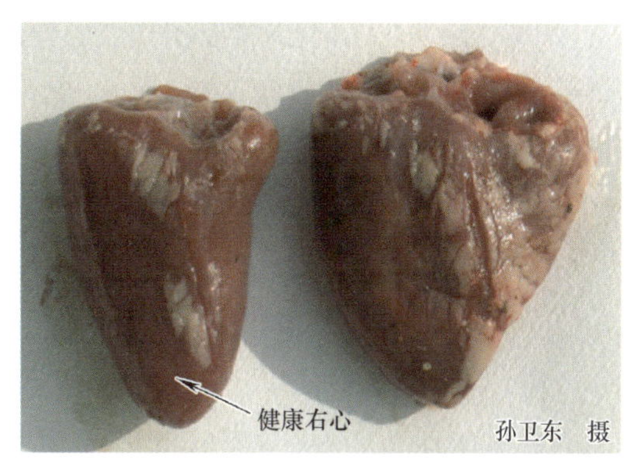

图 4-29 病鸡右心肥大

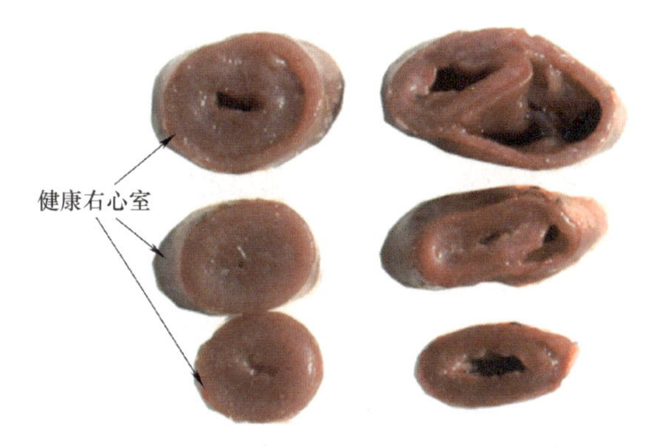

图 4-30 病鸡右心室扩张

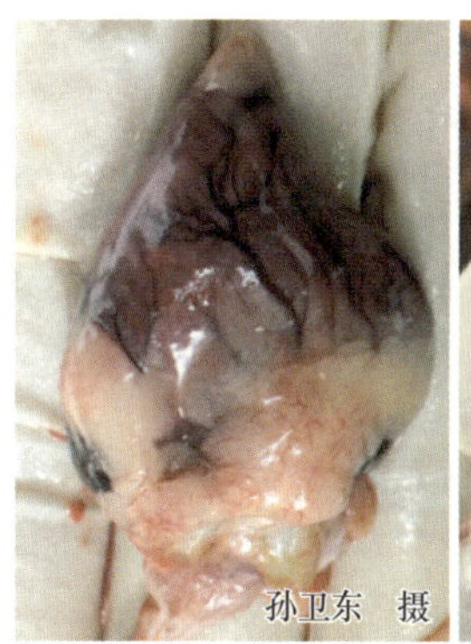

右心室扩张

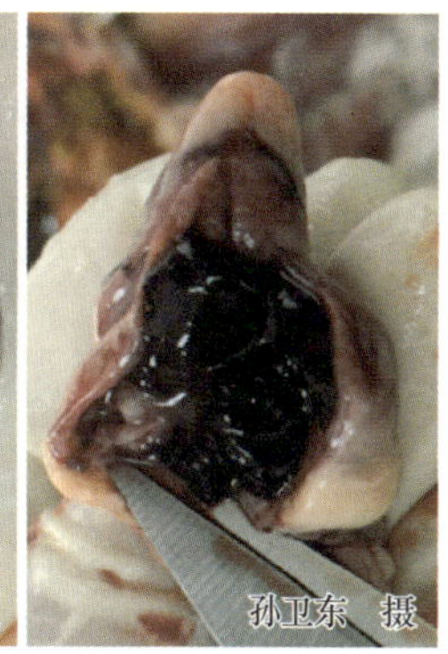

充满血凝块

图 4-31 病鸡右心室扩张并充满血凝块

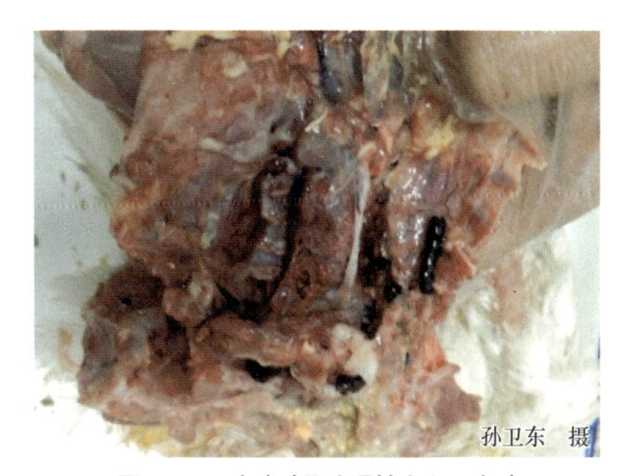

图 4-32 病鸡肺呈弥漫性充血、水肿

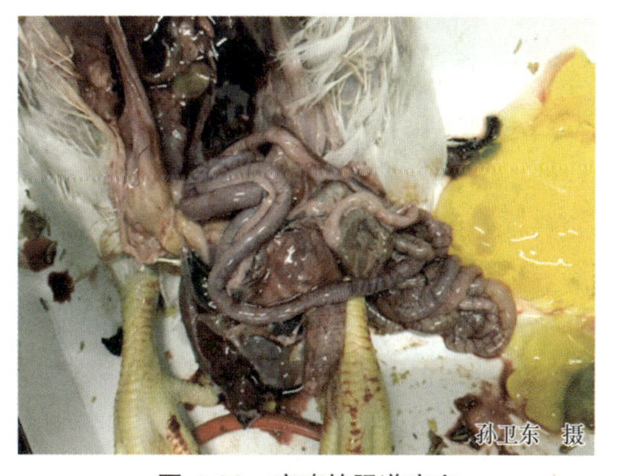

图 4-33 病鸡的肠道瘀血

【类症鉴别】 应注意与继发性因素引起的肉鸡腹水综合征的鉴别诊断。如曲霉菌性肺炎、鸡白痢、大肠杆菌病、衣原体病、肾病型传染性支气管炎、新城疫、禽白血病、病毒性心肌炎、黄曲霉毒素中毒、食盐中毒、离子载体球虫抑制剂中毒（如莫能菌素中毒）、磺胺类药物中毒、呋喃类药物中毒、消毒剂中毒（甲酚、煤焦油）、硒和维生素 E 缺乏症、磷缺乏症、先天性心肌病、先天性心脏瓣膜损伤等。

【预防】早期限饲或控制光照，控制其早期的生长速度或适当降低饲料的能量；改善鸡群管理及环境条件，防止拥挤，改善通风换气条件，保证鸡舍内有较充足的空气流通，同时做好鸡舍内的防寒保暖工作；禁止饲喂发霉的饲料；日粮中补充维生素 C，每千克饲料中添加 0.5 克的维生素 C，对预防肉鸡腹水综合征能取得良好效果；选用抗肉鸡腹水综合征的品种；做好相关传染病的疫苗预防接种工作。

【临床用药指南】国内外有多种药物治疗肉鸡腹水综合征，概括起来包括西药治疗、中药治疗及将两种方法相结合的中西结合治疗。

（1）西药治疗

① 腹腔抽液：在病鸡腹部消毒后用 12 号针头刺入病鸡腹腔抽出腹水，然后注入青霉素、链霉素各 2 万单位或选择其他抗生素，经 2~4 次治疗后可使部分病鸡康复。

② 利尿剂：氢氯噻嗪按 0.015% 拌料，或口服氢氯噻嗪每只 50 毫克，每天 2 次，连服 3 天；氢氯噻嗪按每千克饲料 10 毫克拌料，对治疗肉鸡腹水综合征有一定效果。也可口服 50% 的葡萄糖溶液。

③ 碱化剂：碳酸氢钠（1% 拌料）或大黄苏打片（20 日龄雏鸡每天每只 1 片，其他日龄的鸡酌情处理）。每千克水中加入碳酸氢钾 1000 毫克饮水，可降低肉鸡腹水综合征的发病率。

④ 抗氧化剂：向瑞平等在日粮中每千克饲料添加 500 毫克的维生素 C 成功降低了低温诱导的肉鸡腹水综合征的发病率，并发现维生素 C 具有抑制肺小动脉肌性化的作用。Iqbal 等研究发现，在每千克饲料中添加 100 毫克的维生素 E 显著降低了 RV/TV 值。也可选用硝酸盐、亚麻油、亚硒酸钠等进行治疗。

⑤ 脲酶抑制剂：用脲酶抑制剂按每千克饲料 125 毫克或除臭灵按每千克饲料 120 毫克拌料，可降低肉鸡腹水综合征的死亡率。

⑥ 支气管扩张剂：用支气管扩张剂 Metapro-terenol（二羟苯基异丙氨基乙醇）给 1~10 日龄幼雏饮水投药（2 毫克 / 千克），可降低肉鸡腹水综合征的发病率。

⑦ 其他：研究发现在日粮中添加高于 NRC 标准的精氨酸可以降低肉鸡腹水综合征的发病率；给肉鸡饲喂 0.25 毫克的 β-2 肾上腺素受体激动剂 Clenbuteol 来治疗肉鸡腹水综合征，取得良好效果；在日粮中每千克饲料添加 40 毫克辅酶 Q_{10}（Coenzyme Q_{10}，CoQ_{10}）能够预防肉鸡腹水综合征；日粮中添加肉碱（每千克饲料 200 毫克）可预防肉鸡腹水综合征；饲喂血管紧张素转换酶抑制剂卡托普利（5 毫克 / 只）、硝苯地平（1.7 毫克 / 只，每天 2 次）、维拉帕米（6.7 毫克 / 只，每天 3 次）、Verapamil（每千克体重 5 毫克，每天 2 次），或肌内注射扎鲁司特（每千克体重 0.4 毫升，早晚各 1 次），可降低肉鸡的肺动脉高压；或饲喂"腹水克星"、阿司匹林（乙酰水杨酸）、毛花苷丙（西地兰，每千克体重 0.04~0.08 毫克，肌内注射，隔天 1 次，连用 2~3 次）等。

（2）中药治疗 中兽医认为肉鸡腹水综合征是由于脾脏不运化水湿、肺失通调水道、肾脏不主水而引起脾脏、肺、肾脏受损，功能失调的结果。宜采用宣降肺气，健脾利湿，理气活血，保肝利胆，清热退黄的方药进行治疗。

① 苍苓商陆散：苍术、茯苓、泽泻、茵陈、黄檗、商陆、厚朴各 50 克，栀子、丹参、牵牛子各 40 克，川芎 30 克，将其烘干、混匀、粉碎、过筛、包装。

② 复方中药哈特维：丹参（50%）、川芎（30%）、茯苓（20%），三药混合后加工成中粉（全部过四号筛）。

③ 运饮灵：猪苓、茯苓、苍术、党参、苦参、连翘、木通、防风及甘草等各 50~100 克，将其烘干、混匀、粉碎、过筛、包装。

④ 腹水净：猪苓 100 克、茯苓 90 克、苍术 80 克、党参 80 克、苦参 80 克、连翘 70 克、木通 80 克、防风 60 克、白术 90 克、陈皮 80 克、甘草 60 克、维生素 C 20 克、维生素 E 20 克。

⑤ 腹水康：茯苓 85 克、姜皮 45 克、泽泻 20 克、木香 90 克、白术 25 克、厚朴 20 克、大枣 25 克、山楂 95 克、甘草 50 克、维生素 C 45 克。

⑥ 术苓渗湿汤：白术 30 克、茯苓 30 克、白芍 30 克、桑白皮 30 克、泽泻 30 克、大腹皮 50 克、厚朴 30 克、木瓜 30 克、陈皮 50 克、姜皮 30 克、木香 30 克、槟榔 20 克、绵茵陈 30 克、龙胆草 40 克、甘草 50 克、茴香 30 克、八角 30 克、红枣 30 克、红糖适量，共煎汤，过滤去渣备用。

⑦ 苓桂术甘汤：茯苓、桂枝、白术、炙甘草按 4∶3∶2∶2 组成，共煎汤，过滤去渣备用。

⑧ 十枣汤：芫花 30 克，甘遂、大戟（面裹煨）各 30 克，大枣 50 枚，煎煮大枣取汤，与其他药共为细末，备用。

⑨ 冬瓜皮饮：冬瓜皮 100 克、大腹皮 25 克、车前子 30 克，水煎饮服。

⑩ 其他中药方剂：复方利水散，腹水灵，防腹散，去腹水散，科宝，肝宝，地奥心血康，茵陈蒿散、八正散加减联合组方，真武汤等。

五、肉鸡猝死综合征

肉鸡猝死综合征（Sudden Death Syndrome in Broiler Chickens）又称为急性死亡综合征，常发生于生长迅速、体况良好的幼龄肉鸡群。临床上以体况良好的鸡突然发病、死亡为特征。本病在我国也普遍存在，对肉鸡生产的危害也越来越严重。

【流行特点及临床症状】本病的发生无季节性，无明显的流行规律。公鸡发病比母鸡多见，鸡群中因本病而死亡的鸡中，公鸡占 70%~80%；营养好、生长发育快的鸡较生长慢的鸡多发；本病多发生于 1~5 周龄的鸡；死亡率为 0.5%~5%。鸡在发病前并无明显的征兆，采食、活动、饮水等一切正常。病鸡表现为正常采食时突然失去平衡，向前或向后跌倒，翅膀剧烈拍动，发出尖叫声，肌肉痉挛而死。死亡鸡多两脚朝天，腿和颈伸直，从发病到死亡的持续时间很短，为 1~2 分钟。

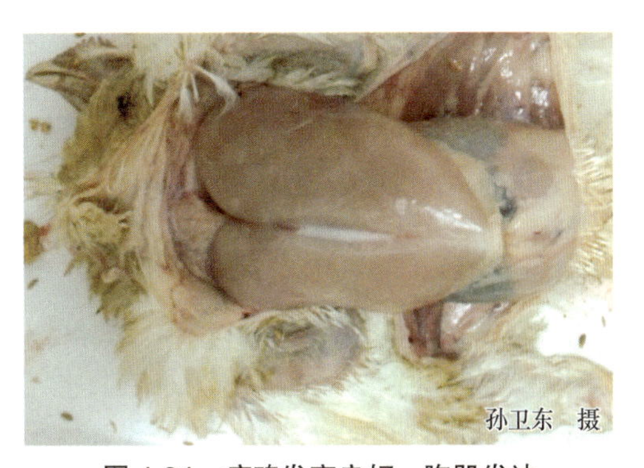

图 4-34 病鸡发育良好，胸肌发达

【病理剖检变化】死亡鸡剖检可见生长发育良好，嗉囊及肠道内充满采食的饲料，胸肌发达（图 4-34）；肝脏稍肿大，胆囊小或空虚（图 4-35），剪开胆囊见有少量浅红色液体（图 4-36）；肺瘀血、水肿；右心房瘀血，左心室紧缩（图 4-37）。

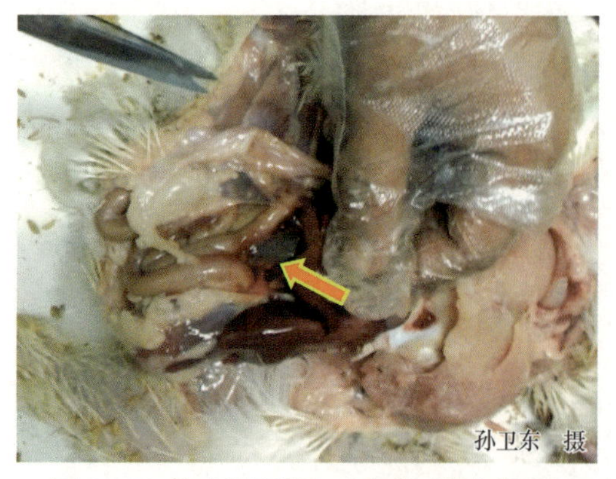

图 4-35　病鸡的胆囊小或空虚（箭头所示）

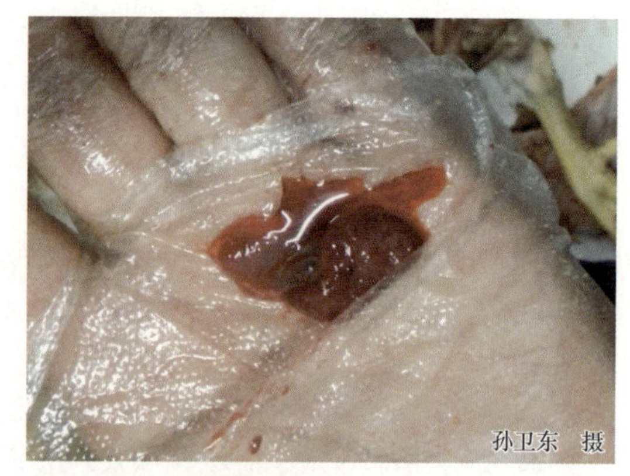

图 4-36　剪开病鸡的胆囊，有少量浅红色液体

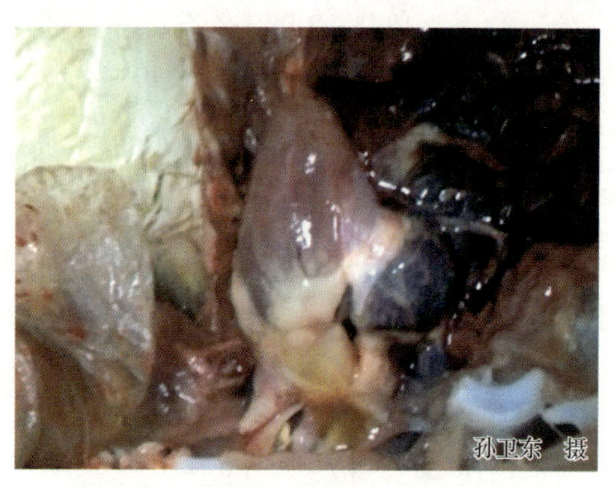

图 4-37　病鸡右心房瘀血，左心室紧缩

【预防】

（1）改善环境因素　鸡舍应防止噪声及突然惊吓，减少各种应激。合理安排光照时间，在肉鸡 3~21 日龄时，光照时间不宜太长，一般为 10 小时。3 周龄后可逐渐增加光照时间，但每天应有两个光照期和两个黑暗期。

（2）适量限制饲喂　对 3~30 日龄的雏鸡进行限制性饲喂，控制肉鸡的早期生长速度，可明显降低本病的发病率，在后期增加饲喂量并提高营养水平，肉鸡仍能在正常时间上市。

（3）药物预防　在本病的易发日龄段，每吨饲料中添加 1 千克氯化胆碱、1 万国际单位维生素 E、12 毫克维生素 B_1 和 3.6 千克碳酸氢钾及适量维生素 AD_3，可使猝死综合征的发病率降低。

【临床用药指南】由于发病突然，死亡快，目前尚无有效的治疗办法。

六、心包积液综合征

心包积液综合征（Hydropericardium Syndrome）最早于 1987 年发生在巴基斯坦的安格拉地区，故被称为 Angara 病，而在印度被称为 Leechi 病，在墨西哥和其他拉丁美洲国家被称为 Hydropericardium Hepatitis Syndrome（心包积水 - 肝炎综合征）。

【临床症状】国外有研究指出本病主要侵害 3~5 周龄鸡，已经进入产蛋期的蛋鸡也可发病，只是发病率相对低一些。病鸡多数病程很短，主要表现为精神沉郁，不愿活动，食欲减退，排黄色稀粪，鸡冠呈暗紫红色，呼吸困难。

【病理剖检变化】 病鸡或病死鸡剖检可见多数鸡的心包积液十分明显，液体呈浅黄色、透明（图 4-38 和视频 4-3），内含胶冻样的渗出物（图 4-39）；病鸡的心冠脂肪减少、呈胶冻样，且右心肥大、扩张（图 4-40）；肝脏肿大，有些有点状出血或坏死点；腺胃与肌胃之间有明显出血，甚至呈现出血斑或出血带；肾脏稍微肿大，输尿管内尿酸盐增多；少数病死鸡有气囊炎，肺瘀血、出血、水肿（图 4-41）。育雏期内发病的，个别法氏囊有萎缩，多数未见明显变化。产蛋期发病的，卵巢、输卵管均无异常。

视频 4-3

心包积液综合征：剖检见心包积液

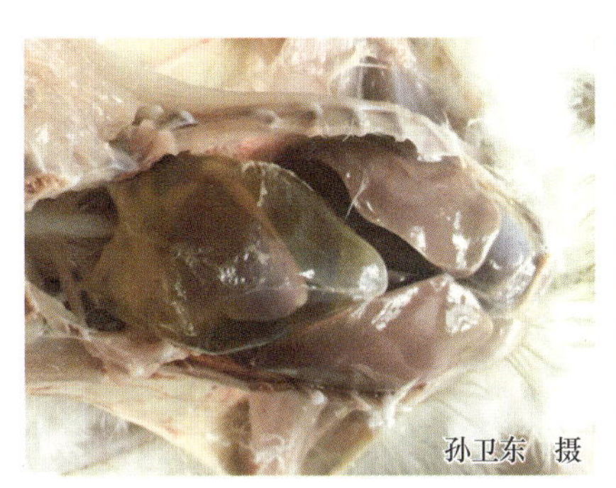

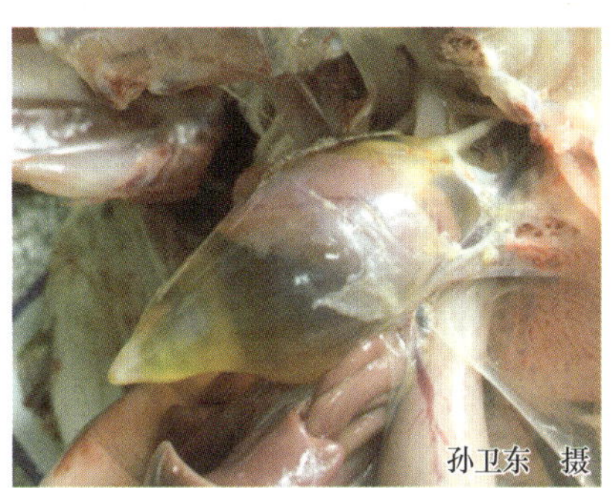

图 4-38 病鸡心包内积有大量的液体

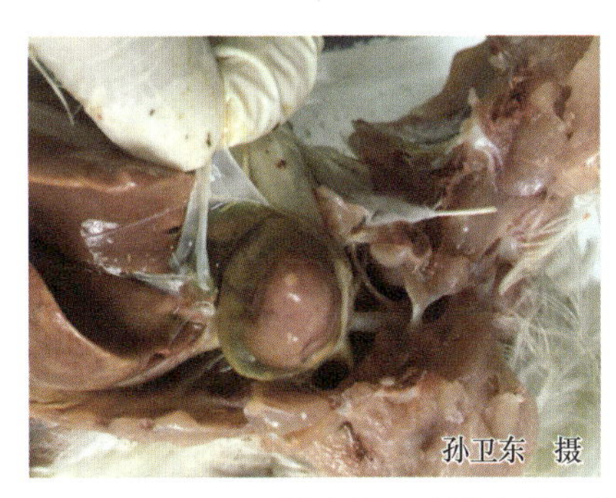

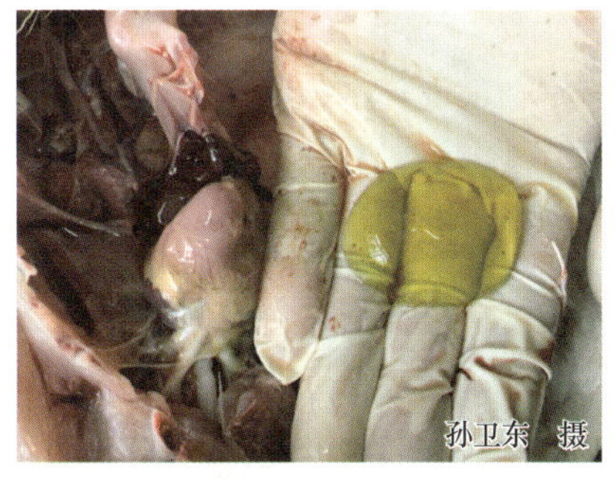

图 4-39 病鸡心包内的积液中有胶冻样渗出物

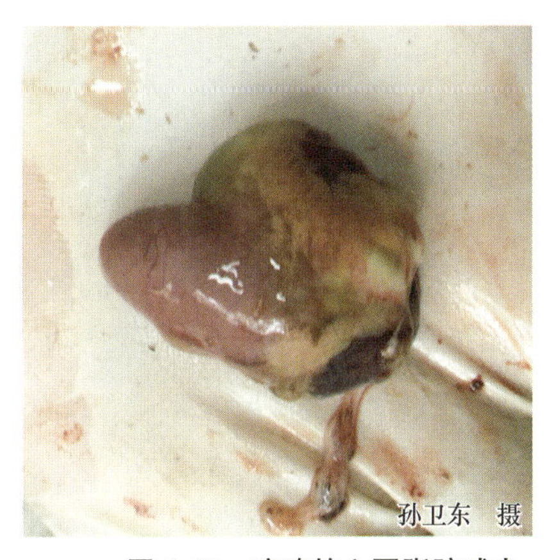

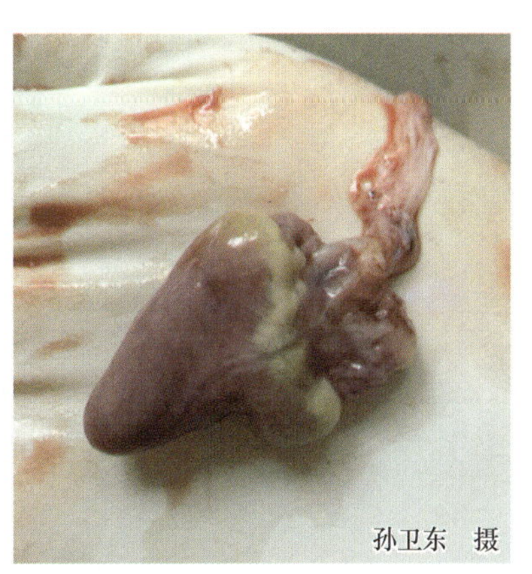

图 4-40 病鸡的心冠脂肪减少、呈胶冻样，且右心肥大、扩张

【预防】引发心包积液综合征的原因很多，除了病原性因素（腺病毒Ⅰ群4型、呼肠孤病毒、细小病毒、传染性贫血因子等）外，还与饲料质量（霉菌毒素）、饲养管理条件（通风不足）、环境因素（缺氧）、中毒性因素（聚氯二苯中毒、某种化学毒素中毒）、代谢紊乱等有关。因此，目前尚无有效的防治方法，但有学者用肝脏匀浆甲醛灭活制备自家油乳剂灭活苗进行免疫接种，获得较明显的预防效果。

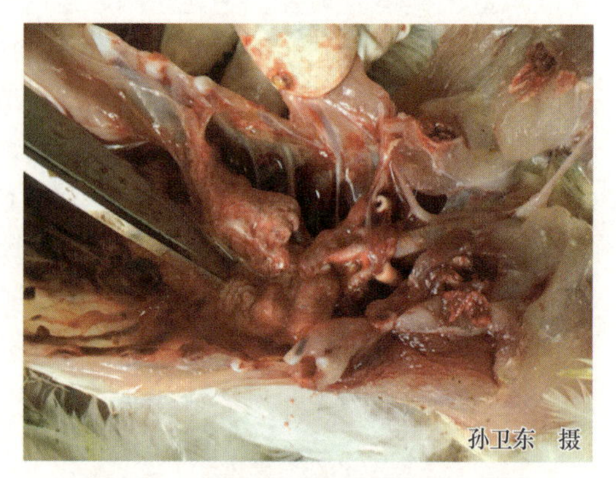

图 4-41 病鸡的肺瘀血、出血、水肿

【临床用药指南】对鸡舍加强通风、换气、环境消毒，每天早晚各1次，同时用抗菌、抗病毒药物防治继发感染；在饲料中添加多种维生素和微量元素，在饮水中加入0.07%~0.1%的碘液；将病鸡隔离饲养，用利尿药对症治疗，但治疗效果并不明显。使用自制卵黄治疗能取得一定的效果，但可能存在因卵黄带菌引起其他方面的感染发病，且不能排除复发的可能。

第五章　泌尿生殖系统疾病的鉴别诊断与防治

第一节　泌尿生殖系统疾病的发生

一、蛋的形成与产出

在生殖激素的作用下，成熟卵泡破裂而排卵，排出的卵泡被漏斗部接入，进入输卵管的膨大部。卵在膨大部首先被腺体分泌的浓蛋清包绕，由于输卵管的蠕动作用，卵泡做被动性的机械旋转，使这层浓蛋清扭转而形成系带；然后膨大部分泌的稀蛋清包围卵泡形成稀蛋清层，之后又形成浓蛋清层和最外层稀蛋清层。膨大部蠕动作用促使卵进入峡部，在此处形成内外蛋壳膜。在卵进入子宫后的约前 8 小时，由于内外蛋壳膜渗入了子宫液（水分和盐分），使蛋的重量增加了近 1 倍，同时使蛋壳膜鼓胀成蛋形。在膨胀初期钙的沉积很慢，进入 4 小时之后，钙的沉积开始加快，到 16 小时就达到稳定的水平。子宫上皮分泌的色素卵嘌呤均匀分布在蛋壳和胶护膜上，在蛋离开子宫时在蛋壳表面覆有极薄的、有色可透性角质层。

二、泌尿生殖系统疾病发生的因素

（1）生物性因素　包括病毒（如肾病型传染性支气管炎病毒、鸡传染性法氏囊病毒、产蛋下降综合征病毒、新城疫病毒、禽流感病毒、鸡马立克氏病病毒等）、细菌（如大肠杆菌等）、霉菌（如橘青霉、赭曲霉等）和某些寄生虫（如组织滴虫、前殖吸虫）等。

（2）饲养管理因素　如鸡舍阴暗潮湿、饲养密度过大、光照不足、运动不足等。

（3）营养因素　如维生素 A 缺乏，饲料中动物性蛋白质含量过高，日粮中钙磷比例不合理（尤其是钙含量过高）等。

（4）药物因素　如磺胺类药物、庆大霉素、卡那霉素及药物配伍不当等引起的肾脏损伤。

（5）其他因素　如人工授精的器具未严格消毒，人工授精所用精液或精液的稀释液被病原污染等。

第二节 常见疾病的鉴别诊断与防治

一、肾病型传染性支气管炎

近20年，我国一些地区发生一种以肾病变为主的支气管炎，称为肾病型传染性支气管炎（Nephrotic Type Infectious Bronchitis），临床上以突然发病、迅速传播、排白色稀粪、渴欲增加、严重脱水、肾脏肿大为特征。

【临床症状】主要集中于14~45日龄的鸡发病。病初有轻微的呼吸道症状，怕冷、嗜睡、减食、饮水量增加，经2~4天症状近乎消失，表面上"康复"。但在发病后10~12天，出现严重的全身症状，精神沉郁，羽毛松乱，厌食，排白色石灰水样稀粪（图5-1和视频5-1），脚趾干枯（图5-2）。整个病程为21~25天，鸡日龄越小，发病率和死亡率越高，通常为5%~45%。

视频5-1
肾病型传染性支气管炎：鸡泄殖腔下的羽毛上沾有白色粪便

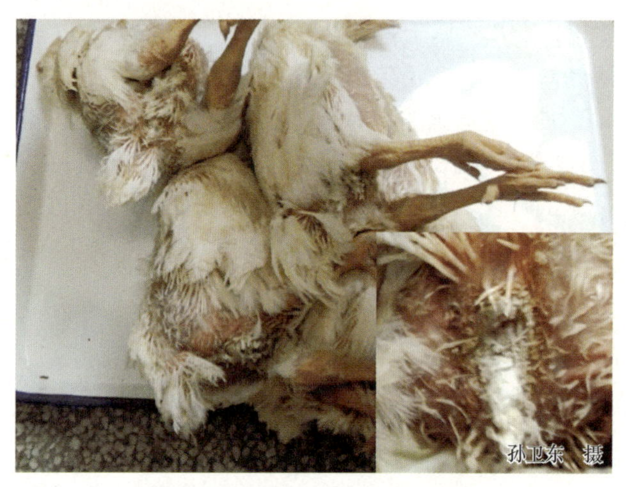

图5-1 病鸡排白色石灰水样稀粪，沾染在泄殖腔下的羽毛上

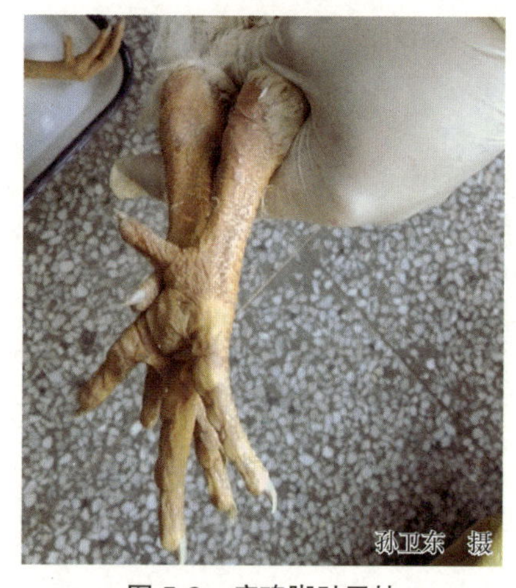

图5-2 病鸡脚趾干枯

【病理剖检变化】病鸡或病死鸡剖检可见肾脏肿大、苍白，肾小管和输尿管扩张，充满白色的尿酸盐，外观呈花斑状（图5-3），称之为"花斑肾"；盲肠后段和泄殖腔中常有大量白色尿酸盐；机体脱水、消瘦。严重的病例在内脏浆膜的表面（图5-4）、肌肉（图5-5）和胆囊内（图5-6）会有尿酸盐沉积。

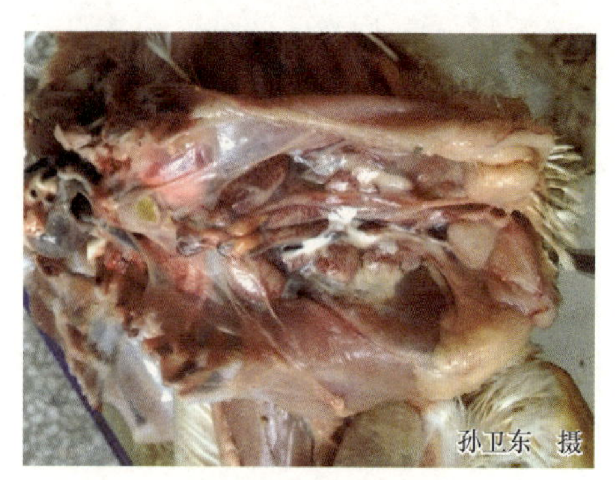

图5-3 病鸡肾脏肿大，充满白色的尿酸盐，外观呈花斑状

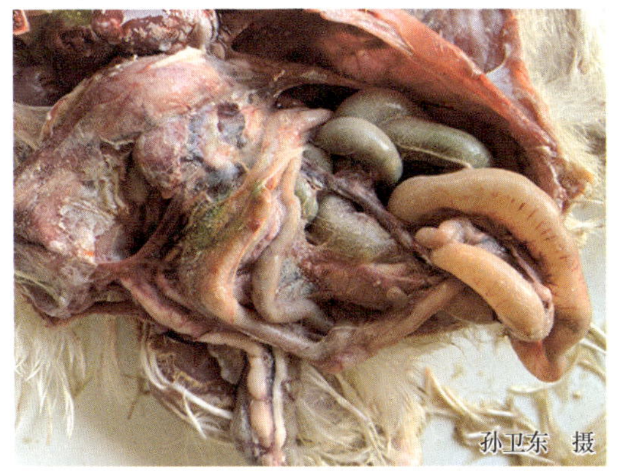

图 5-4 病鸡的内脏浆膜表面有尿酸盐沉积

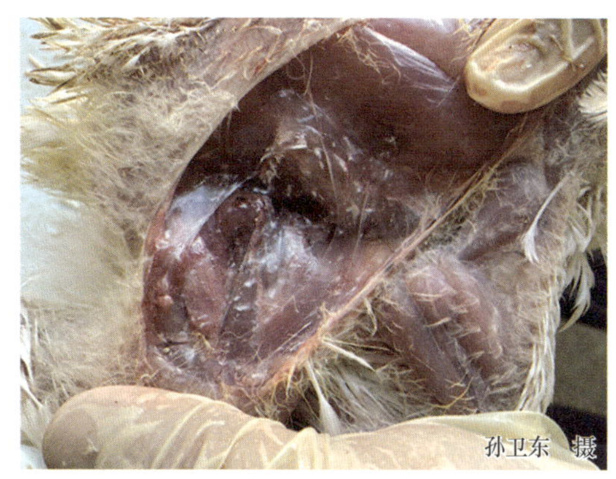

图 5-5 病鸡的肌肉内有尿酸盐沉积

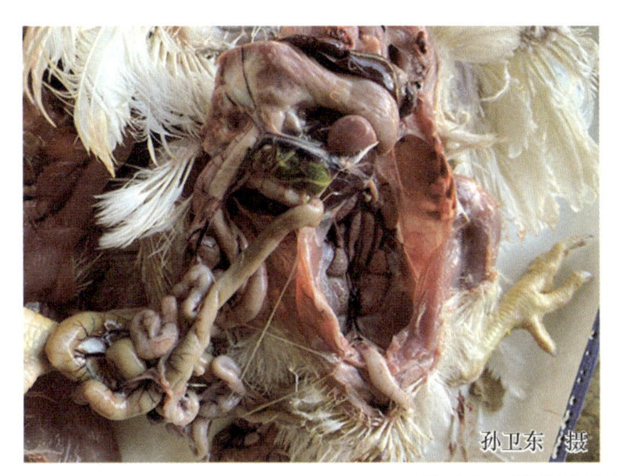

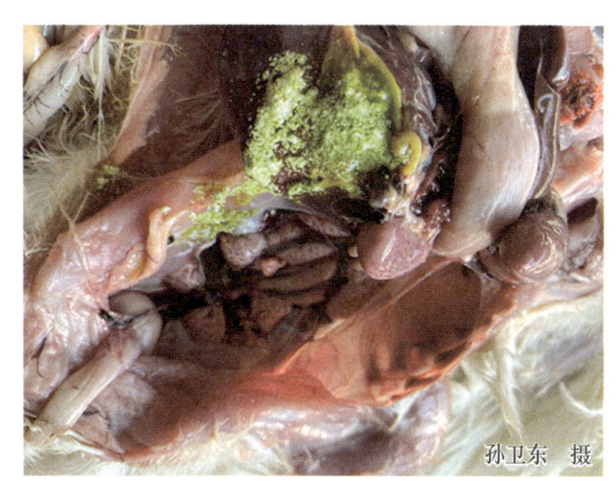

图 5-6 病鸡的胆囊内有尿酸盐沉积

【类症鉴别】本病与内脏型痛风、维生素 A 缺乏症、磺胺类及氨基糖甙类药物中毒等引起的“花斑肾”有相似之处，应注意鉴别。蛋鸡发病时产蛋率下降，一般呈急性经过，这一现象也见于产蛋下降综合征、禽霍乱、禽流感、禽链球菌病等，应注意鉴别。

【预防】临床上进行相应毒株的疫苗接种可有效预防本病。本病的疫苗有肾型毒株（Ma5、IBn、W93、C90/66、HK、D41、H94 等）和多价活疫苗及油佐剂灭活疫苗。肉仔鸡预防肾病型传染性支气管炎，1 日龄时用新城疫Ⅳ系、H120 和 28/86 三联苗点眼或滴鼻首免，15~21 日龄时用 Ma5 点眼或滴鼻二免。蛋鸡预防肾病型传染性支气管炎，1~4 日龄时用 Ma5 或 H120 或新城疫 - 传染性支气管炎二联苗点眼或滴鼻首免，15~21 日龄时用 Ma5 点眼或滴鼻二免，30 日龄时用 H52 点眼或滴鼻，6~8 周龄时用新城疫 - 传染性支气管炎二联弱毒苗点眼或滴鼻，16 周龄时用新城疫 - 传染性支气管炎二联灭活油乳剂疫苗肌内注射。

【临床用药指南】选用抗病毒药抑制病毒的繁殖，添加抗生素防止继发感染，用黄芪多糖等提高鸡群的抵抗力同传染性支气管炎部分的叙述，其他对症疗法如下：

（1）减轻肾脏负担 将日粮中的蛋白质水平降低 2%~3%，禁止使用对肾脏有损伤的药物，如庆大霉素、磺胺类药物等。

（2）维持肾脏的离子及酸碱平衡 可在饮水中加入肾肿解毒药（肾肿消、益肾舒或口服补液盐）或饮水中加 5% 的葡萄糖或 0.1% 的盐和 0.1% 的维生素 C，并充足供应饮水，连用 3~4 天，有较好的辅助治疗作用。

（3）中药疗法 取金银花 150 克、连翘 200 克、板蓝根 200 克、车前子 150 克、五倍子 100 克、秦皮 200 克、白茅根 200 克、麻黄 100 克、款冬花 100 克、桔梗 100 克、甘草 100 克，水煎 2 次，合并煎液，供 1500 只鸡分上、下午 2 次喂服，每天 1 剂，连用 3 剂（说明：由于病鸡脱水严重，体内钠、钾离子大量丢失，应给足饮水，如添加口服补液盐或其他替代物，效果更好）。或取紫菀、细辛、大腹皮、龙胆草、甘草各 20 克，茯苓、车前子、五味子、泽泻各 40 克，大枣 30 克，研末、过筛，按每只鸡每天 0.5 克，加入 20 倍药量的 100℃开水浸泡 15~20 分钟，再加入适量凉水，分早、晚 2 次饮用。饮药前断水 2~4 小时，2 小时内饮完，连用 4 天即愈。

二、生殖型传染性支气管炎

【临床症状】产蛋鸡开产日龄后移，产蛋高峰不明显，开产时产蛋率上升速度较慢，病鸡腹部膨大呈“大裆鸡”，触诊有波动感（视频 5-2），行走时呈企鹅状步态（图 5-7 和视频 5-3），病鸡常因腹内压增高呈犬坐姿势、张口呼吸（图 5-8 和视频 5-4）。

视频 5-2

生殖型传染性支气管炎：蛋鸡腹部膨大，触诊有波动感

视频 5-3

生殖型传染性支气管炎：行走时呈企鹅状步态

视频 5-4

生殖型传染性支气管炎：张口呼吸

图 5-7 病鸡头颈高举，行走时呈企鹅状步态

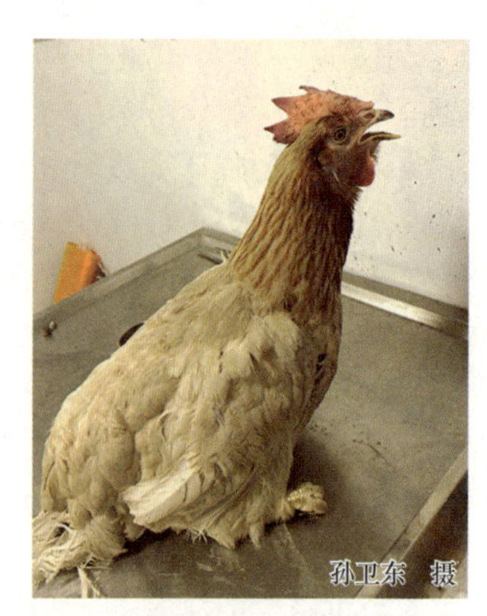

图 5-8 病鸡呈犬坐姿势，张口呼吸

【病理剖检变化】形成幼稚型输卵管（图 5-9），峡部阻塞（图 5-10）或输卵管壁积液、变薄，发育不良（图 5-11），有的病鸡输卵管内有大量积液（图 5-12 和视频 5-5）。

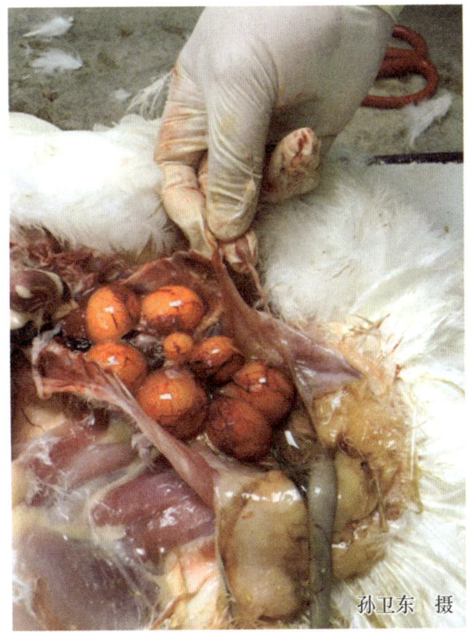

图 5-9　病鸡形成幼稚型输卵管

视频 5-5

生殖型传染性支气管炎：剖检见输卵管有大量积液等

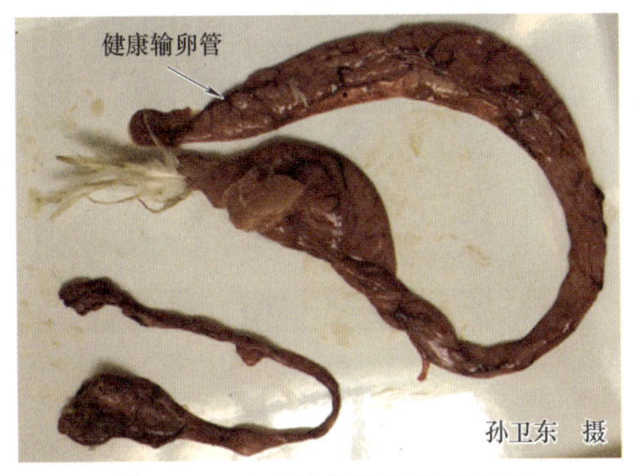

图 5-10　病鸡的输卵管峡部阻塞

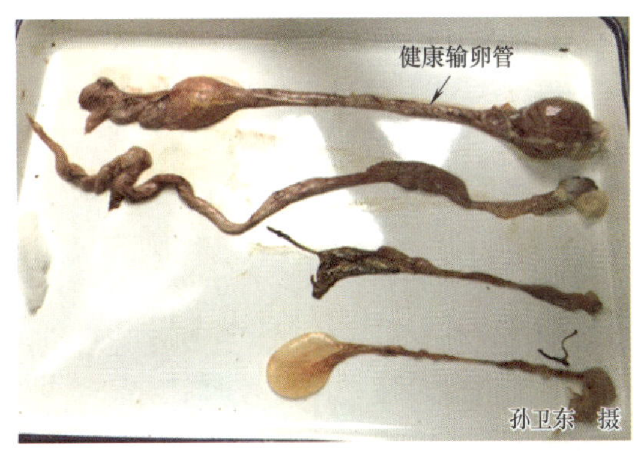

图 5-11　病鸡的输卵管壁积液、变薄，发育不良

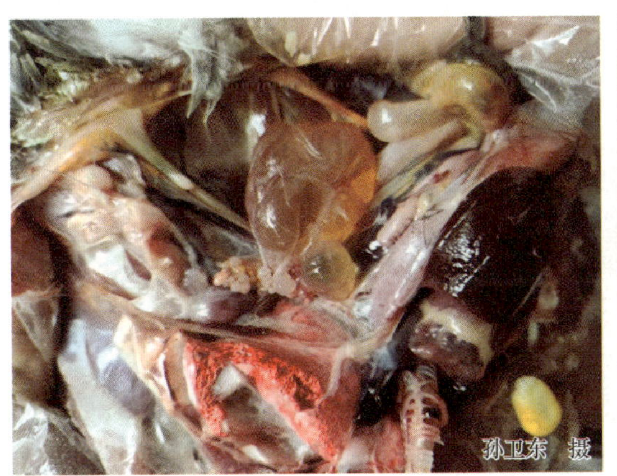

图 5-12　病鸡的输卵管内有大量积液

【预防】 请参考第二章中传染性支气管炎预防部分的叙述。

【临床用药指南】 请参考第二章中传染性支气管炎临床用药指南部分的叙述。

注意 鸡生殖系统发育阶段避免传染性支气管炎弱毒疫苗的免疫和控制野毒感染。

三、产蛋下降综合征

产蛋下降综合征（Egg Drop Syndrome）是由禽腺病毒引起的一种传染病。临床上以产蛋量下降、蛋壳褪色、产软壳蛋或无壳蛋为特征。

【流行特点】

（1）**易感动物** 所有品系的产蛋鸡都能感染，特别是产褐壳蛋的种鸡最易感。

（2）**传染源** 病鸡和带毒母鸡为传染源。

（3）**传播途径** 主要经蛋垂直传播，种公鸡的精液也可传播；其次是鸡与鸡之间缓慢水平传播；第三是家养或野生的鸭、鹅或其他水禽，通过粪便污染饮水而将病毒传播给母鸡。

（4）**流行季节** 无明显的季节性。

【临床症状】

（1）**典型症状** 26~32周龄产蛋鸡群突然产蛋量下降，产蛋率比正常下降20%~30%，甚至达50%。病初蛋壳颜色变浅（图5-13），随之产畸形蛋，蛋壳粗糙、变薄、易破损（图5-14），软壳蛋和无壳蛋增多（图5-15），在15%以上。鸡蛋的品质下降，蛋清稀薄呈水样（图5-16）。病程一般为4~10周，无其他明显的症状。

（2）**非典型症状** 经过免疫接种但免疫效果差的鸡群发病症状会有明显差异，主要表现为产蛋期可能推迟，产蛋率上升速度较慢，高峰期不明显，少部分的鸡会产无壳蛋（图5-17），且很难恢复。

图5-13 病鸡所产蛋的蛋壳颜色变浅

图5-14 鸡笼下面的粪便中可见破碎的鸡蛋及鸡蛋壳

图5-15 病鸡的蛋壳粗糙、变薄、易破损，软壳蛋和无壳蛋增多

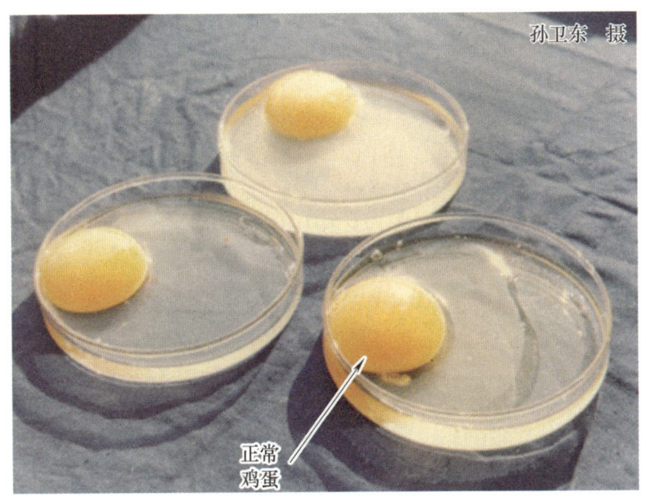

图 5-16 鸡蛋的品质下降，蛋清呈水样或混浊

图 5-17 病鸡产无壳蛋（右下角为收集的无壳蛋）

【病理剖检变化】病鸡卵巢、输卵管萎缩变小（图 5-18）或呈囊泡状（图 5-19），输卵管黏膜轻度水肿、出血（图 5-20），子宫部分水肿、出血（图 5-21），严重时形成小水疱。少部分鸡的生殖系统无明显的肉眼变化，只是子宫部的纹理不清晰，有轻微炎症（图 5-22），且在 17：00 左右子宫部的卵（鸡蛋）没有钙质沉积（图 5-23），故鸡产无壳蛋。

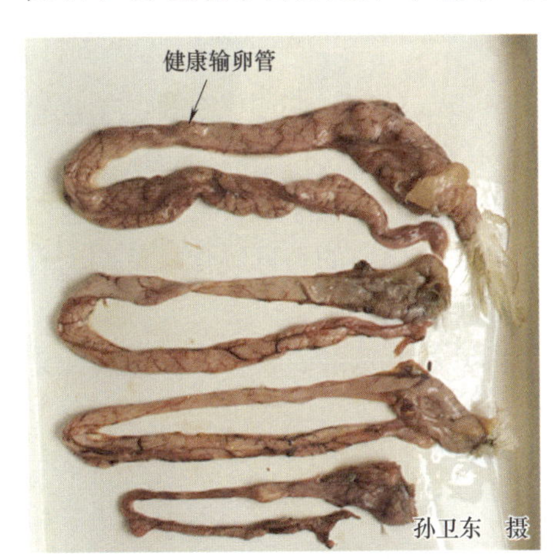

图 5-18 输卵管萎缩变小

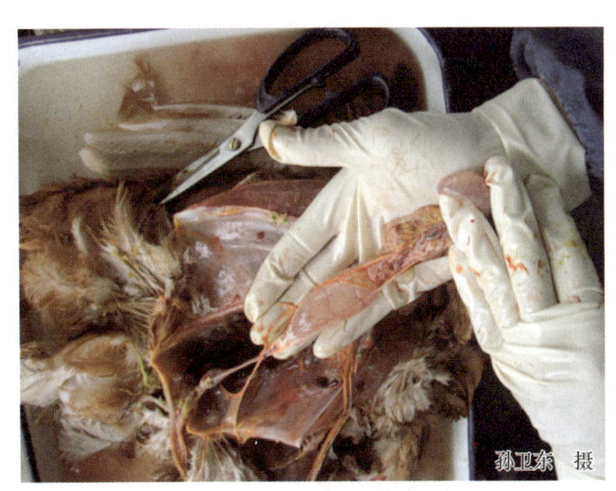

图 5-19 输卵管呈囊泡状

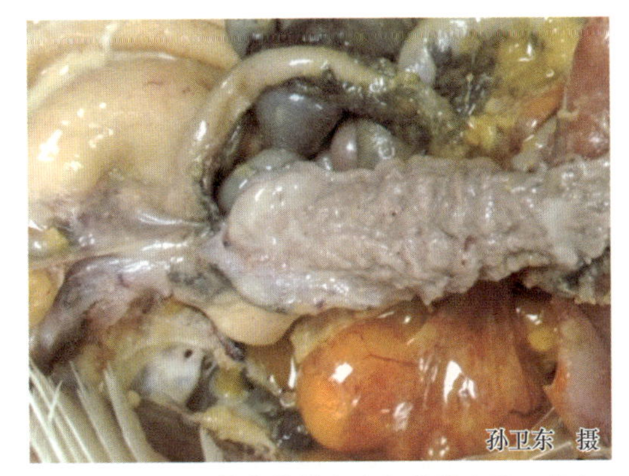

图 5-20 输卵管卡他性炎症和黏膜水肿、出血

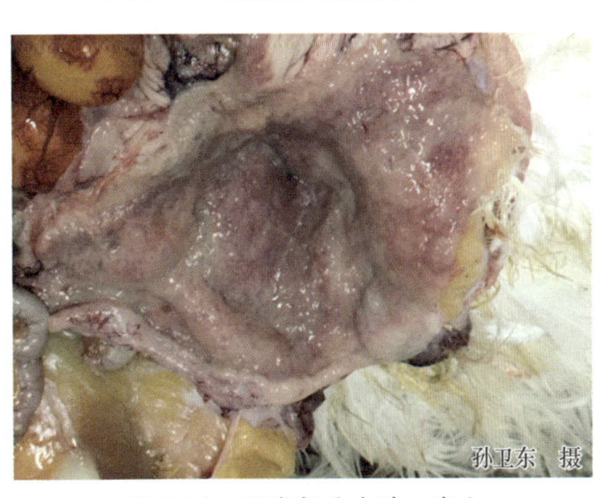

图 5-21 子宫部分水肿、出血

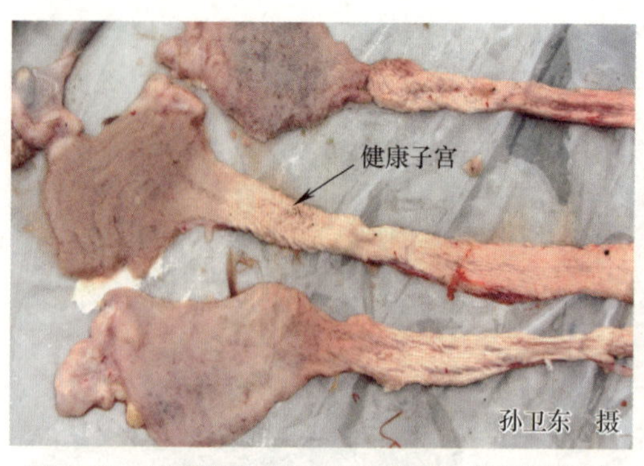

图 5-22 鸡子宫部的纹理不清晰，有轻微炎症

图 5-23 17：00 左右子宫部的卵（鸡蛋）没有钙质沉积

【预防】

（1）预防接种 商品蛋鸡或种鸡 16~18 周龄时用产蛋下降综合征（EDS76）灭活苗，产蛋下降综合征和新城疫二联灭活苗，或新城疫 - 产蛋下降综合征 - 传染性支气管炎三联灭活油剂疫苗肌内注射 0.5 毫升 / 只，一般经 15 天后产生抗体，免疫期在 6 个月以上；在 35 周龄时用同样的疫苗进行二免。

注意 在发病严重的鸡场，分别于开产前 4~6 周和 2~4 周各接种 1 次；在 35 周龄时用同样的疫苗再免疫 1 次。

（2）加强检疫 因本病主要是通过种蛋垂直传播，所以引种要从非疫区引进，引进种鸡要严格隔离饲养，产蛋后经血凝抑制试验鉴定，确认抗体阴性者，才能留作种用。

（3）严格执行卫生消毒制度 对被产蛋下降综合征污染的鸡场（群），要严格执行兽医卫生措施。鸡场和鸭场之间要保持一定的距离，加强鸡场和孵化室的消毒工作，日粮配合时要注意营养平衡，注意对各种用具、人员、饮水和粪便的消毒。

（4）加强饲养管理 提供全价日粮，特别要保证鸡群必需氨基酸、维生素及微量元素的需要。

【临床用药指南】一旦鸡群发病，在隔离、淘汰病鸡的基础上，可进行疫苗的紧急接种，以缩短病程，促进鸡群早日康复。本病目前尚无有效的治疗方法，多采用对症疗法（如用中药清瘟败毒散拌料，用双黄连制剂、黄芪多糖饮水；同时添加维生素 AD_3 和抗菌消炎药）。在产蛋恢复期，在饲料中可添加一些增蛋灵或激蛋散之类的中药制剂，以促进产蛋的恢复。

四、鸡输卵管囊肿

鸡输卵管囊肿（Chicken Oviduct Effusion）多发生于蛋鸡或蛋种鸡。临床上以产蛋减少或停产、腹部膨大为特征。

【发病原因】本病的病因尚不十分明确，大概有以下几种说法：大肠杆菌、沙眼衣原体感染、传染性支气管炎病毒、禽流感病毒、EDS76 病毒感染后的后遗症，激素分泌紊乱等。

【临床症状】患病鸡初期精神状态很好，羽毛有光泽，鸡冠红润，但采食减少。随着病情的发展，腹部膨大下垂，头颈高举，行走时呈企鹅状步态（图 5-24）。

图 5-24 病鸡腹部膨大下垂，头颈高举，行走时呈企鹅状步态

【病理剖检变化】小心剥离腹部皮肤，打开腹腔，即可发现充满清亮、透明液体的囊包（图 5-25）。每只病鸡有 1 个（图 5-26）或数个囊包，且互不相通。囊壁很薄，稍触即破，壁上布满清晰可见的血管网。顺着囊包小心寻找附着点，发现囊包均附着在已发生变形、变性的输卵管上。囊包液一般在 500 毫升以上。卵巢清晰可见，有的根本未发育，有的已有成熟卵泡，有的已开始产蛋。整个消化道空虚。肝脏被囊肿挤压向前，萎缩变小。肾脏多有散在的出血斑，但不肿大。

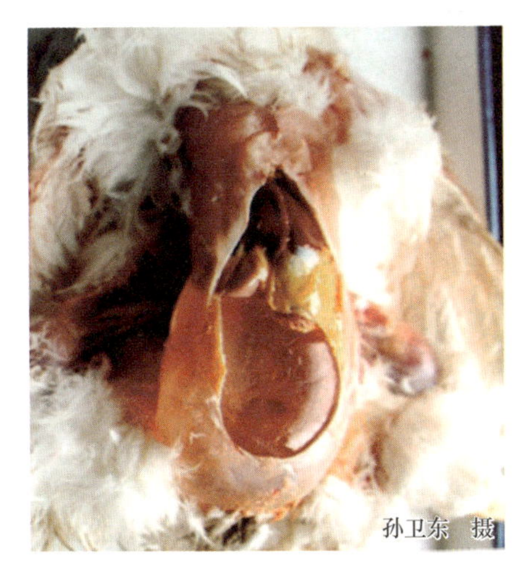

图 5-25 腹腔内有充满清亮、透明液体的囊包

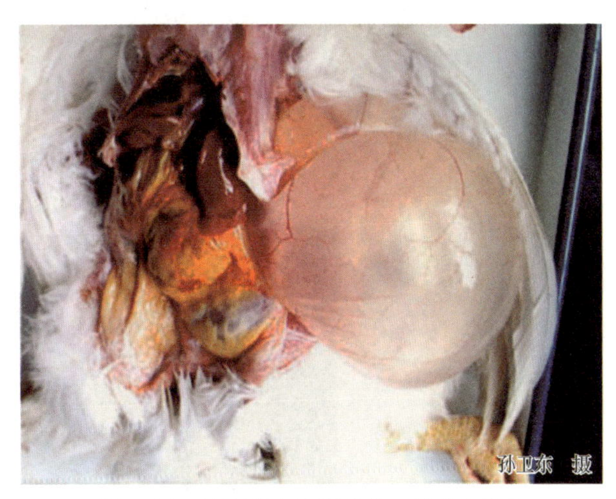

图 5-26 输卵管内充满液体，形成大囊包

【临床用药指南】由于病因不明，目前尚无有效的治疗方法。如发现病鸡则建议淘汰。

五、鸡右侧输卵管囊肿

任何雌性动物均有 2 个卵巢和 2 条输卵管，但是鸡却只有左侧的卵巢和左侧的输卵管具有功能，右侧的卵巢和输卵管在胚胎期退化，不过有些鸡其右侧输卵管（苗勒氏管）退化不全（图 5-27），形成 2~10 厘米长、粗细不等的囊状物，一般情况下对鸡没有影响，但过大的囊肿会压迫腹腔器官，称为鸡右侧输卵管囊肿（Chicken Right Fallopian Tube Cyst），其外观症状很像腹水综合征和鸡输卵管囊肿。有的病鸡未退化的右侧输卵管在形成囊肿的同时，其囊内还有炎性渗出物（图 5-28）。本病与鸡输卵管囊肿的区别是该囊肿与泄殖腔基部连接，向前延伸端为盲端，内含清亮的液体。

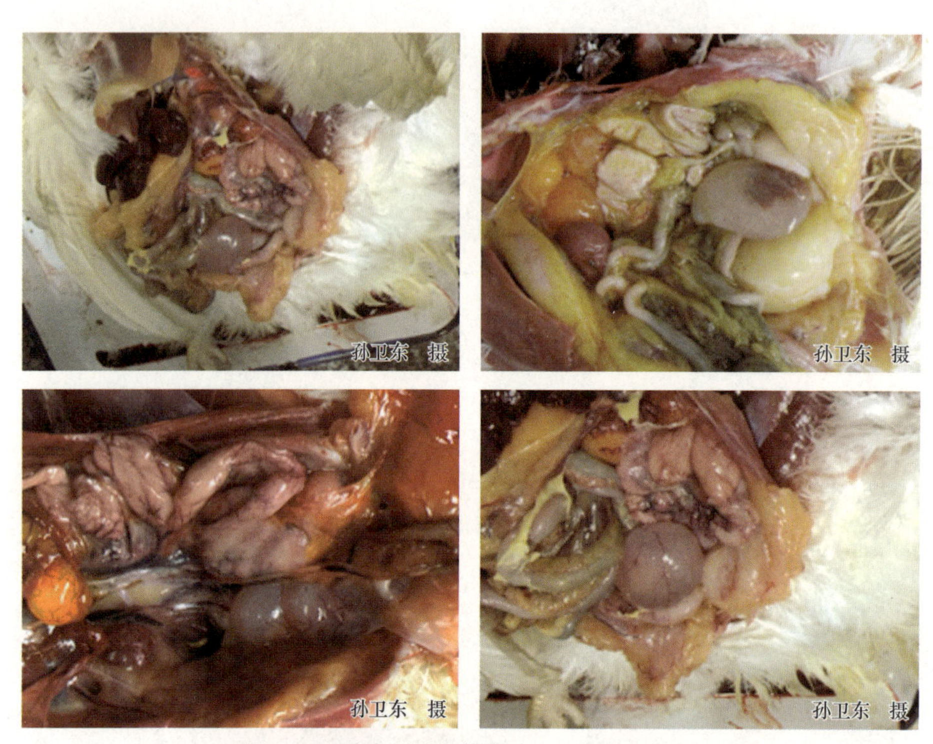

图 5-27 鸡右侧输卵管囊肿，形成积液囊泡

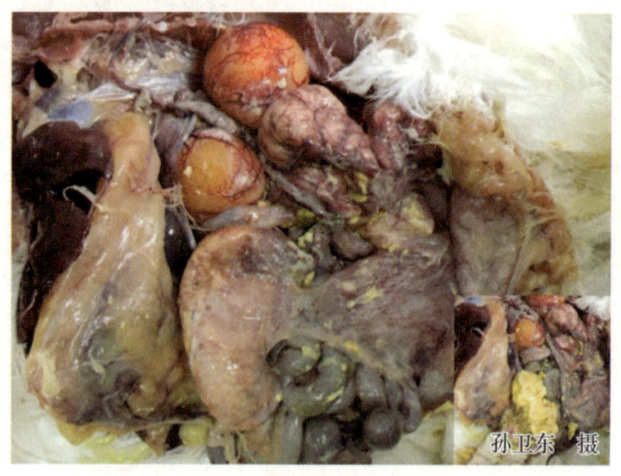

图 5-28 鸡右侧输卵管囊肿，内有炎性渗出物

六、前殖吸虫病

前殖吸虫病（Prosthogonimus）又称蛋蛭病，是由于前殖吸虫寄生于鸡的输卵管、直肠、泄殖腔、法氏囊而引起的寄生虫病。临床上以输卵管炎、产蛋机能紊乱为特征，是影

响产蛋数量和质量较严重的疾病之一。

【流行特点】家鸡、鸭、鹅及其他鸟类均易感。本病在野生禽之间的流行常构成自然疫源，带虫鸡是本病的主要污染源。鸡捕食蜻蜓时最易感染。此外，在江河湖泊地区、低洼潮湿沼泽地区、淡水螺滋生地区，当鸡在水旁或下水捕食时，会将含有虫卵的粪便排入水中，造成水面的污染，造成本病自然流行。本病的流行季节与蜻蜓出现的季节相一致，5~6月蜻蜓的幼虫在水旁聚集，爬到水草上变为成虫，在夏、秋季节或阴雨过后，鸡捕食蜻蜓后感染。此外，在适宜于各种淡水螺的滋生和蜻蜓繁殖的江湖河流交错的地区，有利于本病的流行。

【临床症状】在鸡体内，前殖吸虫幼虫沿肠管下行到泄殖腔，进入法氏囊或输卵管，在其中继续发育为成虫。病鸡表现为食欲减退，饮欲增强，体况略差，精神不振，羽毛松乱，泄殖腔及腹部羽毛脱落，不愿活动，腹部触之有痛感，有的病鸡从泄殖腔排出灰白色粪便，泄殖腔潮红、凸出（图5-29），病重者可死亡。蛋鸡产薄壳蛋、软壳蛋，易破碎，或出现无壳蛋（图5-30和视频5-6），产蛋率开始下降；有的鸡群会因感染导致无产蛋高峰或从产蛋高峰下来后再无高峰。

图5-29　病鸡泄殖腔潮红、凸出

图5-30　病鸡产薄壳蛋、软壳蛋和笼架下的无壳蛋

视频5-6

前殖吸虫病：蛋鸡产无壳蛋掉落到笼架下

【病理剖检变化】在有些病死鸡剖检时在子宫（图5-31）、输卵管（图5-32）壁上可找到虫体（视频5-7），形状扁平似小片树叶，呈棕红色或白色，长为3~9毫米，宽为1~5毫米，头部有2个吸盘，虫体靠其吸附固着生活。输卵管黏膜增厚、充血，输卵管内有炎

性渗出物（图 5-33）或有破碎的蛋壳、蛋白等。有些病例继发卵泡变性、变色（图 5-34），腹膜炎（图 5-35）和泄殖腔炎（图 5-36）。

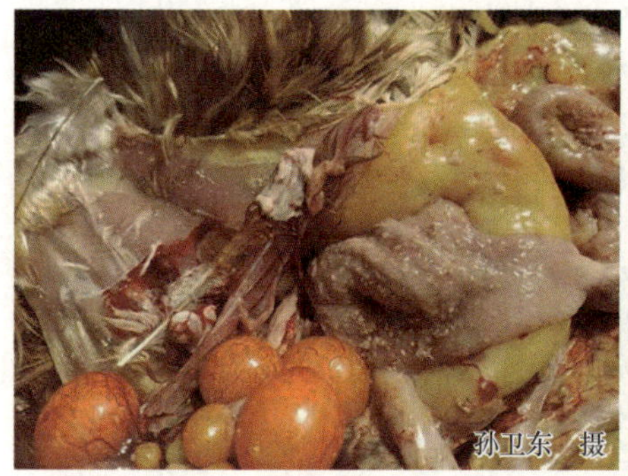

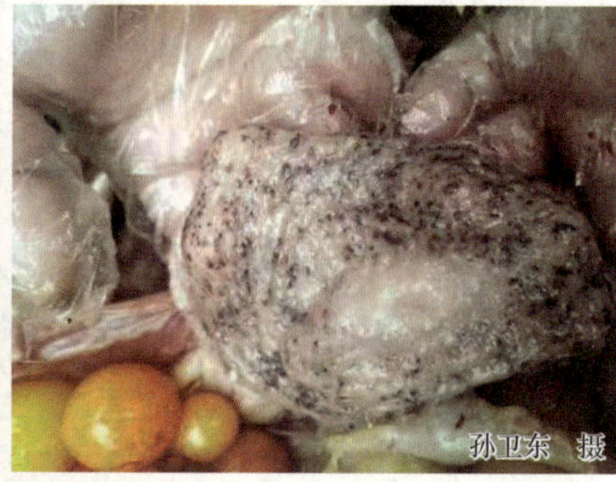

图 5-31 病死鸡子宫壁上的虫体

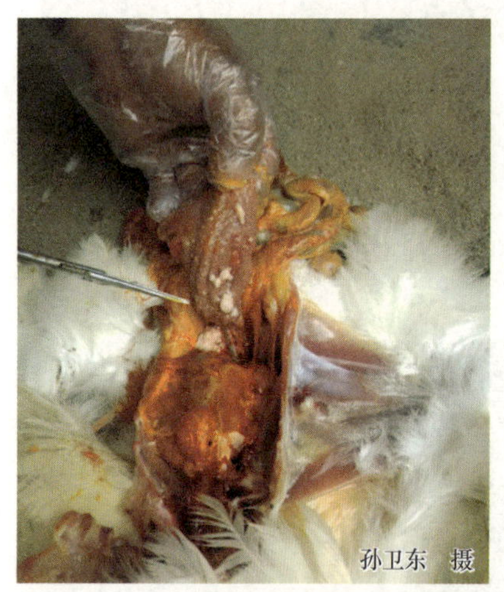

图 5-32 病死鸡输卵管壁上的虫体

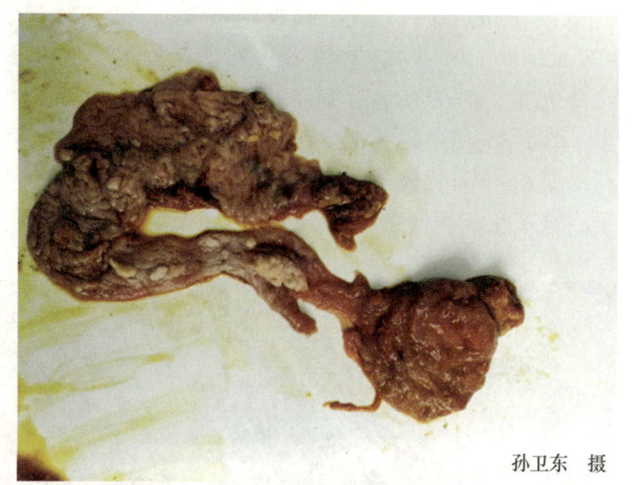

图 5-33 病鸡输卵管黏膜增厚、充血，输卵管内有炎性渗出物

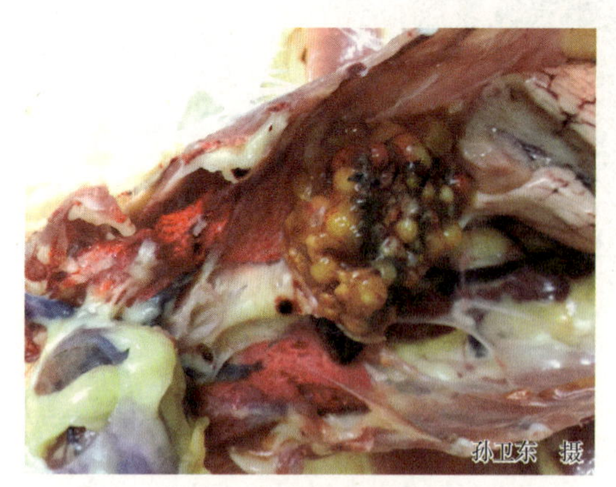

图 5-34 有些病鸡继发卵泡变性、变色

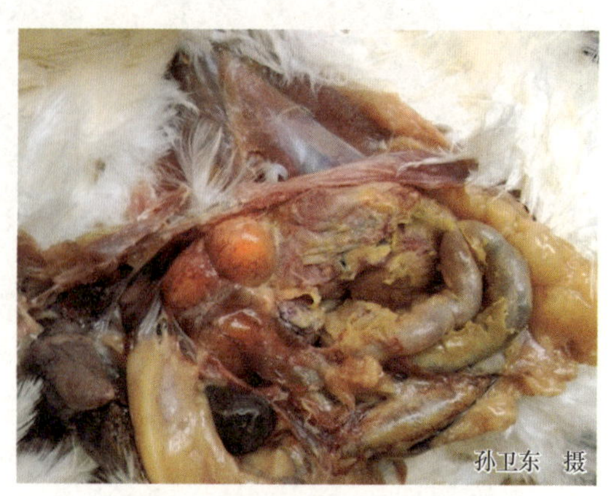

图 5-35 有些病鸡继发腹膜炎

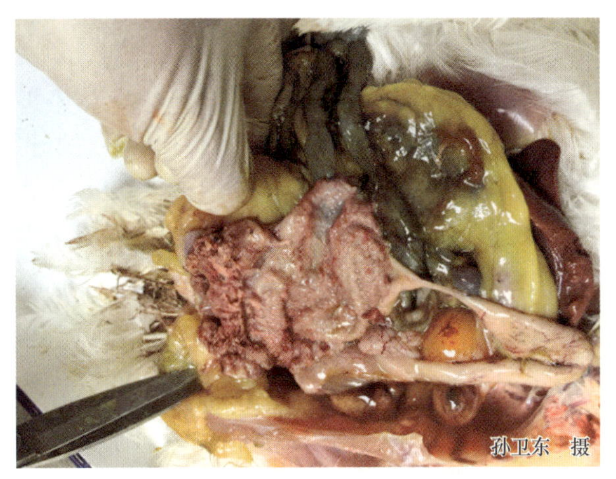

图 5-36 有些病鸡伴有泄殖腔充血、炎症

【诊断】根据流行病学、临床症状、病理变化、发现虫体即可做出初步诊断。结合虫体（图 5-37）、虫卵显微镜检查即可确诊。检查方法是：将病鸡粪便反复洗涤沉淀，镜检见较小虫卵，呈椭圆形、棕褐色，前端有卵盖，后端有一个小凸起，内含卵细胞。

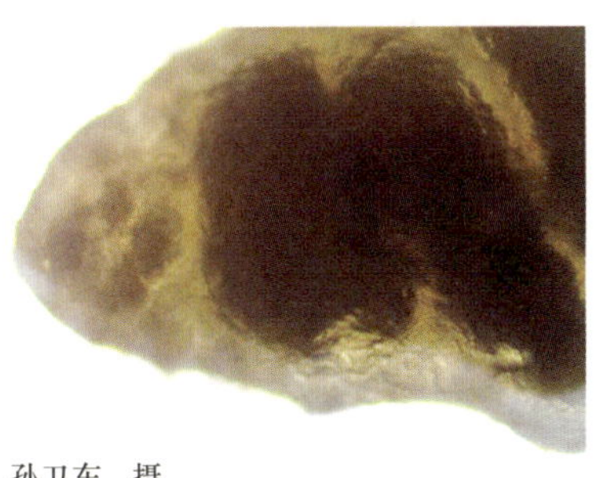

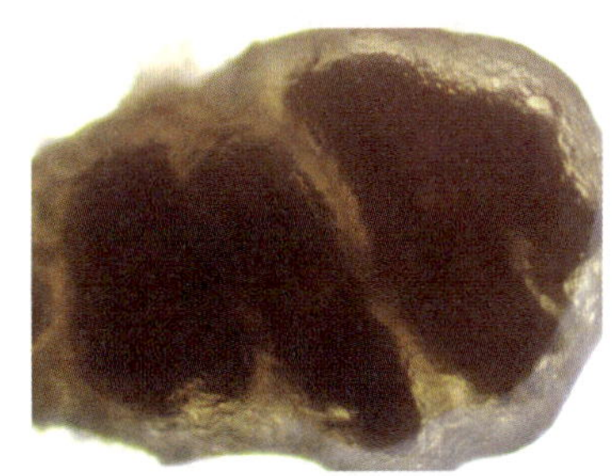

图 5-37 虫体在显微镜下的结构：头部（左），尾部（右）

【预防】

（1）**预防性驱虫** 有计划地检查鸡群，根据发病季节进行预防性驱虫。

（2）**消灭中间宿主淡水螺** 水塘中加入硫酸铜，切断前殖吸虫的发育史，阻断其生活史。

（3）**加强饲养管理** 夏、秋季节，在鸡舍装上窗纱、纱门，防止昆虫（中间宿主、传播媒介等）飞入鸡舍散布病原体。在蜻蜓出现季节，避免在清晨或傍晚及阴雨天后到池塘、水田处饲放鸡群，防止鸡捕食蜻蜓及其幼虫而感染。

（4）**加强粪便管理** 坚持每天清除粪便，新鲜粪便不堆在河边、池塘边，定点堆放且做好无害化处理。

【临床用药指南】发现病鸡立即隔离、治疗。

① 阿苯达唑：按每千克体重 120 毫克，拌料或 1 次口服；或阿苯达唑，按每千克体重 25~30 毫克，拌料或 1 次口服。

② 吡喹酮：按每千克体重 60 毫克，拌料或 1 次口服。

③ 氯硝柳胺：按每千克体重 100~200 毫克，拌料或 1 次口服。

七、鸡痛风

鸡痛风（Gout in Poultry）又称为鸡肾功能衰竭症、尿酸盐沉积症或尿石症，是指多种原因引起的血液中蓄积过量尿酸盐不能被迅速排出体外而导致的高尿酸血症。其病理特征为血液尿酸水平增高，尿酸盐在关节囊、关节软骨、内脏、肾小管及输尿管和其他间质组织中沉积。临床上可分为内脏型痛风和关节型痛风。主要临床表现为厌食、衰竭、腹泻、腿翅关节肿胀、运动迟缓、产蛋率下降和死亡率上升。近年来本病发生有增多趋势，已成为常见鸡病之一。

【发病原因】引起痛风的原因较为复杂，归纳起来可分为两类，一是体内尿酸生成过多，二是机体尿酸排泄障碍，后者可能是鸡痛风的主要原因。

（1）造成尿酸生成过多的因素 大量饲喂富含核蛋白和嘌呤碱的蛋白质饲料，如大豆、豌豆、鱼粉、动物内脏等；鸡极度饥饿又得不到能量补充或患有重度消耗性疾病（如淋巴白血病）。

（2）引起尿酸排泄障碍的因素

1）传染性因素：凡具有嗜肾性、能引起肾机能损伤的病原微生物，如腺病毒、败血性霉形体、沙门菌、组织滴虫等，可引起肾炎、肾损伤，造成尿酸盐的排泄受阻。

2）非传染性因素：

① 营养性因素：如日粮中长期缺乏维生素 A；饲料中含钙太多，含磷不足，或钙、磷比例失调引起钙异位沉着；食盐过多，饮水不足。

② 中毒性因素包括嗜肾性化学毒物、药物和霉菌毒素。如饲料中某些重金属（如汞、铅等）蓄积在肾脏内引起肾病；饲喂草酸含量过多的饲料，因饲料中草酸盐可堵塞肾小管或损伤肾小管；磺胺类药物中毒，引起肾损害和结晶的沉淀；霉菌毒素可直接损伤肾脏，引起肾机能障碍并导致痛风。

此外，饲养在潮湿和阴暗的场所、运动不足、年老、纯系育种、受凉、孵化时湿度太大等因素皆可能成为促进本病发生的诱因。

【临床症状】本病多呈慢性经过，其一般症状为病鸡食欲减退，逐渐消瘦，鸡冠苍白，不自主地排出白色石灰水样稀粪，含有大量的尿酸盐。成年鸡产蛋量减少或停止产蛋。

（1）内脏型痛风 比较多见，但临床上通常不易被发现。病鸡多为慢性经过，表现为食欲减退、鸡冠泛白、贫血、脱羽、生长缓慢、粪便呈白色石灰水样，泄殖腔周围的羽毛常被污染（图 5-38）。多因肾功能衰竭，呈现零星或成批的死亡。注意该型痛风因原发性致病原因不同，其原发性症状也不一样。

图 5-38 病鸡泄殖腔周围的羽毛被呈石灰水样粪便污染

（2）关节型痛风 多在趾前关节、趾关节发病，也可侵害腕前、腕及肘关节。关节肿胀（图 5-39），起初软而痛，界限多不明显，以后肿胀部逐渐变硬、微痛，形成不能移动或稍能移动的结节，结节有豌豆大小或蚕豆大小。病程稍久，结节软化或破裂，排出灰黄色干酪样物。局部形成出血性溃疡。病鸡往往呈蹲坐或独肢站立姿势，行动迟缓，跛行。

图 5-39　病鸡的趾关节肿胀

【病理剖检变化】

（1）内脏型痛风　病死鸡剖检可见尸体消瘦，肌肉呈紫红色，各脏器发生粘连，皮下、大腿内侧有灰白色石灰粉样沉积的尿酸盐（图 5-40），特别是在心包腔内（图 5-41）、胸腹腔、肝脏（图 5-42）、脾脏、腺胃、肌胃、胰脏、肠管和肠系膜（图 5-43）等内脏器官的浆膜表面覆盖一层灰白色石灰样粉末或薄片状的尿酸盐；有的胸骨内壁有灰白色的尿酸盐沉积（图 5-44）；肾脏肿大、色浅、有白色花纹（俗称“花斑肾”），输尿管变粗，如同筷子粗细，内有尿酸盐沉积，有的输尿管内有硬如石头样的白色条状物（结石），此为尿酸盐结晶（图 5-45）。有些病例还并发有关节型痛风。

图 5-40　病鸡的心包、肝脏、腹腔浆膜表面有灰白色的尿酸盐沉积

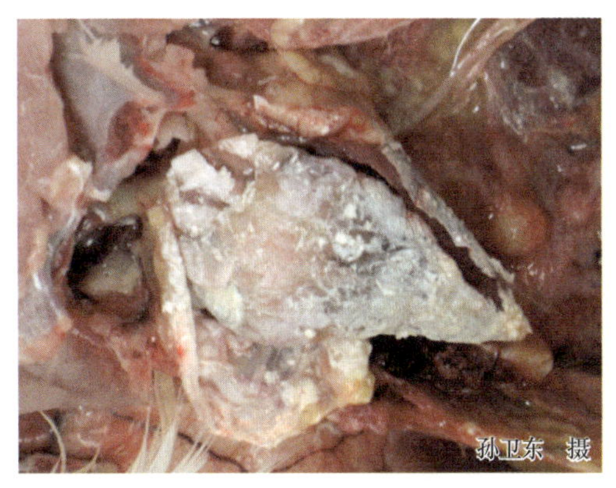

图 5-41　病鸡心包腔内有灰白色的尿酸盐沉积

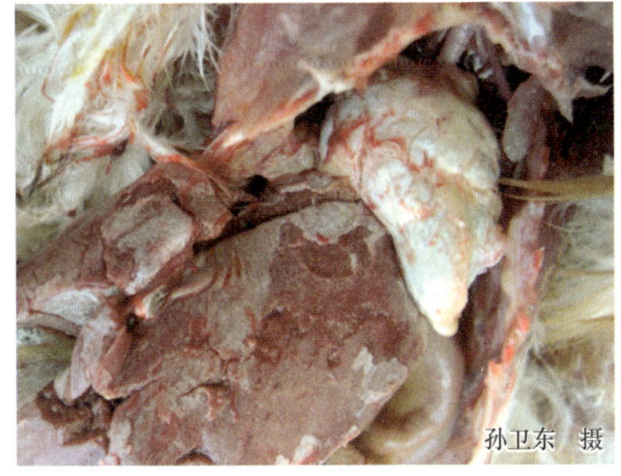

图 5-42　病鸡心包内及肝脏表面有灰白色的尿酸盐沉积

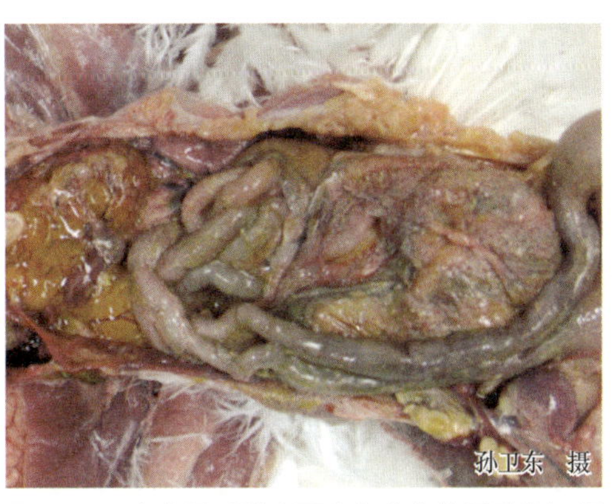

图 5-43　病鸡肠系膜表面有灰白色的尿酸盐沉积

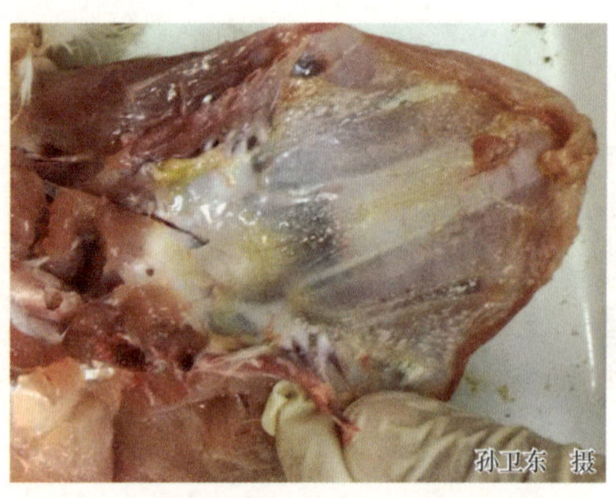

图 5-44 病鸡胸骨内壁有灰白色的尿酸盐沉积

图 5-45 病鸡肾脏肿大，输尿管变粗，内有尿酸盐结晶，呈花斑样

（2）关节型痛风 切开病死鸡肿胀的关节，可流出浓厚、白色黏稠的液体（图 5-46），滑液含有大量由尿酸、尿酸铵、尿酸钙形成的结晶，沉着物常常形成一种所谓“痛风石”。有的病例可见关节面及关节软骨组织发生溃烂、坏死。

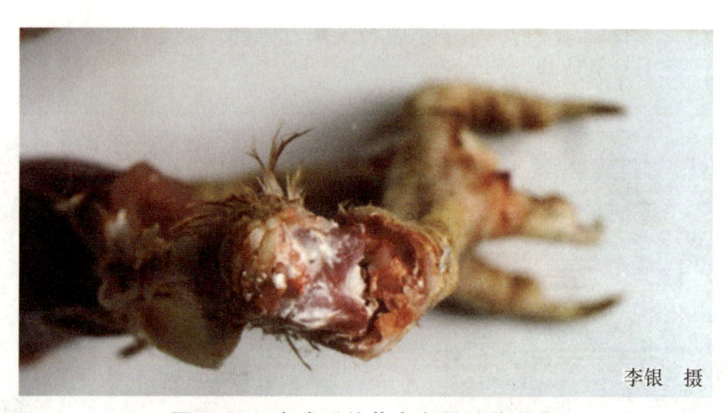

图 5-46 病鸡跗关节内有尿酸盐沉积

【类症鉴别】本病出现的肾脏肿大、内脏器官尿酸盐沉积与磺胺类药物中毒、鸡传染性法氏囊病、肾病型传染性支气管炎类似，应注意鉴别。本病出现的关节肿大、变形、跛行与病毒性关节炎、传染性滑膜炎、葡萄球菌病、大肠杆菌病、沙门菌病等引起的关节炎的症状类似，详细鉴别诊断见本书第一章第三节内容。

（1）与磺胺类药物中毒的鉴别 磺胺类药物中毒表现的肌肉出血和肾脏肿大苍白与鸡痛风的表现相似，鉴别要点：一是精神状态不同，磺胺类药物中毒初期鸡群表现兴奋，后期精神沉郁，而鸡痛风早期一般无明显的临床表现，后期表现为精神不振；二是用药史的不同，磺胺类药物中毒鸡群有大剂量或长期使用磺胺类药物的病史。

（2）与鸡传染性法氏囊病的鉴别 鸡传染性法氏囊病病鸡表现的肾脏尿酸盐沉积与鸡痛风的表现相似，鉴别要点：一是尿酸盐沉积位置不同，鸡传染性法氏囊病病鸡仅在肾脏和输尿管有尿酸盐沉积，而鸡痛风病鸡除肾脏和输尿管外，还可能在内脏的浆膜面、肌肉间、关节内有尿酸盐沉积；二是病程不同，鸡传染性法氏囊病病程为 7~10 天，而鸡痛风的病程持续很长时间；三是发病日龄不同，鸡传染性法氏囊病多发生于 3~8 周龄的鸡，而鸡痛风往往发生于日龄较大的鸡，以蛋鸡或后备蛋鸡多见。

（3）**与肾病型传染性支气管炎的鉴别** 肾病型传染性支气管炎病鸡表现的肾脏尿酸盐沉积与鸡痛风的表现相似，鉴别要点：一是临床表现不同，肾病型传染性支气管炎病鸡表现呼吸道症状，而鸡痛风没有；二是剖检病变不同，肾病型传染性支气管炎病鸡表现鼻腔、眶下窦、气管和支气管的卡他性炎，而鸡痛风无此病变。

【预防】加强饲养管理，合理配料，保证饲料的质量和营养的全价，防止营养失调，保持鸡群健康。自配饲料时应当按不同品种、不同发育阶段、不同季节的饲养标准规定设计配方，配制营养合理的饲料。饲料中钙、磷比例要适当，钙的含量不可过高，通常在开产前两周到产蛋率达 5% 以前的开产阶段，钙的水平可以提高到 2%，产蛋率达 5% 以后再提至相应的水平。另外，饲料配方中蛋白质含量不可过高（在 20% 以下），以免造成肾脏损害和形成尿结石；防止过量添加鱼粉等动物性蛋白质饲料，供给充足新鲜的青料和饮水，适当增加维生素 A 和维生素 D 的含量。具体可采取以下措施：

（1）**添加酸制剂** 因代谢性碱中毒是鸡痛风重要的诱发因素，因此日粮中添加一些酸制剂可降低本病的发病率。在未成熟仔鸡日粮中添加高水平的蛋氨酸（0.3%~0.6%）对肾脏有保护作用。日粮中添加一定量的硫酸铵（每千克饲料 5.3 克）和氯化铵（每千克饲料 10 克）可降低尿的 pH，尿结石可溶解在尿酸中成为尿酸盐而排出体外，减少尿结石的发病率。

（2）**日粮中钙、磷和粗蛋白质的允许量应该满足需求量但不能超过需求量** 建议另外添加少量钾盐，或更少的钠盐。钙应以粗粒而不是粉末的形式添加，因为粉末状钙易使鸡患高血钙症，而大粒钙能缓慢溶解而使血钙浓度保持稳定。

（3）**其他** 在传染性支气管炎的多发地区，建议对 4 日龄鸡进行首免，并稍迟给青年鸡饲喂高钙日粮。充分混合饲料，特别是钙和维生素 D_3。保证饲料不被霉菌污染，存放在干燥的地方。对于笼养鸡，要经常检查饮水系统，确保鸡只能喝到水。使用水软化剂可降低水的硬度，从而降低鸡痛风的发病率。

【临床用药指南】

（1）**西药治疗** 目前尚没有特别有效的治疗方法。可试用阿托方 0.2~0.5 克，每天 2 次，口服；但伴有肝脏、肾脏疾病时禁止使用。此药是为了增强尿酸的排泄及减少体内尿酸的蓄积和关节疼痛，但对重症病例或长期应用者有副作用。有的试用别嘌呤醇 10~30 毫克，每天 2 次，口服。此药化学结构与次黄嘌呤相似，是黄嘌呤氧化酶的竞争抑制剂，可抑制黄嘌呤的氧化，减少尿酸的形成。用药期间可导致急性痛风发作，给予秋水仙碱 50~100 毫克，每天 3 次，能使症状缓解。

近年来，对患病鸡使用各种类型的肾肿解毒药，可促进尿酸盐的排泄，对鸡体内电解质平衡的恢复有一定的作用。投服大黄苏打片，每千克体重 1.5 片（含大黄 0.15 克、碳酸氢钠 0.15 克），重病鸡逐只直接投服，其余拌料，每天 2 次，连用 3 天。在投用大黄苏打片的同时，饲料内添加电解多维（如活力健）、维生素 AD_3 粉，并给予充足的饮水。或在饮水中加入乌洛托品或阿司匹林进行治疗。

在上述治疗的同时，加强护理，减少喂料量，比平时减少 20%，连续 5 天，并同时补充青绿饲料，多饮水，以促进尿酸盐的排出。

（2）**中药治疗**

① 降石汤：取降香 3 份、石苇 10 份、滑石 10 份、鱼脑石 10 份、金钱草 30 份、海金砂 10 份、鸡内金 10 份、冬葵子 10 份、甘草梢 30 份、川牛膝 10 份，粉碎混匀，拌料喂服，

每只每次服5克，每天2次，连用4天。

说明： 用本方内服时，在饲料中补充浓缩鱼肝油（维生素A、维生素D）和维生素B_{12}，病鸡病情可在10天后得到好转，蛋鸡产蛋量在3~4周后恢复正常。

② 八正散加减：取车前草100克、甘草梢100克、木通100克、扁蓄100克、灯芯草100克、海金砂150克、大黄150克、滑石200克、鸡内金150克、山楂200克、栀子100克，混合研细末，拌料喂服，体重在1千克以下的鸡，每只每天喂1~1.5克，体重在1千克以上的鸡，每只每天喂1.5~2克，连用3~5天。

③ 排石汤：取车前子250克、海金砂250克、木通250克、通草30克，煎水饮服，连服5天。该方为1000只体重0.75千克的鸡1次的用量。

④ 取金钱草20克、苍术20克、地榆20克、秦皮20克、蒲公英10克、黄檗30克、茵陈20克、神曲20克、麦芽20克、槐花10克、瞿麦20克、木通20克、栀子4克、甘草4克、泽泻4克，共为细末，按每只每天3克拌料喂服，连用3~5天。

⑤ 取车前草60克、滑石80克、黄芩80克、茯苓60克、小茴香30克、猪苓50克、枳实40克、甘草35克、海金砂40克，水煎取汁，以红糖为引，兑水饮服，药渣拌料，每天服1剂，连用3天。该方为200只鸡1次的用量。

⑥ 取地榆30克、连翘30克、海金砂20克、泽泻50克、槐花20克、乌梅50克、诃子50克、苍术50克、金银花30克、猪苓50克、甘草20克，粉碎过40目筛，按2%拌料饲喂，连喂5天。食欲废绝的重病鸡可人工喂服。该法适用于内脏型痛风，预防时药方中应去除地榆，按1%的比例添加。

⑦ 取滑石粉、黄芩各80克，茯苓、车前草各60克，猪苓50克，枳实、海金砂各40克，小茴香30克，甘草35克，每剂上、下午各煎水1次，加30%的红糖让鸡群自饮，第二天取药渣拌料，全天饲喂，连用2~3剂为1个疗程。该法适用于内脏型痛风。

⑧ 取车前草、金钱草、木通、栀子、白术各等份，按每只0.5克煎汤喂服，连喂4~5天。该法治疗雏鸡痛风时，可酌情加金银花、连翘、大青叶等，效果更好。

⑨ 取木通、车前子、瞿麦、萹蓄、栀子、大黄各500克，滑石粉200克，甘草200克，金钱草、海金砂各400克，共研细末，混入250千克饲料中供1000只产蛋鸡或2000只育成鸡或10000只雏鸡服用2天。

⑩ 取黄芩150克，苍术、秦皮、金钱草、茵陈、瞿麦、木通各100克，泽泻、地榆、槐花、公英、神曲、麦芽各50克，栀子、甘草各20克，煎水服用，渣拌料，可供1000只大鸡服用3~5天。

第六章 免疫抑制和肿瘤性疾病的鉴别诊断与防治

第一节 免疫抑制和肿瘤性疾病概述及发生的因素

一、概述

鸡的免疫器官分中枢免疫器官（骨髓、胸腺、法氏囊）和外周免疫器官（淋巴组织、脾脏、哈德氏腺等）两大类。鸡的免疫系统是机体抵御病原菌侵犯最重要的防御系统。性成熟前的雏鸡感染传染性法氏囊病病毒后法氏囊遭到破坏进而萎缩，严重影响体液免疫应答，导致疫苗免疫失败；若骨髓受到破坏，不仅严重损害造血功能，也将导致免疫缺陷症。

二、疾病发生的因素

（1）**生物性因素** 主要是病毒性因素，如鸡传染性法氏囊病病毒、鸡马立克氏病病毒、网状内皮组织增生症病毒、禽白血病病毒、鸡传染性贫血病病毒等，这些病毒主要是通过破坏机体的淋巴组织或骨髓导致体液免疫或细胞免疫功能降低，而发生免疫抑制。它们还可引起淋巴细胞或网状内皮细胞无限制地增生从而诱发肿瘤形成。

（2）**中毒因素** 如饲料霉变引起的霉菌毒素中毒，造成内脏器官损害，从而引起免疫抑制等。

（3）**营养因素** 长期饲喂低营养或单一营养的日粮（图 6-1）或过度限饲等引起营养不良，进而发生机体免疫抑制。

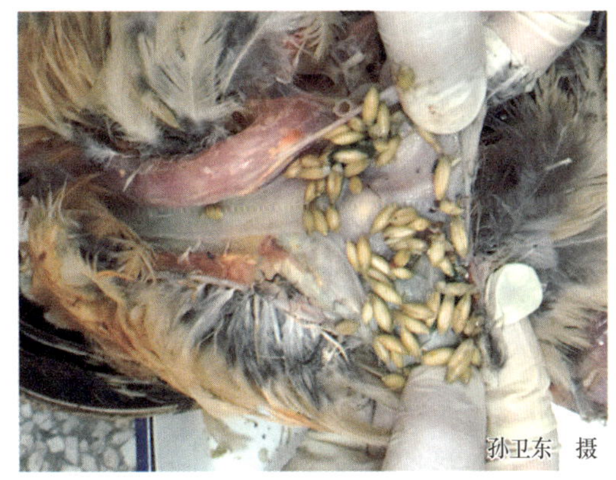

图 6-1 给鸡仅提供麦类日粮

（4）**饲养管理因素** 如鸡群水线（水壶）未及时清理（消毒），或料线（料槽）的剩料清理不及时，造成鸡长期消化吸收不良；饲养密度过大、鸡舍潮湿、有害气体超标等引起鸡黏膜免疫损伤。

（5）**其他因素** 某些重金属（如铅）、某些禁用药物（如氯霉素）等也可引起免疫抑制。

第二节　免疫抑制性疾病的诊断思路及鉴别诊断要点

一、诊断思路

当鸡群出现免疫失败时，不仅应考虑免疫抑制性疾病，还要考虑其他可能导致鸡产生免疫抑制的因素。其诊断思路见图 6-2。

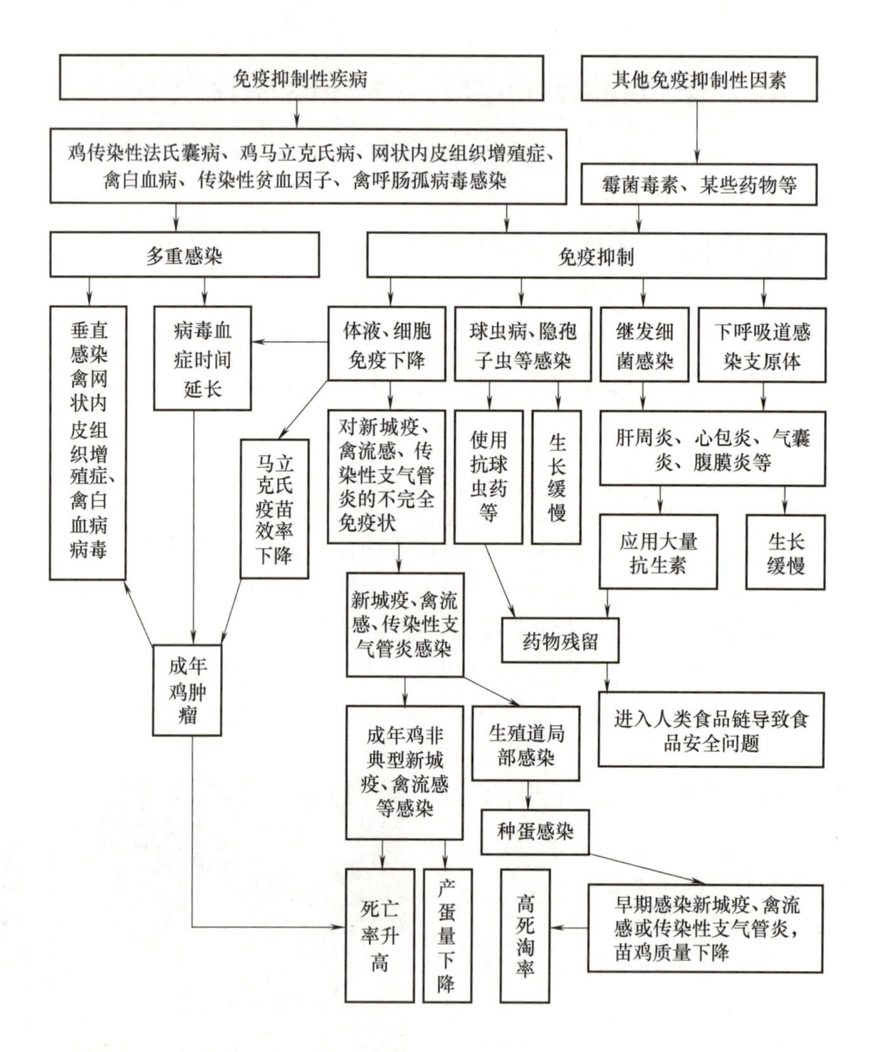

图 6-2　免疫抑制性疾病和免疫抑制性因素致多重感染及继发感染示意图

二、鉴别诊断要点

引起鸡免疫抑制常见疾病的鉴别诊断见表 6-1。

表 6-1　引起鸡免疫抑制常见疾病的鉴别诊断

病名	鉴别诊断要点											
	易感时间	流行季节	群内传播	发病率	病死率	粪便	呼吸	鸡冠肉髯	神经症状	胃肠道	心脏、肺、气管和气囊	其他脏器
内脏型马立克氏病	2~5 月龄	无	慢	有时较高	高	正常	正常	萎缩	部分鸡有	各脏器多可形成肿瘤		
白血病	24~40 周龄	无	慢	低	高	正常	正常	萎缩	有时瘫痪	有肿瘤	有时有肿瘤	肝脏肿大
鸡传染性贫血	2~4 周龄	无	较慢	较高	高	正常	困难	苍白或黄染	无	贫血	贫血	肌肉、骨髓苍白
网状内皮组织增殖症	无	无	急性快；慢性较长	有时较高	高	白色稀便	正常	萎缩或苍白	无	有时有肿瘤	有时有肿瘤	胰腺、性腺、肾脏有时有肿瘤
鸡传染性法氏囊病	3~6 周龄	4~6 月	很快	很高	较高	石灰水样稀粪	急促	正常	无	出血	心冠出血	胸肌、腿肌、法氏囊出血

第三节　常见疾病的鉴别诊断与防治

一、鸡传染性法氏囊病

鸡传染性法氏囊病（Avian Infections Bursal Disease）又称为甘布罗病（Gumboro Disease）、传染性腔上囊炎，是由双 RNA 病毒科禽双 RNA 病毒属病毒引起的一种急性、高度接触性和免疫抑制性的禽类传染病。临床上以排石灰水样粪便，法氏囊显著肿大并出血，胸肌和腿肌呈斑块状出血为特征。

【流行特点】

（1）易感动物　主要感染鸡和火鸡，鸭、珍珠鸡、鸵鸟等也可感染。火鸡多呈隐性感染。

（2）传染源　主要为病鸡和带毒鸡。病鸡在感染后 3~11 天排毒达到高峰，该病毒耐酸、耐碱，对紫外线有抵抗力，在鸡舍中可存活 122 天，在受污染饲料、饮水和粪便中 52 天仍有感染性。

（3）传播途径　主要经消化道、眼结膜及呼吸道感染。

（4）流行季节　本病无明显季节性。

【临床症状】本病的潜伏期一般为 7 天。在自然条件下，3~6 周龄鸡最易感。常为突然发病，迅速传播，同群鸡约在 1 周内均可被感染，感染率可达 100%，若不采取措施，邻近鸡舍在 2~3 周后也可被感染发病，一般发病后第三天开始死亡（图 6-3），5~7 天死亡达到高峰并很快减少，呈尖峰形死亡曲线。死亡率一般为10%~30%，最高可达40%。病鸡初、中期体温可升高到43℃，后期体温下降。表现为昏睡、呆立、羽毛逆立、翅膀下垂等症状（图6-4）；病鸡以排白色石灰水样稀便为主（图6-5），泄殖腔周围羽毛常被白色石灰样粪便污染，趾爪干枯（图6-6），眼窝凹陷，最后衰竭而死。有时病鸡频频啄肛，严重者尾部被啄出血。发病1周后，病死鸡数逐渐减少，迅速康复。

图6-3 病鸡一般发病后第三天开始死亡

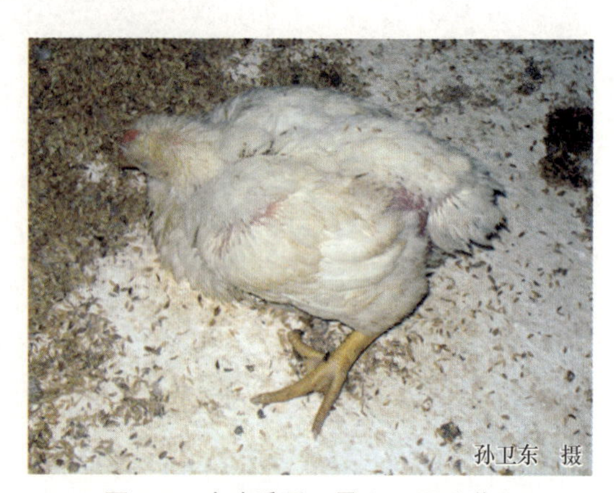

图6-4 病鸡昏睡、呆立、羽毛逆立

图6-5 病鸡精神沉郁，垫料上有白色石灰水样粪便

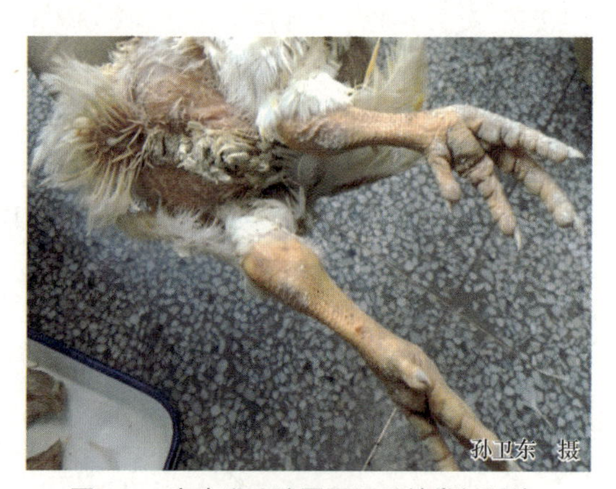

图6-6 病鸡泄殖腔周围羽毛被粪便污染，趾爪干枯

【病理剖检变化】病鸡或病死鸡通常呈现脱水，胸部（图6-7）、腿部（图6-8）肌肉常有条状、斑点状出血。法氏囊先肿胀、后萎缩。在感染后2~3天，法氏囊呈胶冻样水肿（图6-9），体积和重量会增大至正常的1.5~4倍；法氏囊切开后，可见内壁水肿、少量出血或坏死灶（图6-10），有的有大量黄色黏液或奶油样物。感染3~5天的病鸡可见整个法氏囊广泛出血，如紫色葡萄（图6-11）；法氏囊切开后，可见内壁黏膜严重充血、出血（图6-12），

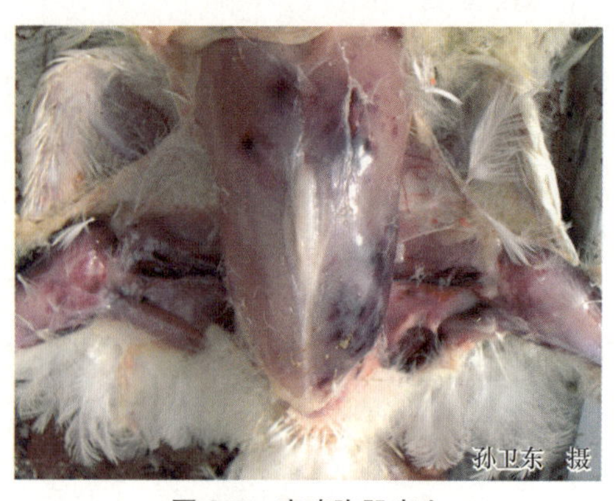

图6-7 病鸡胸肌出血

常见有坏死灶。感染 5~7 天后，法氏囊会逐渐萎缩，重量为正常的 1/5~1/3，颜色由浅粉红色变为蜡黄色；但法氏囊病毒变异株可在 72 小时内引起法氏囊的严重萎缩。死亡及病程后期的鸡肾脏肿大，尿酸盐沉积，呈花斑肾（图 6-13）。肝脏呈土黄色，有的伴有出血斑点（图 6-14）。有的感染鸡在腺胃与肌胃之间有出血带（图 6-15）；有的感染鸡的胸腺可见出血点；脾脏可能轻度肿大，表面有弥漫性的灰白色病灶。

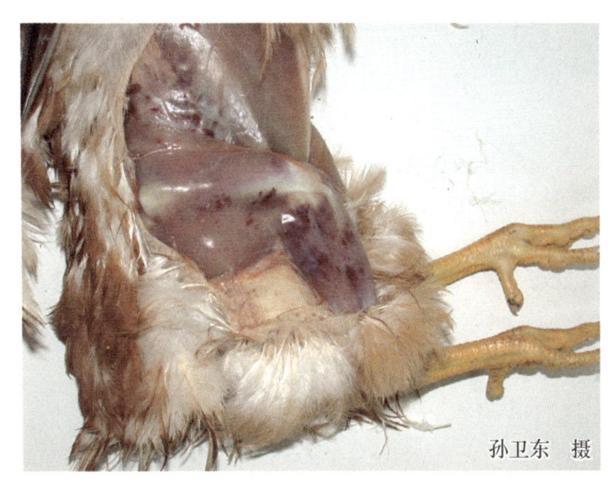

图 6-8 病鸡腿肌出血

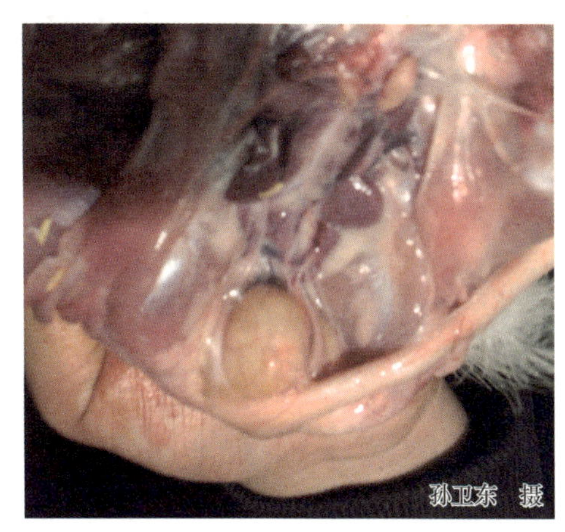

图 6-9 病鸡的法氏囊外观呈胶冻样水肿

图 6-10 病鸡的法氏囊切开后内壁水肿，有少量出血和坏死

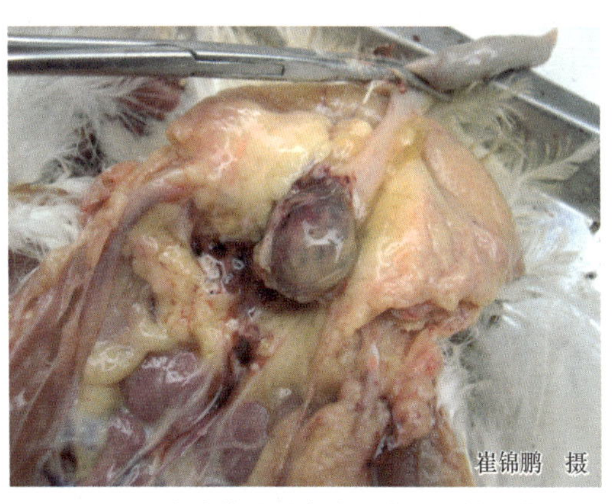

图 6-11 病鸡的法氏囊外观出血呈紫葡萄样

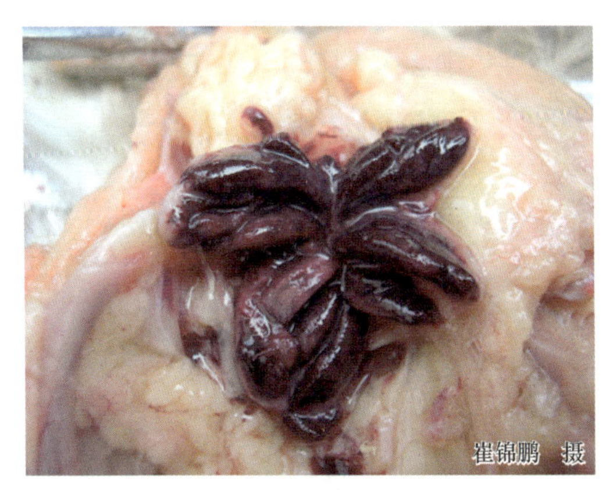

图 6-12 病鸡的法氏囊切开后内壁严重出血

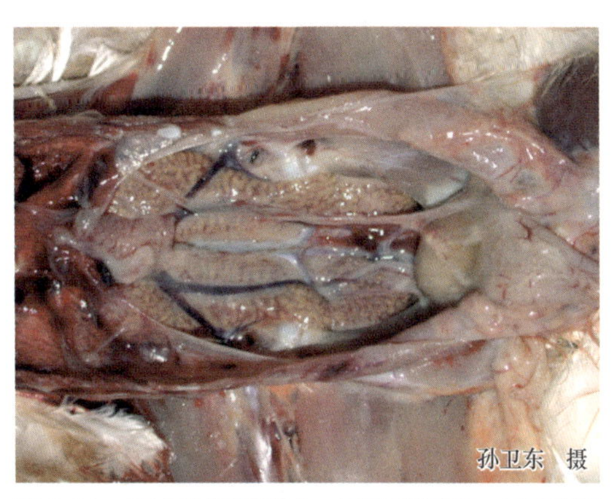

图 6-13 病鸡的肾脏肿大，尿酸盐沉积，呈花斑肾

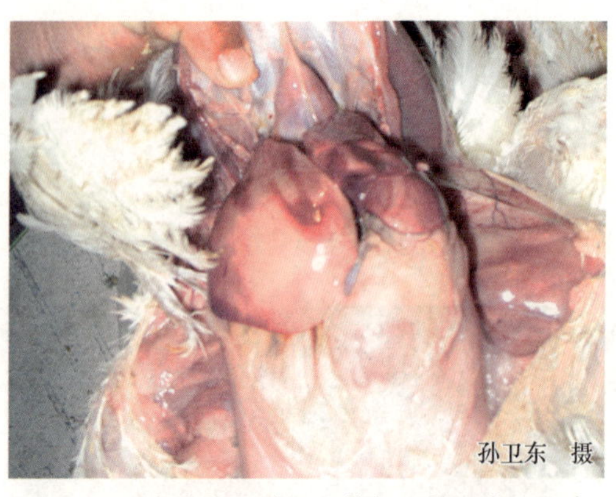

图 6-14 病鸡的肝脏呈土黄色，伴有出血斑点

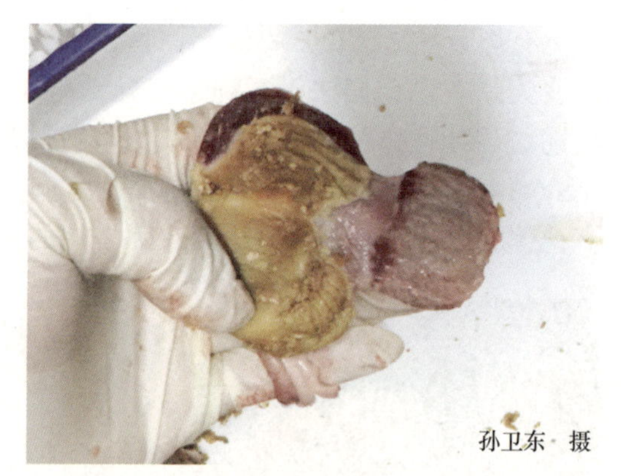

图 6-15 病鸡的腺胃与肌胃之间有出血带

【类症鉴别】本病出现的肾脏肿大、内脏器官尿酸盐沉积与磺胺类药物中毒、肾病型传染性支气管炎、鸡痛风等出现的病变类似，详细鉴别请参考第五章中鸡痛风类症鉴别部分的内容。

【预防】实行“以免疫为主”的综合性防治措施。

（1）免疫接种

1）免疫接种要求：根据当地流行病史、母源抗体水平、鸡群的免疫抗体水平监测结果等合理制订免疫程序、确定免疫时间及使用疫苗的种类，按疫苗说明书要求进行免疫。必须使用经国家兽医主管部门批准的疫苗。

2）疫苗种类：鸡传染性法氏囊病的疫苗有两大类，活疫苗和灭活苗。活疫苗分为三种类型，一类是温和型或低毒力型的活苗，如 A80、PBG98、LKT、Bu-2、LID228、CT 等；一类是中等毒力型活苗，如 J87、B2、D78、S706、BD、BJ836、TAD、Cu-IM、B87、NF8、K85、MB、Lukert 细胞毒等；另一类是高毒力型的活疫苗，如初代次的 2512 毒株、J1 株等。灭活苗如 CJ-801-BKF 株、X 株、强毒 G 株等。

3）鸡的免疫参考程序：

① 对于母源抗体水平正常的种鸡群，可于 2 周龄时选用中等毒力活疫苗首免，5 周龄时用同样疫苗二免，产蛋前（20 周龄时）和 38 周龄时各注射油佐剂灭活苗 1 次。

② 对于母源抗体水平正常的肉用雏鸡或蛋鸡，10~14 日龄选用中等毒力活疫苗首免，21~24 日龄时用同样疫苗二免。对于母源抗体水平偏高的肉用雏鸡或蛋鸡，18 日龄选用中等毒力活疫苗首免，28~35 日龄时用同样疫苗二免。

③ 对于母源抗体水平低或无的肉用雏鸡或蛋鸡，1~3 日龄时用低毒力活疫苗（如 A80 株）首免，或用 1/3~1/2 剂量的中等毒力活疫苗首免，10~14 日龄时用同样疫苗二免。

（2）加强监测

1）监测方法：以监测抗体为主，可采取琼脂扩散试验、病毒中和试验方法进行监测。

2）监测对象：鸡、鸭、火鸡等易感禽类。

3）监测比例：规模养鸡场至少每半年监测 1 次。父母代以上种鸡场、有出口任务养鸡场的监测，每批次（群）按照 0.5% 的比例进行监测；商品代养鸡场，每批次（群）按照 0.1% 的比例进行监测。每批次（群）监测数量不得少于 20 份。对散养鸡及流通环节中的交易市场、鸡屠宰厂（场）、异地调入的批量活鸡进行不定期的监测。

4）监测样品：血清或卵黄。

5）监测结果及处理：监测结果要及时汇总，由省级动物防疫监督机构定期上报至中国动物疫病预防控制中心。监测中发现因使用未经农业农村部批准的疫苗而造成阳性结果的鸡群，一律按传染性法氏囊病阳性的有关规定处理。

（3）引种检疫 国内异地引入种鸡及其精液、种蛋时，应取得原产地动物防疫监督机构的检疫合格证明。到达引入地后，种鸡必须隔离饲养 7 天以上，并由引入地动物防疫监督机构进行检测，合格后方可混群饲养。

（4）加强饲养管理，提高环境控制水平 饲养、生产、经营等场所必须符合《动物防疫条件审核管理办法》（农业部 15 号令）的要求，并须取得动物防疫合格证。饲养场实行全进全出饲养方式，控制人员出入，严格执行清洁和消毒程序。各饲养场、屠宰厂（场）、动物防疫监督检查站等要建立严格的卫生（消毒）管理制度。

【临床用药指南】宜采取抗体疗法，同时配合抗病毒、对症治疗。

（1）抗体疗法

1）高免血清：利用鸡传染性法氏囊病康复鸡的血清［中和抗体价在 1∶（1024~4096）］或人工高免鸡的血清［中和抗体价在 1∶（16000~32000）］，每只皮下或肌内注射 0.1~0.3 毫升，必要时第二天再注射 1 次。

2）高免卵黄抗体：每只皮下或肌内注射 1.5~2.0 毫升，必要时第二天再注射 1 次。利用高免卵黄抗体进行法氏囊病的紧急治疗效果较好，但也存在一些问题。一是卵黄抗体中可能存在垂直传播的病毒（如禽白血病、产蛋下降综合征等）和病菌（如大肠杆菌或沙门菌等），接种后造成新的感染；二是卵黄中含有大量蛋白质，注射后可能造成应激反应和过敏反应等；三是卵黄液中可能含有多种疫病的抗体，注射后干扰预定的免疫程序，导致免疫失败。

（2）抗病毒 防治本病的抗病毒的商品中成药有：速效管囊散、速效囊康、独特（荆防解毒散）、克毒Ⅱ号、瘟病消、瘟喘康、黄芪多糖注射液（口服液）、芪蓝囊病饮、病菌净口服液，抗病毒颗粒等。

（3）对症治疗 在饮水中加入肾肿解毒药、肾肿消、益肾舒、激活、肾宝、活力健、肾康、益肾舒、口服补液盐（氯化钠 3.5 克、碳酸氢钠 2.5 克、氯化钾 1.5 克、葡萄糖 20 克，水 2500~5000 毫升）等水盐及酸碱平衡调节剂让鸡自饮或喂服，每天 1~2 次，连用 3~4 天。同时在饮水中加抗生素（如环丙沙星、卡那霉素等）和 5% 的葡萄糖，效果更好。

变异株传染性法氏囊病

自从 1985 年 J.K.Rosenberger 在美国首次证实传染性法氏囊病病毒变异株流行以来，变异株传染性法氏囊病就成为养鸡者和学术研究人员关心的议题。

【发病日龄范围变宽】早发病例出现在 20 日龄之前，迟发病例推迟到 160 日龄，明显比典型传染性法氏囊病的发病日龄范围更宽，即发病日龄有明显提前和拖后的趋势，特别是变异株传染性法氏囊病病毒引起的 3 周龄以内的鸡感染后通常不表现临床症状，而呈现早期亚临床型感染，可引起严重而持久的不可逆的免疫抑制；而 90 日龄时发病比例明显增大，这很可能与蛋鸡二免后出现的 90 日龄到开产之间的抗体水平较低有关，应该引起养鸡者的重视。

【多发于免疫鸡群】病程延长，死亡率明显降低，且有复发倾向，主要原因是免疫鸡群对鸡传染性法氏囊病病毒有一定的抵抗力，个别或部分抗体水平较低的鸡只感染发病，成为传染源，不断向外排毒，其他鸡只陆续发病，从而延长了病程，一般病程超过 10 天，有的长达 30 多天。死亡率明显降低，一般在 2% 以下，个别达到 5%，此外治愈鸡群可再次发生本病。

【剖检变化不典型】法氏囊呈现的典型变化明显减少；肌肉（腿肌、胸肌）出血的情况显著增加；肾脏肿胀较轻，尿酸盐很少沉积；病程越长，症状和病变越不明显，病鸡多出现食欲正常，粪便较稀，肛门清洁有弹性，肠壁肿胀呈黄色。

【预防】

（1）**加强种鸡免疫** 发病日龄提前的一个主要原因是雏鸡缺乏母源抗体的保护。较好的种鸡免疫程序是：种鸡用传染性法氏囊 D_{78} 的弱毒苗进行 2 次免疫，在 18~20 周龄和 40~42 周龄再各注射 1 次油佐剂灭活苗。

（2）**选用合适疫苗接种** 这是预防本病的主要途径，由于毒株变异或毒力变化，先前的疫苗和异地的疫苗难以奏效，应选用合适的疫苗（如含本地鸡场感染毒株或中等毒力的疫苗）。另外，灭活疫苗与活疫苗的配套使用也是很重要的。对于自繁自养的鸡场来说，从种鸡到雏鸡，免疫程序应当一体化，雏鸡群的首免可采用弱毒疫苗，然后用灭活疫苗加强免疫或弱毒疫苗与灭活疫苗配套使用的免疫程序。也可使用新型疫苗，如 VP5 基因缺失疫苗等。

（3）**加强饲养管理** 合理搭配饲料，减少应激，提高鸡机体的抗病力。

【临床用药指南】参考鸡传染性法氏囊病临床用药指南部分的叙述。

二、鸡马立克氏病

鸡马立克氏病（Chicken Marek′s Disease）是由疱疹病毒科 α 亚群马立克氏病病毒引起的，以危害淋巴系统和神经系统，引起外周神经、性腺、虹膜、各种内脏器官、肌肉和皮肤的单个或多个组织器官发生肿瘤为特征的禽类传染病。

【流行特点】

（1）**易感动物** 鸡是主要的自然宿主。鹌鹑、火鸡、雉鸡、乌鸡等也可发生自然感染。6 周龄以上的鸡可出现临床症状，12~24 周龄最为严重。

（2）**传染源** 病鸡和带毒鸡为传染源。

（3）**传播途径** 呼吸道是主要的感染途径，羽毛囊上皮细胞中成熟型病毒可随着羽毛和脱落皮屑散毒。病毒对外界抵抗力很强，在室温下传染性可保持 4~8 个月。此外，进出育雏室的人员、昆虫（甲虫）、鼠类可成为传播媒介。

（4）**流行季节** 无明显的季节性。

【临床症状】本病的潜伏期为 4 个月。根据临床症状分为 4 个型，即神经型、内脏型、眼型和皮肤型。本病的病程一般为数周至数月。因感染的毒株、易感鸡品种（系）和日龄不同，死亡率不同，为 2%~70%。

（1）**神经型** 最早症状为运动障碍。常见腿和翅膀完全或不完全麻痹，表现为“劈叉”式（图 6-16）、翅膀下垂；嗉囊因麻痹而扩大。

（2）**内脏型** 常表现为极度沉郁，有时不表现任何症状而突然死亡。有的病鸡表现为厌食、消瘦（图 6-17）和昏迷，最后衰竭而死。

（3）**眼型** 视力减退或消失，虹膜失去正常色素（图 6-18）、呈同心环状或斑点状，瞳孔边缘不整，严重阶段瞳孔只剩下一个针尖大小的孔。

图 6-16 病鸡呈“劈叉”姿势

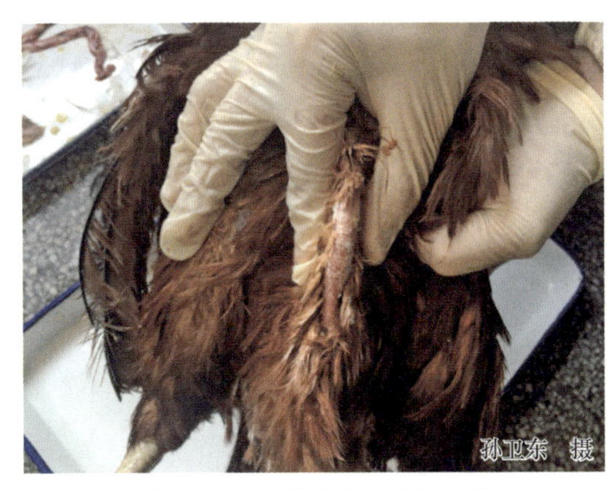

图 6-17 病鸡消瘦、龙骨凸出

（4）**皮肤型** 全身皮肤毛囊肿大，以大腿外侧、翅膀、腹部、胸前部（图 6-19）尤为明显。

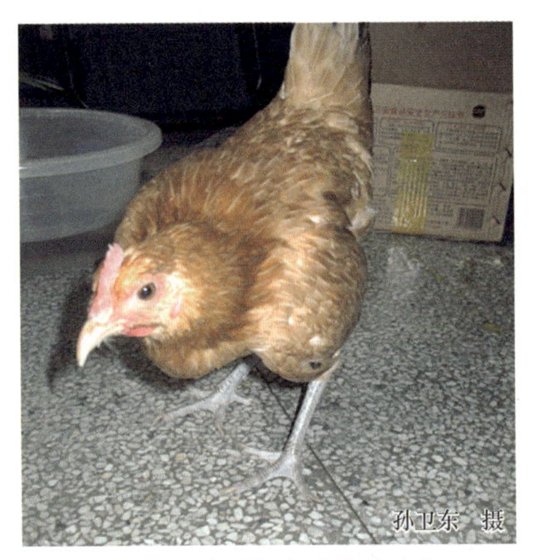

图 6-18 病鸡视力减退或消失，虹膜失去正常色素

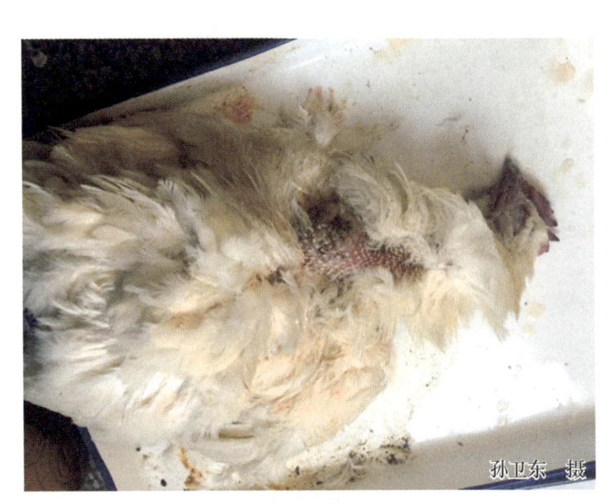

图 6-19 病鸡胸前部毛囊肿大

【病理剖检变化】

（1）**神经型** 常在翅神经丛、坐骨神经丛、坐骨神经、腰间神经和颈部迷走神经等处发生病变，病变神经可比正常神经粗 2~3 倍，横纹消失，呈灰白色或浅黄色。有时可见神经淋巴瘤。

（2）**内脏型** 在肝脏（图 6-20）、脾脏（图 6-21）、胰腺（图 6-22）、睾丸、卵巢（图 6-23）、肾脏（图 6-24）、肺（图 6-25）、腺胃（图 6-26）、心脏、肠管（图 6-27）等脏器出现广泛的结节性或弥漫性肿瘤。

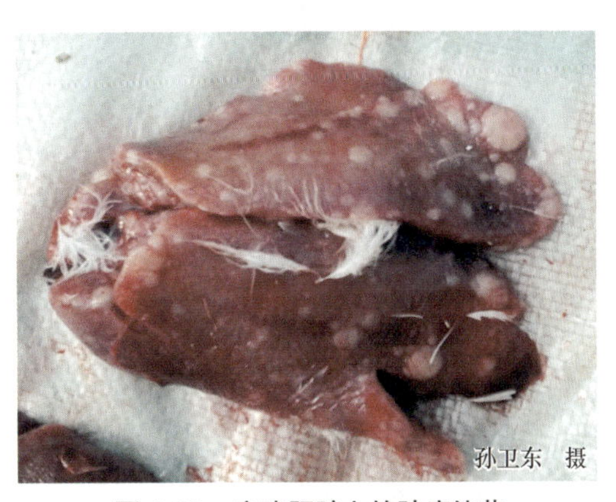

图 6-20 病鸡肝脏上的肿瘤结节

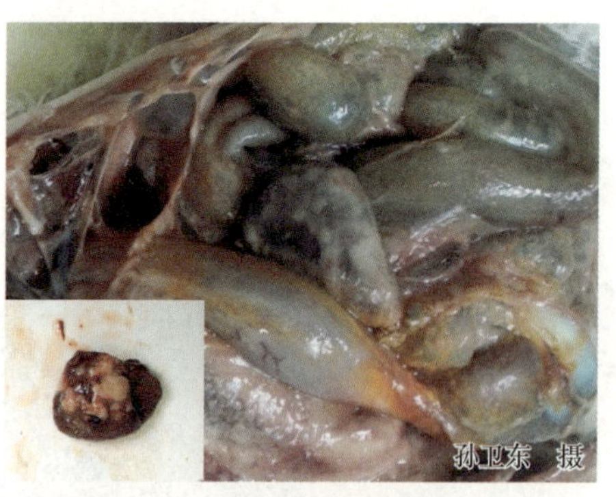

图 6-21 病鸡脾脏上的肿瘤结节（左下角为脾脏肿瘤的横切面）

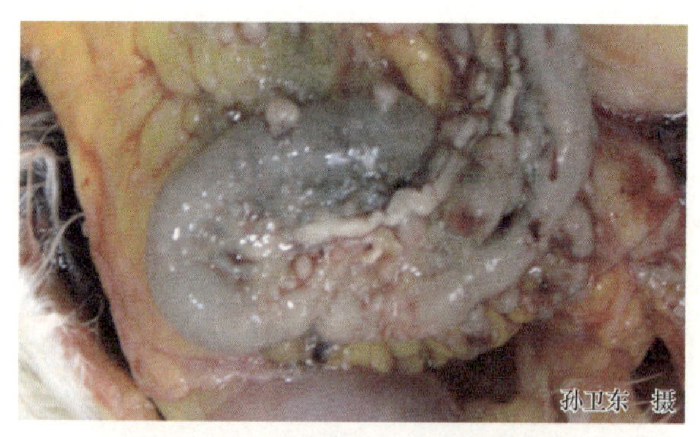

图 6-22 病鸡胰腺上的肿瘤结节

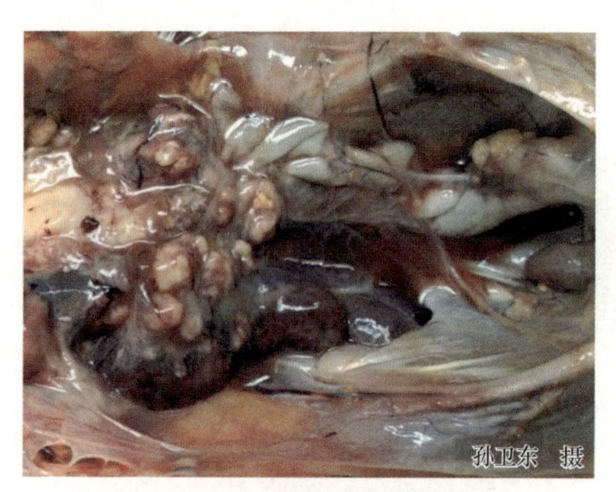

图 6-23 病鸡卵巢上的肿瘤结节

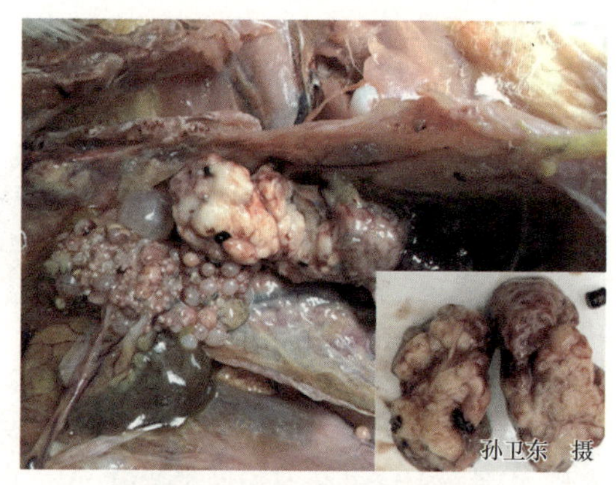

图 6-24 病鸡肾脏上的肿瘤结节

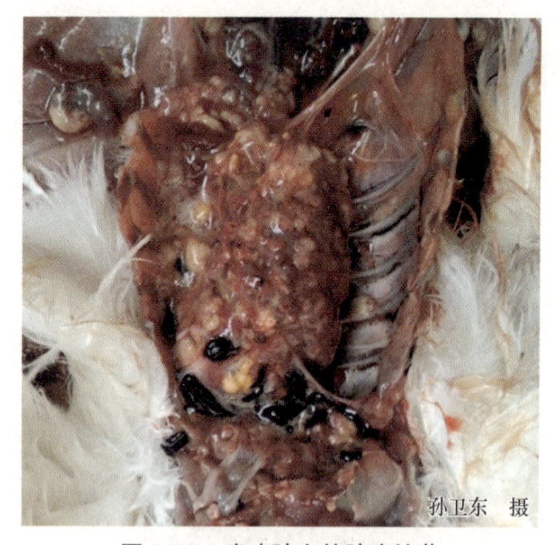

图 6-25 病鸡肺上的肿瘤结节

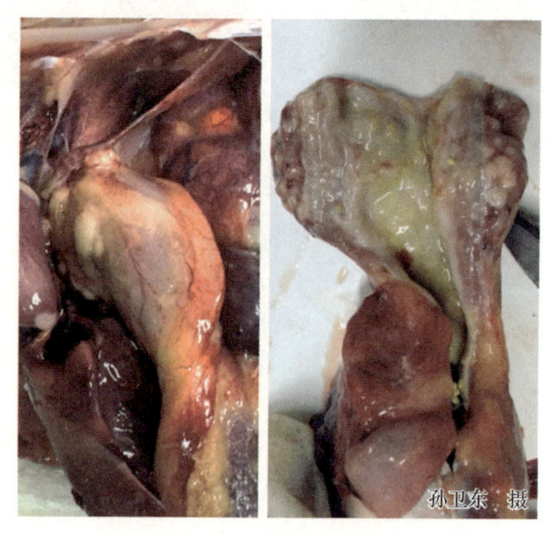

图 6-26 病鸡腺胃上的肿瘤结节

（3）**皮肤型** 常见毛囊肿大，大小不等，融合在一起，形成浅白色结节，在拔除羽毛后尸体尤为明显（图 6-28）。

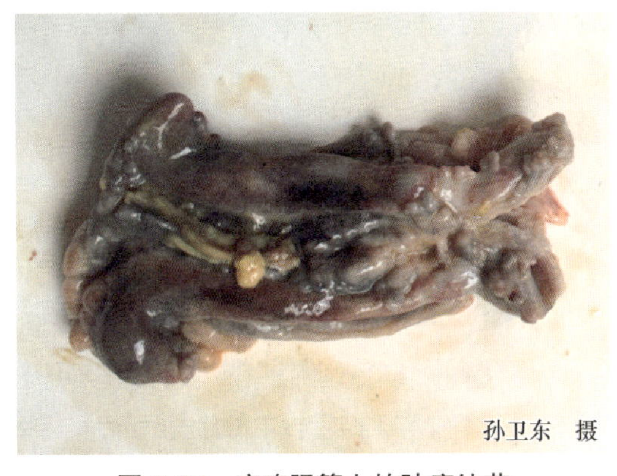

图 6-27 病鸡肠管上的肿瘤结节

图 6-28 病鸡股内侧皮肤上的肿瘤结节

【类症鉴别】本病与内脏型肉眼病变、禽淋巴白血病、网状内皮组织增殖症十分相似，应注意鉴别。建立在大体病变和年龄基础之上的诊断，至少符合以下条件之一，可考虑诊断为鸡马立克氏病：一、外周神经淋巴组织增生性肿大；二、16 周龄以下的鸡发生多种组织的淋巴肿瘤（肝脏、心脏、性腺、皮肤、肌肉、腺胃）；三、16 周龄或更大的鸡，在没有发生法氏囊肿瘤的情况下，出现内脏淋巴肿瘤；四、虹膜褪色和瞳孔不规则。

【预防】实行"以免疫为主"的综合性防治措施。

（1）免疫接种

1）免疫接种要求：应于雏鸡出壳 24 小时内进行免疫。所用疫苗必须是经国务院兽医主管部门批准使用的疫苗。

2）疫苗的种类：目前使用的疫苗有 3 种：人工致弱的Ⅰ型（如 CVI988）、自然不致瘤的Ⅱ型（如 SB1，Z4）和Ⅲ型 HVT（如 FC126）。HVT 疫苗使用最为广泛，但有很多因素可以影响疫苗的免疫效果。

3）参考免疫程序：选用火鸡疱疹病毒（HVT）疫苗或 CVI988 病毒疫苗，雏鸡在 1 日龄接种；或以低代次种毒生产的 CVI988 疫苗，每头份的病毒含量应大于 2000PFU，通常 1 次免疫即可，必要时还可加上 HVT 同时免疫。疫苗稀释后仍要放在冰瓶内，并在 2 小时内用完。

（2）加强监测 养鸡场应做好死亡鸡肿瘤发生情况的记录，并接受动物防疫监督机构监督。对可能存在超强毒株的高发鸡群使用 814+SB-1 二价苗或 814+SB-1+FC-126 三价苗进行免疫接种。

（3）引种检疫 国内异地引入种鸡时，应经引入地动物防疫监督机构审核批准，并取得原产地动物防疫监督机构的免疫接种证明和检疫合格证明。

（4）加强饲养管理

1）防止雏鸡早期感染。入孵前应对种蛋进行消毒；注意育雏室、孵化室、孵化箱和其他笼具应彻底消毒；雏鸡最好在严格隔离的条件下饲养；采用全进全出的饲养制度，防止不同日龄的鸡混养于同一鸡舍。

2）提高环境控制水平。饲养、生产、经营等场所必须符合《动物防疫条件审核管理办法》（农业部 15 号令）的要求，并取得动物防疫合格证。饲养场实行全进全出的饲养制度，控制人员出入，严格执行清洁和消毒程序。

（5）加强消毒 各饲养场、屠宰厂（场）、动物防疫监督检查站等要建立严格的卫生

（消毒）管理制度。

【临床用药指南】 对于患病的鸡群，目前尚无有效的治疗方法。一旦发病，应隔离病鸡和同群鸡，鸡舍及周围进行彻底消毒，对重症病鸡应立即扑杀，并连同病死鸡、粪便、羽毛及垫料等进行深埋或焚烧等无害化处理。

三、网状内皮组织增殖症

网状内皮组织增殖症（Reticuloendotheliosis）是由网状内皮组织增殖病病毒群的反转录病毒引起的一群病理综合征。临床上可表现为急性网状内皮细胞肿瘤、矮小病综合征及淋巴组织和其他组织的慢性肿瘤等。本病对种鸡场和祖代鸡场可造成较大的经济损失，而且还会导致免疫抑制，故需要引起重视。

【流行特点】

（1）易感动物 本病的感染率因鸡的品种、日龄和病毒的毒株不同而不同。该病毒对雏鸡敏感，低日龄雏鸡感染后会引起严重的免疫抑制或免疫耐受，较大日龄雏鸡感染后不出现或仅出现一过性的病毒血症。

（2）传播途径 病毒可通过口、眼分泌物及粪便中排出病毒水平传播，也可通过蛋垂直传播。此外，商品疫苗的种毒如果受到该病毒的意外污染，特别是马立克氏病和鸡痘疫苗，会人为造成全群感染。

【临床症状和病理剖检变化】 因病毒的毒株不同而不同。

（1）急性网状内皮细胞肿瘤病型 潜伏期较短，一般为3~5天，死亡率高，常发生在感染后的6~12天，新生雏鸡感染后死亡率可高达100%。剖检可见肝脏、脾脏、胰腺、性腺、心脏等肿大，并伴有局灶性或弥漫性的浸润病变。

（2）矮小病综合征病型 病鸡羽毛发育不良（图6-29），腹泻，垫料易潮湿（俗称湿垫料综合征），生长发育明显受阻（图6-30），机体瘦小。剖检可见胸腺和法氏囊萎缩，并有腺胃炎、肠炎、贫血、外周神经肿大等症状。

（3）慢性肿瘤病型 病鸡形成多种慢性肿瘤，如鸡法氏囊淋巴瘤（图6-31）、鸡非法氏囊淋巴瘤、火鸡淋巴瘤和其他淋巴瘤等。

图6-29 病鸡羽毛发育不良

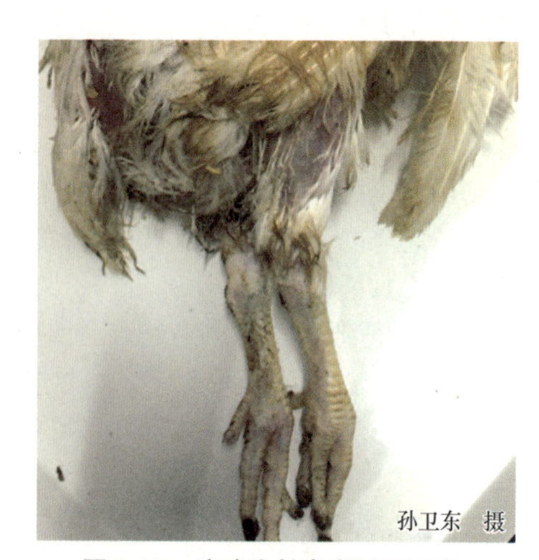

图6-30 病鸡生长发育明显受阻，脚鳞发白，易腹泻，被毛潮湿

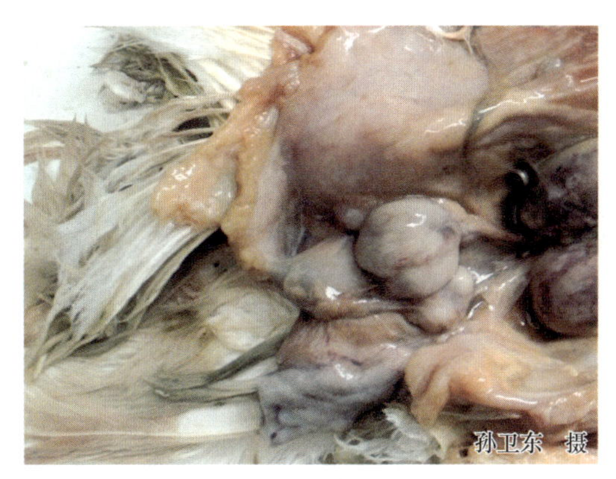

图 6-31 鸡法氏囊淋巴瘤外观

【类症鉴别】请参考本章中鸡马立克氏病类症鉴别部分的叙述。

【预防】目前尚无有效预防本病的疫苗。在预防上主要是采取一般性的综合措施，防止引入带毒母鸡，加强原种鸡群中本病抗体的检测，淘汰阳性鸡，同时对鸡舍进行严格消毒。平时进行相关疫苗的免疫接种时，应选择 SPF 鸡胚制作的疫苗，防止疫苗的带毒污染。

【临床用药指南】请参考本章中鸡马立克氏病临床用药指南部分的叙述。

四、黄曲霉毒素中毒

黄曲霉毒素中毒（Aflatoxicosis）是鸡采食了被黄曲霉菌、毛霉菌、青霉菌侵染的饲料，尤其是由黄曲霉菌侵染后产生的黄曲霉毒素而引起的一种危害很大的中毒病。黄曲霉毒素是黄曲霉菌的一种有毒的代谢产物，对鸡和人类都有很强的毒性。临床上以急性或慢性肝中毒、全身性出血、腹水、消化机能障碍和神经症状为特征。

【临床症状】2~6 周龄的雏鸡对黄曲霉毒素最敏感，很容易引起急性中毒。最急性中毒者，常没有明显症状而突然死亡。病程稍长的病鸡主要表现为精神不振，食欲减退，嗜睡，生长发育缓慢，消瘦，贫血，体弱，鸡冠苍白，翅下垂，腹泻，粪便中混有血液，鸣叫，运动失调，甚至严重跛行，腿、脚部皮下可出现紫红色出血斑，死亡前常见有抽搐、角弓反张等神经症状，死亡率可达 100%。青年鸡和成年鸡中毒后一般会引起慢性中毒，表现为精神委顿，运动减少，食欲减退，羽毛松乱，蛋鸡开产期推迟，产蛋量减少，蛋小，蛋的孵化率降低。中毒后期鸡有呼吸道症状，伸颈张口呼吸，少数病鸡有浆液性鼻液，少数病鸡有肝脏包膜腔积液，有波动感（视频 6-1），最后卧地不起，昏睡，最终死亡。

视频 6-1

黄曲霉毒素中毒：种鸡肝脏腹水、有波动感

【病理剖检变化】急性中毒死亡的雏鸡可见肝脏肿大，色泽变浅，呈土黄色（图 6-32），表面有出血点（图 6-33），胆囊扩张，肾脏苍白、稍肿大，胸部皮下和肌肉常见出血。成年鸡慢性中毒时，剖检可见肝脏变黄，逐渐硬化（图 6-34），体积缩小，常分布白色点状或结节状病灶，剪开肝脏，有时可见积液从肝脏表面流出（视频 6-2）。心包和腹腔中常有积液（图 6-35 和视频 6-3），小腿皮下也常有出血点。有的鸡腺胃肿大，有的鸡胸腺萎缩（图 6-36）。中毒时间在 1 年以上的，可形成肝脏肿瘤结节（图 6-37）。

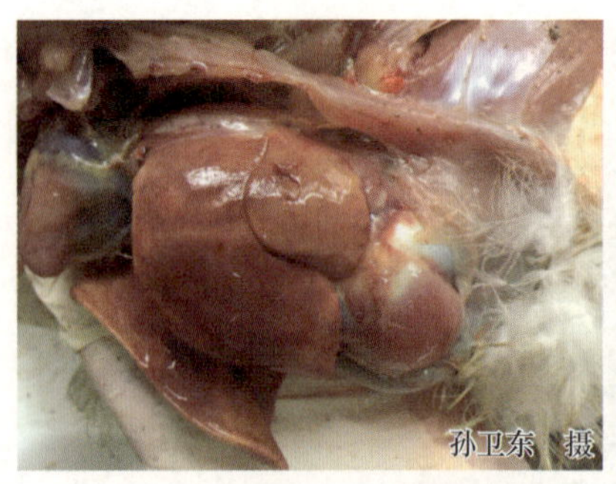

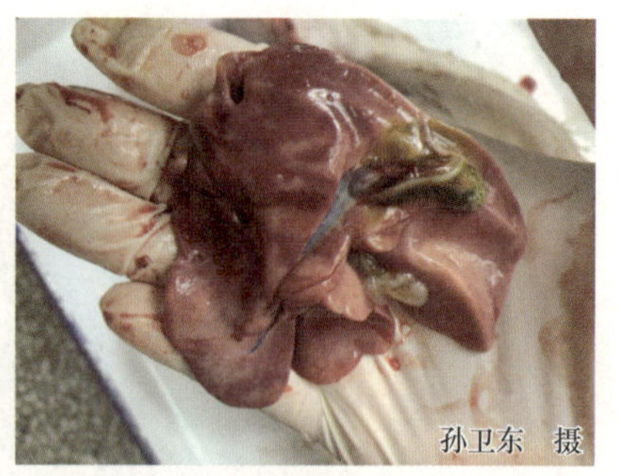

图 6-32　病鸡肝脏肿大，色泽变浅，呈土黄色

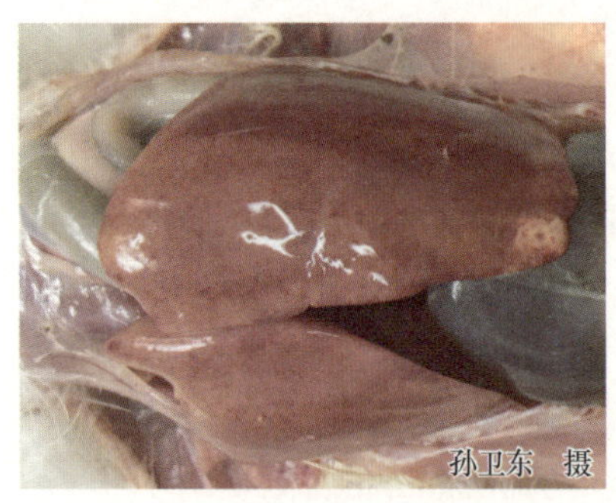

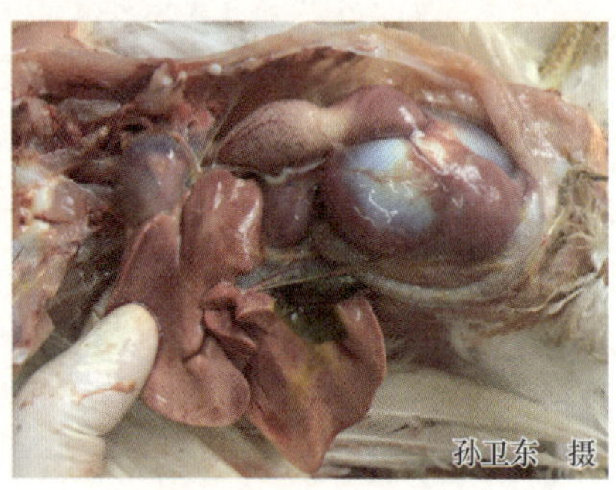

图 6-33　病鸡肝脏上有出血点

视频 6-2

黄曲霉毒素中毒：硬化的肝脏剪开后流出液体

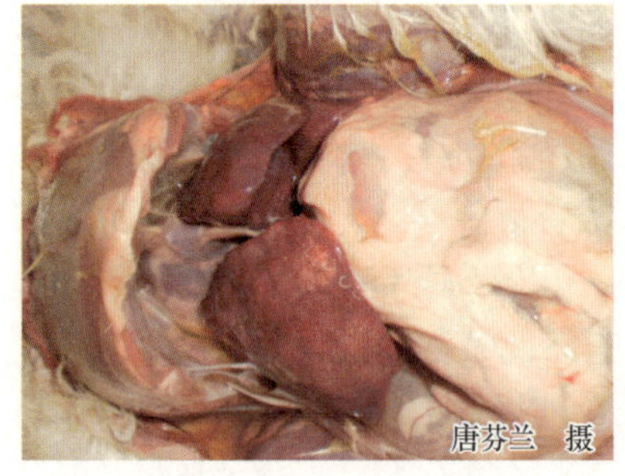

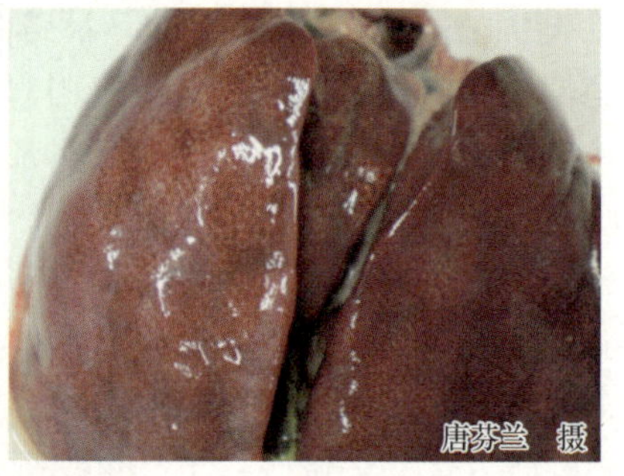

图 6-34　病鸡肝脏硬化

视频 6-3

黄曲霉毒素中毒：腹腔积液、有波动感

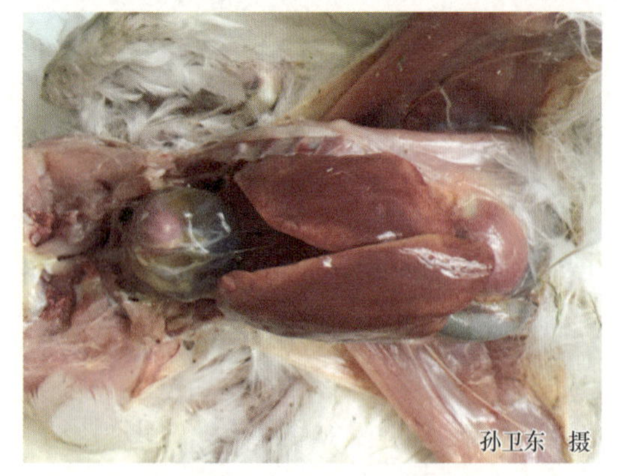

图 6-35　病鸡心包积液

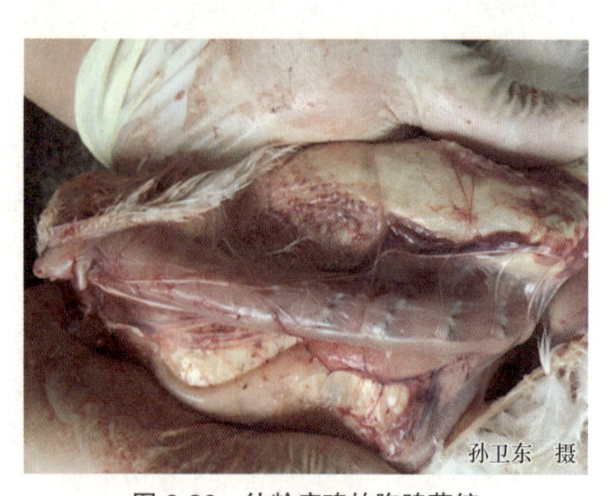

图 6-36　幼龄病鸡的胸腺萎缩

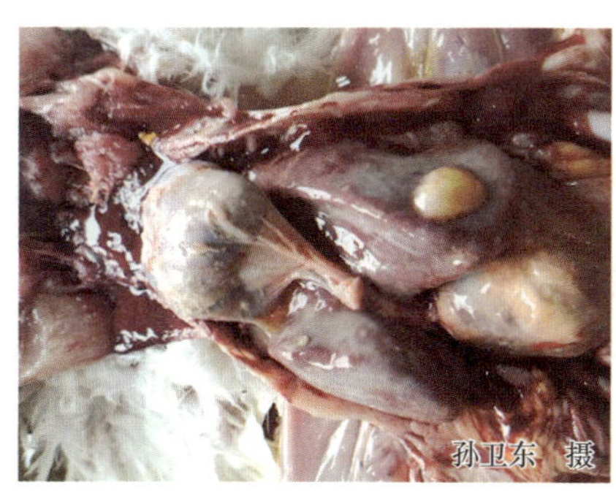

图 6-37 病鸡肝脏形成肿瘤结节

【预防】根本措施是不喂霉变的饲料。平时要加强饲料的保管工作，注意干燥、通风，特别是温暖多雨的谷物收割季节更要注意防霉。饲料仓库若被黄曲霉菌污染，最好用福尔马林熏蒸或用过氧乙酸喷雾，才能杀灭霉菌孢子。凡被毒素污染的用具、鸡舍、地面，要用 2% 的次氯酸钠消毒。

【临床用药指南】目前尚无有效的解毒药物，发病后立即停喂霉变饲料，更换新料，可投服盐类泻剂，排出肠道内毒素，并采取对症疗法，如饮服葡萄糖水、增加多种维生素的用量等。

注意 黄曲霉毒素不易被破坏，加热煮沸不能使毒素分解，所以中毒死鸡、排泄物等要销毁或深埋，坚决不能食用。粪便清扫干净，集中处理，防止二次污染饲料和饮水。

附　录

附录 A　鸡的病理剖检方法

鸡的病理剖检在鸡病诊治中具有重要的指导意义，因此应在养鸡场内建立常规的病理剖检制度，对鸡场中出现的病、残或死鸡进行尸体剖检，及时发现鸡群中存在的潜在问题，对即将发生的疾病做出早期诊断，防止鸡场疾病的暴发和蔓延。

一、病理剖检的准备

（1）剖检地点的选择　养鸡场的剖检室应建在远离生产区的下风处。若无剖检室，且必须剖检时，应选择在下风处比较偏僻的地方，尽量远离生产区。

（2）剖检（采样）器械的准备　对于鸡的剖检，一般有剪刀和镊子即可工作。另外可根据需要准备骨剪、肠剪、手术刀、搪瓷盆、标本缸、广口瓶、消毒注射器或一次性注射器、针头、培养皿、酒精灯、试管、抗凝剂、福尔马林固定液、记录本等，以便采集各种组织标本。

（3）剖检防护用具的准备　工作服、胶靴、橡胶手套或一次性医用手套、脸盆或塑料水桶、消毒剂、肥皂、毛巾等。若需要进入鸡舍收集病鸡或病死鸡，还要准备一次性隔离服。

（4）尸体处理设施的准备　大型鸡场应建尸体发酵池或购置焚尸炉，以便处理剖检后的尸体和平时鸡场出现的病鸡、病死鸡和淘汰鸡。中小型鸡场应对剖检后的尸体进行深埋或焚烧。

二、病理剖检的注意事项

（1）做好防护工作　在进行病鸡病理剖检前，如果怀疑待检鸡感染的疾病可能对人有接触传染时（如鹦鹉热、丹毒、禽流感等），必须采取严格的卫生预防措施。剖检人员在剖检前换上工作服、胶靴，配戴优质的橡胶手套、帽子、口罩等，在条件许可的情况下最好戴上细颗粒物防护口罩，以防吸入病鸡的组织或粪便形成的尘埃等。

（2）剖检前消毒　用消毒药液将病死鸡的尸体、剖检的台面、搪瓷盘或防漏垫等完全浸湿和消毒。

注意　剖检时，病/死鸡的尸体下应垫防渗漏的材料（如搪瓷盘、塑料布或塑料袋），避免病原的传播和二次污染。

(3)及时剖检病鸡或病死鸡 如果病鸡已死亡则应立即剖检，寒冷季节一般应在病鸡死后24小时内剖检，夏季则时间应相应缩短，以防尸体腐败（附图A-1）对剖检病理变化造成影响。此外，在剖检时应对所有死亡鸡进行剖检，且特别注意所剖检的病鸡或病死鸡在鸡群中是否具有代表性，所出现的病理变化应与鸡死后出现的尸斑（附图A-2）等相区别。

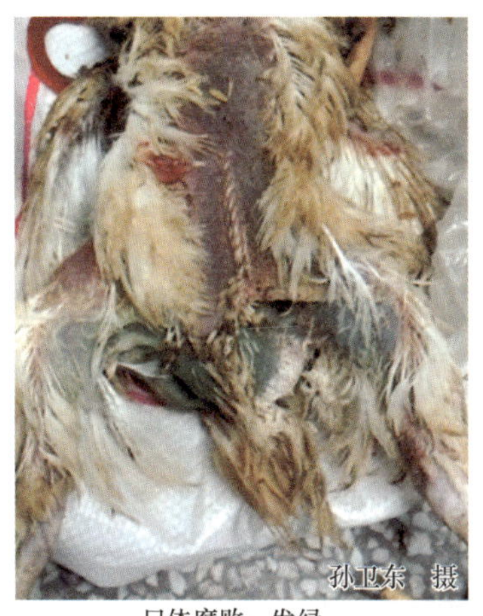

尸体腐败、发绿

内脏腐败发黑

附图A-1 腐败的死鸡

(4)严格遵循剖检和采样程序 剖检过程应遵循从无菌到有菌的程序，对未经仔细检查且粘连的组织，不可随意切断，更不可将腹腔内的管状器官（如肠道）切断，防止造成其他器官的污染，给病原分离带来困难。

(5)认真观察病理变化 剖检人员在剖检过程中必须认真检查和观察病变，做好记录，切忌草率行事。如需进一步检查病原和病理变化，应按检验目的正确采集病料送检。

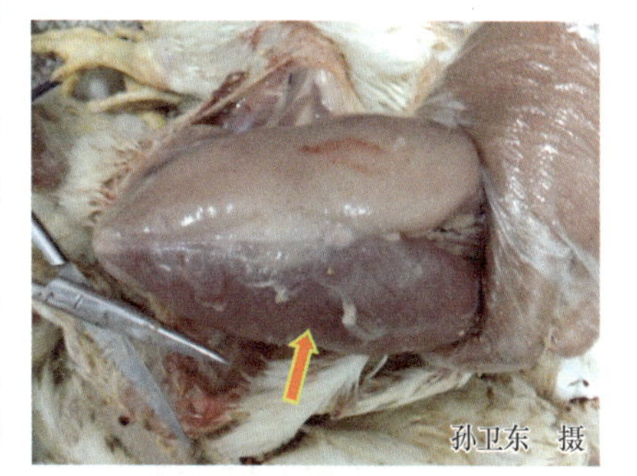

附图A-2 死鸡血液下沉、出现瘀血尸斑

(6)剖检人员出现损伤的处理 在剖检过程中，如果剖检人员不慎割破自己的皮肤，应立即停止工作，先用清水洗净，挤出污血，涂上药物，用纱布包扎或贴上创可贴；如果剖检的液体溅入眼中，应先用清水洗净，再用20%的硼酸冲洗。

(7)剖检后的消毒 剖检完毕后，所穿的工作服、剖检用具要清洗干净，消毒后保存。剖检人员应用肥皂或洗衣粉洗手、洗脸，并用75%的酒精消毒手部，再用清水洗净。剖检后的鸡尸体、剖检产生的废弃物等应进行无害化处理。剖检场地要进行彻底消毒。

三、病理剖检的程序

(1)宰杀活鸡 对于尚未死亡的活鸡，应先将其宰杀。常用的方法有断颈法（即一手提起双翅，另一手掐住头部，将头部急剧向垂直方向弯曲的同时，快速用力向前拉扯）；颈动脉放血（附图A-3a）；静脉注射安乐死的药液、二氧化碳（CO_2）等。

（2）浸泡消毒尸体 对病鸡、病死鸡或宰杀后的鸡，用消毒药液将其尸体表面及羽毛完全浸湿（附图 A-3b），然后将其移入搪瓷盘或其他防漏垫上准备剖检（附图 A-3c）。

（3）固定尸体 将鸡的尸体背位仰卧，在腿腹之间切开皮肤（附图 A-3d），然后紧握大腿股骨，用手将两条腿掰开，直至股骨头和髋臼分离，这样两腿将整个鸡的尸体支撑在搪瓷盘上（附图 A-3e）。

（4）剥离皮肤 从鸡的腹部后侧剪开一个皮肤切口或沿中线先把胸骨嵴和泄殖腔之间的皮肤纵行切开，然后向前剪开胸、颈的皮肤，剥离皮肤暴露颈、胸、腹部和腿部的肌肉（附图 A-3f），观察皮下脂肪、皮下血管、龙骨、胸腺、甲状腺、甲状旁腺、肌肉、嗉囊等的变化。

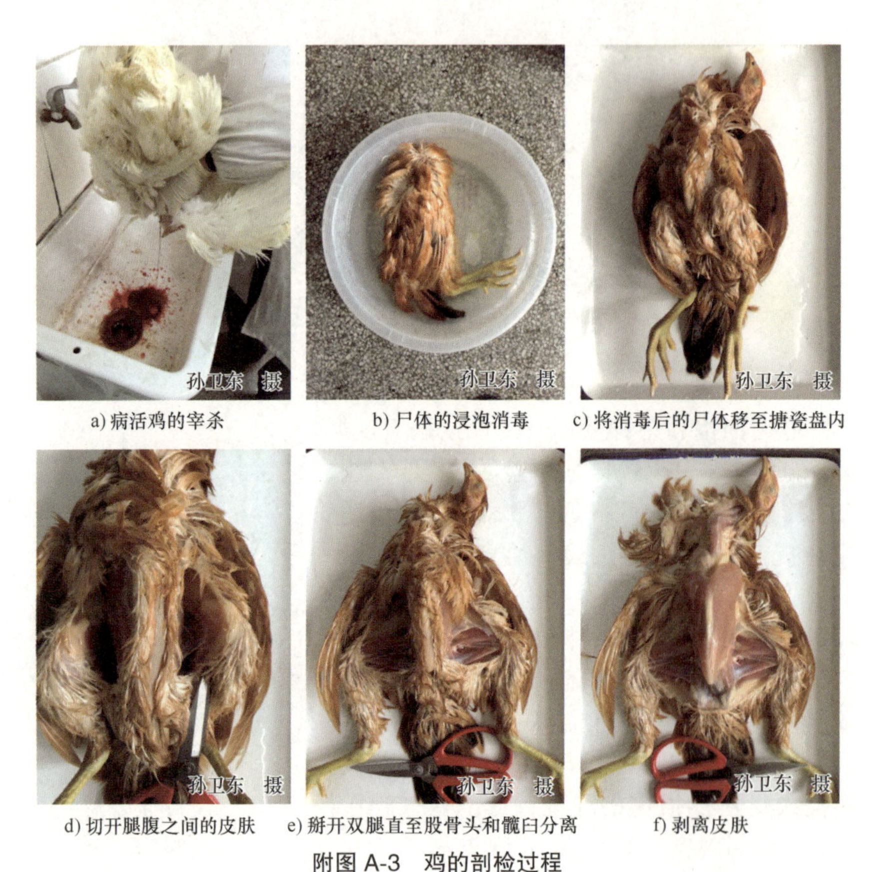

a）病活鸡的宰杀　b）尸体的浸泡消毒　c）将消毒后的尸体移至搪瓷盘内

d）切开腿腹之间的皮肤　e）掰开双腿直至股骨头和髋臼分离　f）剥离皮肤

附图 A-3　鸡的剖检过程

（5）检查内脏 用剪刀在胸骨和泄殖腔之间，横行切开腹壁，沿切口的两侧分别向前用骨钳或剪刀剪断胸肋骨、乌喙骨和锁骨，此过程需仔细操作，不要弄断大血管，然后移去胸骨，充分暴露体腔（附图 A-4 和附图 A-5）。

此时应仔细观察：

1）从整体上观察各脏器的位置、颜色变化、器官表面是否光滑、有无渗出物及其性状、血管分布状况，体腔内有无液体及其性状，各脏器之间有无粘连。若要采集病料，应在此时进行。

2）检查胸、腹气囊是否增厚、是否混浊、有无渗出物及其性状怎样，气囊内有无干酪样团块，团块上有无霉菌菌丝。

3）检查肝脏大小、颜色、质地，边缘是否钝圆，形状有无异常，表面有无出血点、出血斑、坏死点或大小不等的圆形坏死灶。检查胆囊大小，胆汁的多少、颜色、黏稠度及胆囊黏膜的状况。

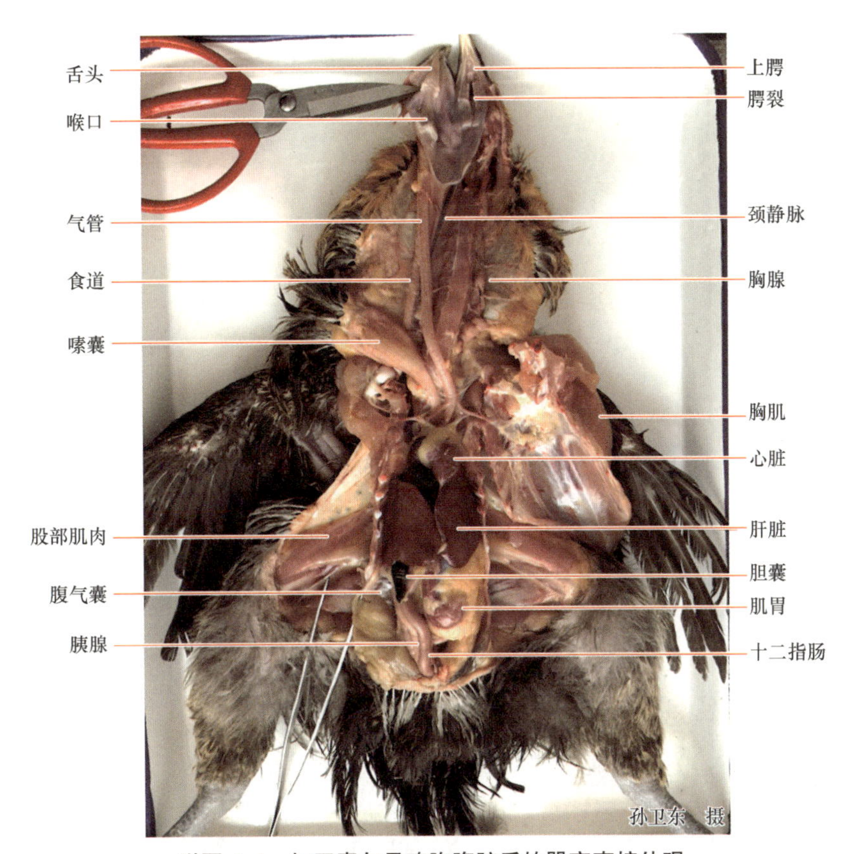

附图 A-4 打开青年母鸡胸腹腔后的器官直接外观

4）检查脾脏的大小、颜色，表面有无出血点和坏死点，有无肿瘤结节，剪断脾动脉，取出脾脏，将其切开检查淋巴滤泡及脾髓状况。

5）在心脏的后方剪断食道，向后牵引腺胃，剪断肌胃与背部的联系，再顺序地剪断肠道与肠系膜的联系，连同泄殖腔一起剪断，取出胃肠道。观察肠系膜是否光滑，有无结节。剪开腺胃、肌胃、十二指肠、小肠、盲肠和直肠，检查内容物的性状、黏膜、肠管的变化。

6）在直肠背侧可看到腔上囊，剪去与其相连的组织，摘取腔上囊。检查腔上囊大小，观察其表面有无出血，然后剪开腔上囊，检查黏膜是否肿胀，有无出血，皱襞是否明显，有无渗出物及其性状。

7）检查肾脏的颜色、质地、有无出血和花斑状条纹，肾脏和输尿管道有无尿酸盐沉积等。

8）检查睾丸的大小和颜色，观察有无出血、肿瘤，两侧是否一致。检查卵巢发育情况，卵泡大小、颜色、形态、有无萎缩、有无坏死和出血，是否发生肿瘤，剪开输卵管，检查黏膜情况，有无出血和渗出物。

9）纵行剪开心包膜，检查心包液的性状，心包膜是否增厚和混浊；观察心脏外纵轴和横轴的比例，心外膜是否光滑，有无出血、渗出物、结节和肿瘤，将进出心脏的动、静脉剪断取出心脏，检查心冠脂肪有无出血点，心肌有无出血和坏死，剖开左右两心室，注意心肌断面的颜色和质度，观察心内膜有无出血。

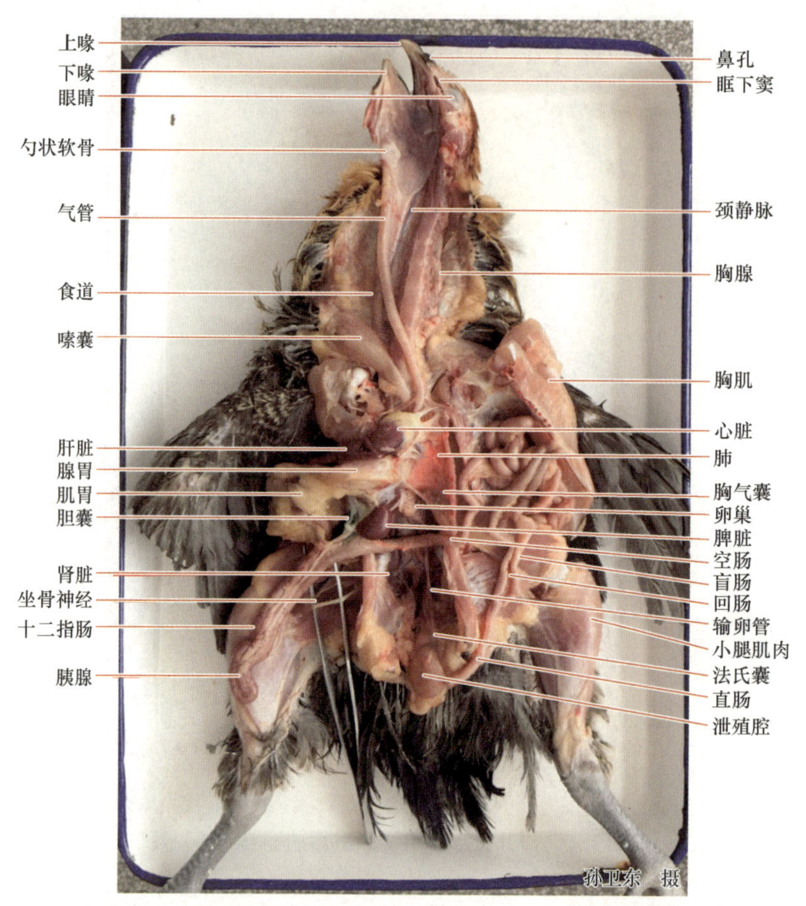

附图 A-5 打开青年母鸡胸腹腔后（挪开胃肠道）的器官直接外观

10）从肋骨间用剪刀取出肺，检查肺的颜色和质地，观察其是否有出血、水肿、炎症、实变、坏死、结节和肿瘤，观察切面上支气管及肺泡囊的性状。

（6）检查口腔及颈部 沿下颌骨从一侧剪开口角，再剪开喉头、气管、食道和嗉囊，观察鼻孔、腭裂、喉头、气管、食道和嗉囊等的异常病理变化。此外在鼻孔的上方横向剪开鼻裂腔，观察鼻腔和鼻甲骨的异常病理变化（附图 A-6）。

（7）检查周围神经 在脊柱的两侧，仔细将肾脏剔除，可露出腰间神经丛；在大腿的内侧，剥离内收肌，可找到坐骨神经（附图 A-7）；将病鸡的尸体翻转，在肩胛和脊柱之间切开皮肤，可发现臂神经；在颈椎的两侧可找到迷走神经；观察两侧神经的粗细、横纹和色彩、光滑度。

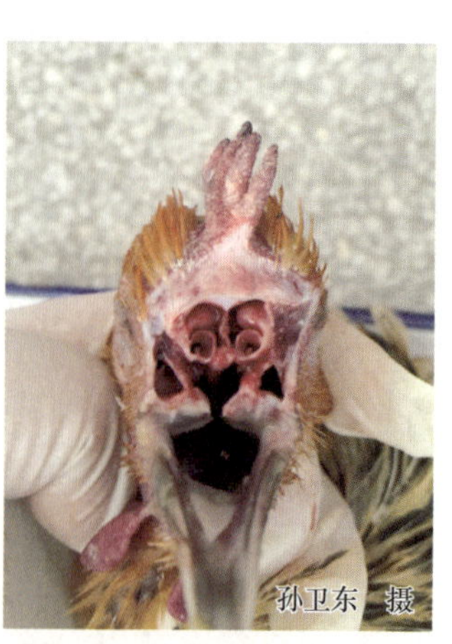

附图 A-6 横向剪开鼻裂腔，观察鼻腔和鼻甲骨的异常病理变化

（8）**检查脑部**　切开头顶部的皮肤，将其剥离，露出颅骨，用剪刀在两侧眼眶后缘之间剪断额骨，再剪开顶骨至枕骨大孔，掀开脑盖骨，暴露大脑、丘脑和小脑，观察脑膜、脑组织的变化（附图 A-8）。

（9）**检查骨骼和关节**　用剪刀剪开关节囊，观察关节内部的病理变化（附图 A-9）；用手术刀纵向切开骨骼，观察骨髓、骨骺的病理变化。

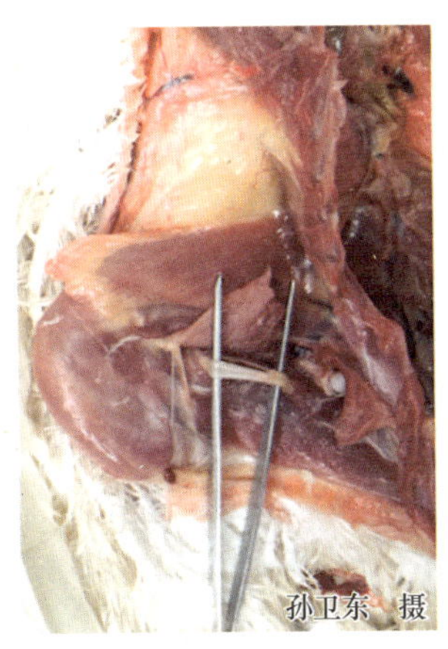

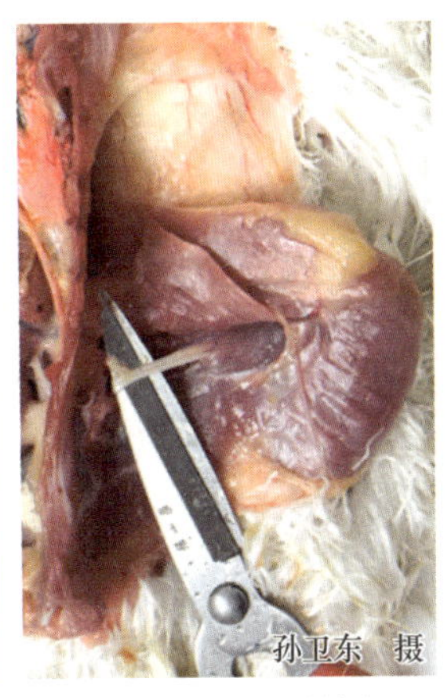

附图 A-7　在大腿内侧剥离内收肌，找到坐骨神经

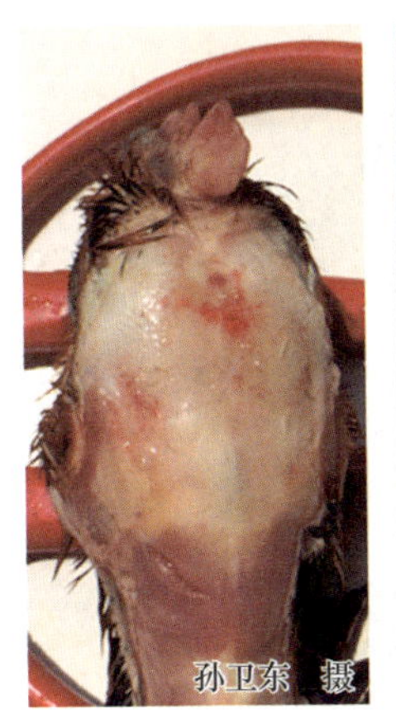

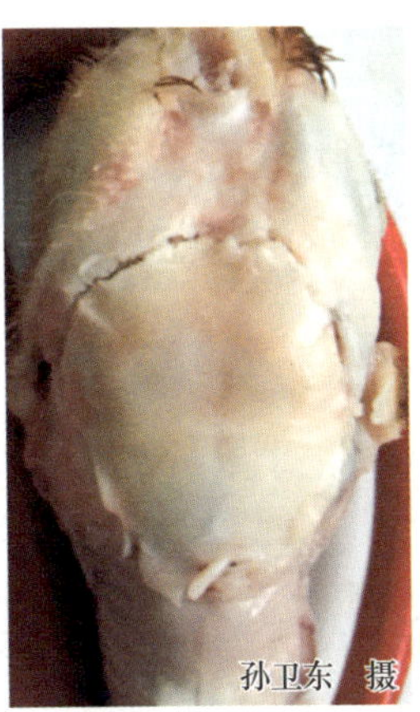

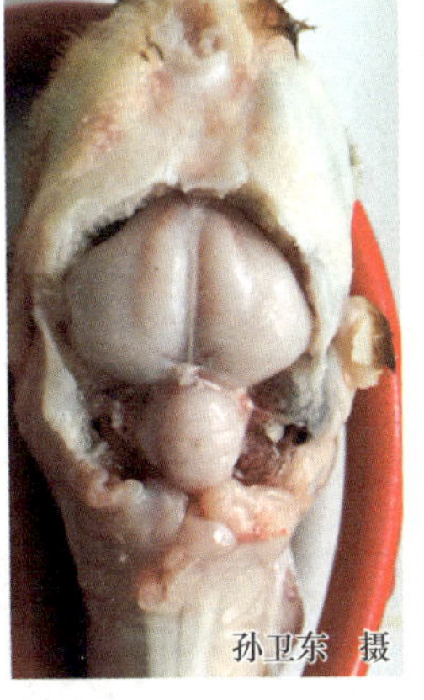

附图 A-8　检查脑部

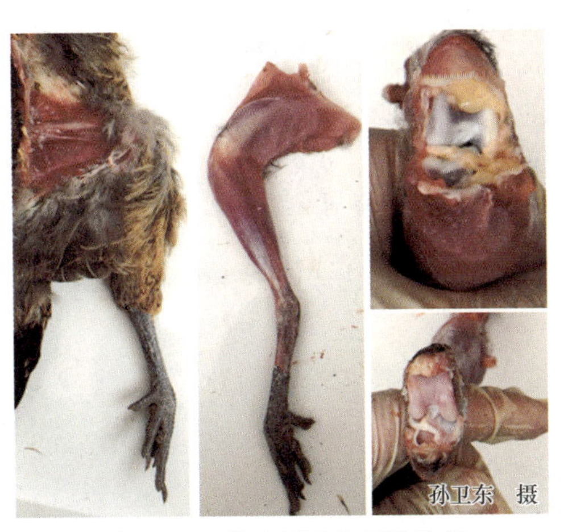

附图 A-9　检查后肢和后肢关节

附录B 鸡场常用免疫方法

一、滴鼻、点眼免疫

（1）免疫部位 雏鸡眼结膜囊内、鼻孔内。

（2）操作步骤

1）准备疫苗滴瓶。将已充分溶解稀释的疫苗滴瓶装上滴头，将瓶倒置，滴头向下拿在手中（视频B-1），或用点眼滴管吸取疫苗，握于手中并控制好胶头。

视频B-1

滴鼻点眼疫苗滴瓶的操作

2）保定。左手握住鸡，食指和拇指固定住鸡头部，使鸡的一侧眼或鼻孔向上。

3）滴疫苗。滴头与眼或鼻保持1厘米左右的距离，轻捏滴瓶（管），滴1~2滴疫苗于鸡的眼或鼻中（附图B-1），稍等片刻，待疫苗完全吸收后再将鸡轻轻放回地面。

滴鼻

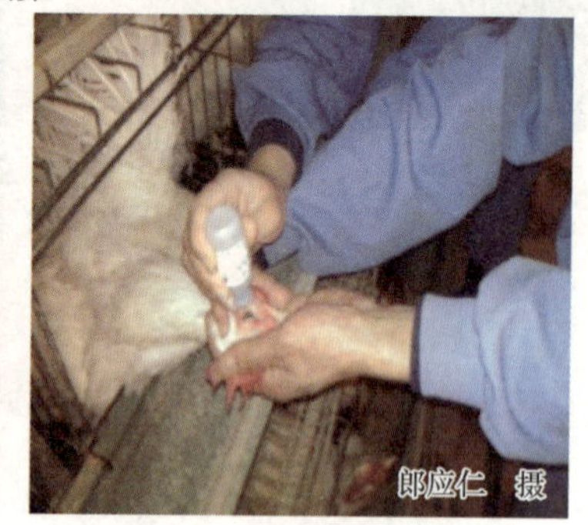

点眼

郎应仁 摄

附图B-1 鸡滴鼻和点眼免疫示意图

二、肌内注射免疫

（1）免疫部位 胸肌或腿肌。

（2）操作步骤 调试好连续注射器，确保剂量准确。注射器与胸骨成平行方向，针头与胸肌成 30 度 ~45 度角，在胸部中 1/3 处向背部方向刺入胸部肌肉内，也可刺入腿部肌肉内注射，以大腿无血管处为佳（附图 B-2）。

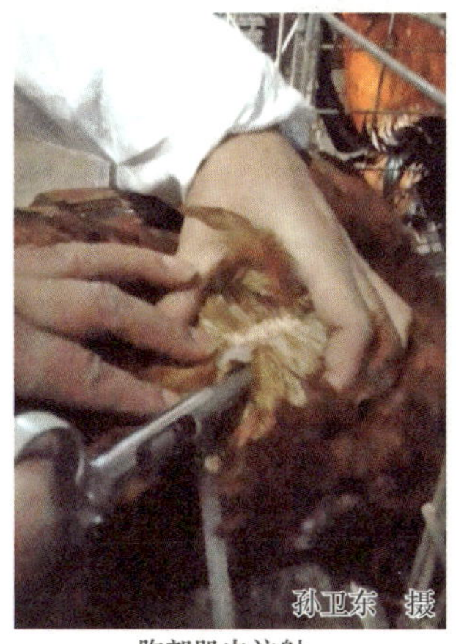

胸部肌内注射

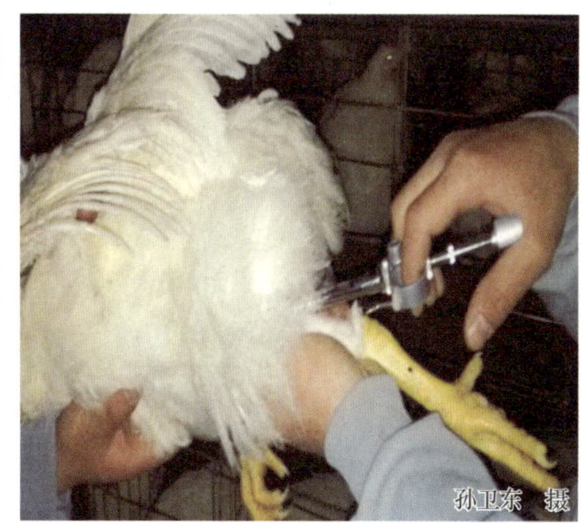

腿部肌内注射

附图 B-2 鸡肌内注射免疫示意图

三、颈部皮下注射免疫

（1）**免疫部位** 颈背部下 1/3 处。

（2）**操作步骤** 首先用左手或右手握住鸡；其次在颈背部下 1/3 处用大拇指和食指捏住颈中线的皮肤并向上提起，使其形成一囊，或用左手将皮肤提起呈三角形；最后将注射针头与颈部纵轴基本平行，针孔方向向下，针头与皮肤呈 45 度角刺入皮下 0.5~1 厘米，推动注射器活塞，缓缓注入疫苗，注射完后快速拔出针头。现在一些孵化场为提高效率，已经采用机器进行雏鸡的颈部皮下注射（附图 B-3、视频 B-2 和视频 B-3）。

视频 B-2
鸡颈部皮下注射疫苗

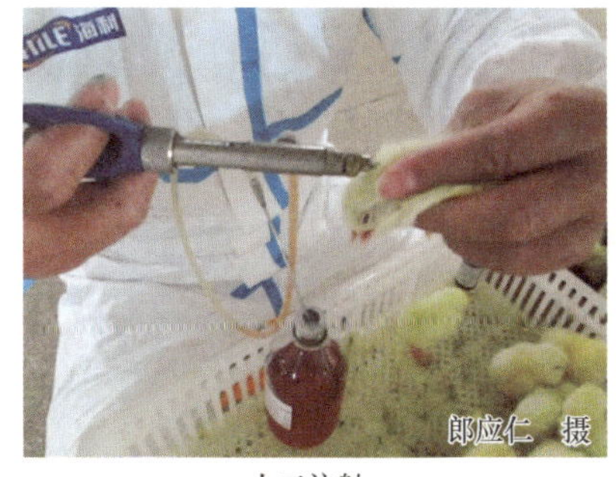

人工注射

机器自动注射

附图 B-3 鸡颈部皮下注射免疫示意图

视频 B-3
鸡断喙和颈部皮下注射疫苗

四、皮肤刺种免疫

（1）**免疫部位** 鸡翅膀内侧三角区无血管处。

（2）**操作步骤** 首先用左手或右手握住鸡，然后用左手抓住鸡的一只翅膀，右手持刺种针插入疫苗瓶中，蘸取稀释的疫苗液，在翅膀内侧无血管处刺种（附图 B-4）；拔出刺种针，稍停片刻，待疫苗被吸收后，将鸡轻轻放开；再将刺种针插入疫苗瓶中，蘸取疫苗，准备下次刺种。

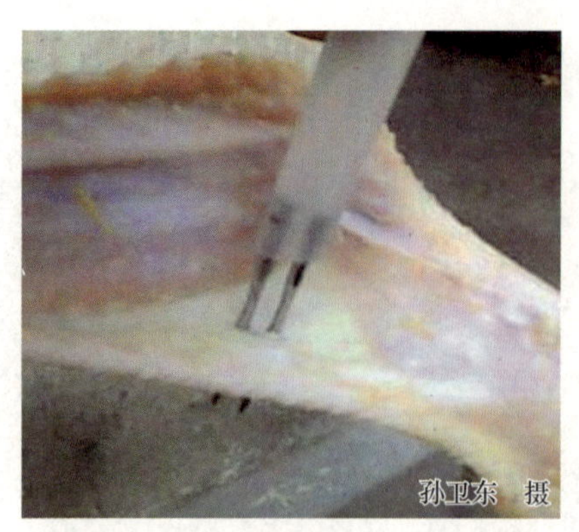

附图 B-4 鸡皮肤刺种免疫示意图

五、饮水免疫

（1）**停水** 鸡群停止供水 1~4 小时，一般当 70%~80% 的鸡找水喝时，即可进行饮水免疫。

（2）**疫苗稀释及饮用** 饮水量为平时日耗水量的 40%，一般 4 周龄以内的鸡每千只 12 升，4~8 周龄的鸡每千只 20 升，8 周龄以上的鸡每千只 40 升。计算好疫苗和稀释液用量后，在稀释液中加入 0.1%~0.3% 的脱脂奶粉。将配制好的疫苗水加入饮水器，给鸡饮用（视频 B-4 和视频 B-5）。给疫苗饮水时间一致，饮水器分布均匀，使同一群鸡基本上同时喝上疫苗水，并在 1~1.5 小时喝完。

六、气雾免疫

（1）**粗雾滴喷雾免疫法** 喷雾器可选择手提式或背负式喷雾器。喷雾量按 1000 只鸡计算，1 日龄雏鸡 150~200 毫升，平养鸡 250~500 毫升，笼养鸡 250 毫升。

操作方法：1 日龄雏鸡装在纸箱内，纸箱排成一排，在距离鸡 40 厘米处向鸡喷雾，边喷边走，往返 2~3 次将疫苗均匀喷完，喷完后应使鸡在纸箱内停留半小时；平养鸡在喷雾前先将鸡轻轻赶靠到较暗的一侧墙根，在距离鸡 50 厘米处对鸡喷雾，边喷边走，应往返喷雾 2~3 次将疫苗均匀喷完；笼养鸡与平养鸡喷雾方法相同。

（2）**细雾滴喷雾免疫法** 喷雾器选择手提式或背负式喷雾器（视频 B-6）。喷雾量按 1000 只鸡计算，平养鸡 400 毫升，多层笼养鸡 200 毫升。

操作方法：在鸡上方 1~1.5 米处喷雾，让鸡自然吸入带有疫苗的雾滴。

视频 B-4
将鸡疫苗放入饮水器中饮水免疫

视频 B-5
鸡疫苗通过水线乳头饮水免疫

视频 B-6
孵化场 1 日龄雏鸡喷雾免疫

附录 C　鸡的参考免疫程序

一、蛋种鸡和蛋鸡的参考免疫程序

蛋种鸡和蛋鸡的参考免疫程序见附表 C-1。

附表 C-1　蛋种鸡和蛋鸡的参考免疫程序

免疫日龄	免疫用疫苗	免疫接种方法	免疫剂量
1	鸡马立克氏病疫苗	颈部皮下注射	1 羽份
3	传染性支气管炎 H120、491/ 类 491（或 793B）、Ma5	点眼、滴鼻或喷雾	1 羽份
10~13	① 新城疫Ⅳ系 + 传染性支气管炎 Ma5 活疫苗 ② 新城疫 - 禽流感二价油乳剂灭活疫苗	点眼或滴鼻 颈部皮下注射	1 羽份 0.3 毫升
15	传染性法氏囊病三价苗或进口法氏囊病苗	滴口或饮水	1~2 羽份
24~26	① VH-H120-28/86 三联弱毒疫苗或 ND-H120 二联苗 ② 新城疫 - 肾病型传染性支气管炎二联油苗或新城疫 - 肾病型传染性支气管炎 - 腺胃传染性支气管炎三联油苗	点眼或滴鼻 颈部皮下注射	1~1.5 羽份 0.5 毫升
28	传染性法氏囊病中毒苗	滴口或饮水	0.8~1 羽份
30~35	鸡痘疫苗	皮肤刺种	1 羽份
42	传染性喉气管炎疫苗（疫区用）	点眼或涂肛	1 羽份
40~50	大肠杆菌油苗	颈部皮下注射	0.5 毫升
50~60	VH-H120 二联苗 同时免疫新城疫 - 禽流感多价油乳剂灭活疫苗 传染性喉气管炎疫苗（非疫区用） 新城疫 - 传染性支气管炎二联苗或新城疫 I 系苗	滴鼻、点眼 颈部皮下注射 点眼或涂肛 饮水或肌内注射	2 羽份 0.5 毫升 1 羽份 1 羽份
80	传染性喉气管炎疫苗（疫区用）	点眼或涂肛	1 羽份
90	传染性脑脊髓炎疫苗（疫区用）	饮水或滴口	1 羽份
90~100	鸡痘疫苗 传染性脑脊髓炎疫苗（疫区用）	皮肤刺种 饮水或滴口	1 羽份 1 羽份
120	ND+IB+EDS+AI 多价四联苗或 ND 二价 +IB+EDS+AI 多价及腺胃传染性支气管炎四联苗	颈部皮下注射	1 毫升
140	传染性法氏囊病油苗	胸部肌内注射	0.5 毫升
160~180	新城疫Ⅳ系冻干苗	饮水或喷雾	2 羽份
220~240	新城疫 - 禽流感多价油乳剂灭活疫苗	肌内注射	0.5 毫升
300~320	传染性法氏囊病油苗或新城疫 - 传染性法氏囊病二联油苗	颈部皮下注射	0.5 毫升

注：其他如球虫病、鸡毒支原体感染（如支原体病）、传染性鼻炎、禽霍乱及葡萄球菌病等视疫情而定是否进行免疫。不同地区选用不同免疫程序。①和②最好同时使用。

二、肉种鸡的参考免疫程序

肉种鸡的参考免疫程序见附表 C-2。

附表 C-2　肉种鸡的参考免疫程序

免疫日龄	免疫用疫苗	免疫接种方法	免疫剂量
1	鸡马立克氏病疫苗	颈部皮下注射	1 羽份
5	病毒性关节炎弱毒苗	颈部皮下注射	1 羽份
7	肾病型传染性支气管炎 H120、491/ 类 491（或 793B）、Ma5	点眼、滴鼻或喷雾	1 羽份
10~13	① 新城疫 Lasota 系或 Clone30+ 传染性支气管炎 H120 二联苗或 VH-H120-28/86 三联苗 ② 新城疫 - 禽流感二价油乳剂灭活疫苗	滴鼻或点眼 颈部皮下注射	1 羽份 0.3 毫升
15	传染性法氏囊病弱毒苗或进口法氏囊病苗	滴口或饮水	1 羽份
25~28	传染性法氏囊病中毒苗	滴口或饮水	0.8~1 羽份
30~35	鸡痘疫苗 大肠杆菌油苗	皮肤刺种 颈部皮下注射	1 羽份 0.5 毫升
40	传染性喉气管炎疫苗（疫区用）	点眼或涂肛	1 羽份
45	传染性鼻炎灭活苗	肌内注射	0.5 毫升
60	VH-H120 二联苗 同时免疫新城疫 - 禽流感多价油乳剂灭活疫苗 传染性喉气管炎疫苗（非疫区用） 新城疫 - 传染性支气管炎二联苗	点眼或滴鼻 颈部皮下注射 点眼或涂肛 点眼、滴鼻或饮水	2 羽份 0.5 毫升 1 羽份 1 羽份
75	传染性喉气管炎疫苗（疫区用）	点眼或涂肛	1 羽份
80	传染性鼻炎灭活菌	肌内注射	0.5 毫升
90	鸡痘疫苗 传染性脑脊髓炎疫苗（疫区用）	皮肤刺种 饮水或滴口	1 羽份 1 羽份
100	传染性喉气管炎疫苗（非疫区用）	点眼或涂肛	1 羽份
115	病毒性关节炎弱毒苗	颈部皮下注射	1 羽份
120	① ND+IB+EDS+AI 多价四联苗或 ND 二价 +IB+EDS+AI 多价及腺胃传染性支气管炎四联苗 ② 传染性法氏囊病油苗	颈部皮下注射 颈部皮下注射	1 毫升 0.5 毫升
145	传染性法氏囊病油苗或新城疫 - 传染性法氏囊病二联苗	颈部皮下注射	0.5 毫升
220~240	新城疫 - 禽流感多价油乳剂灭活疫苗	肌内注射	0.5 毫升
300	传染性法氏囊病油苗或新城疫 - 传染性法氏囊病二联苗	颈部皮下注射	0.5 毫升

注：其他如球虫病、鸡毒支原体感染（如支原体病）、传染性鼻炎、禽霍乱及葡萄球菌病等视疫情而定是否进行免疫。①和②最好同时使用。

三、商品肉鸡的参考免疫程序

商品肉鸡的参考免疫程序见附表 C-3。

附表 C-3 商品肉鸡的参考免疫程序

免疫日龄	免疫用疫苗	免疫接种方法	免疫剂量
1~3	VH-H120-28/86 三联弱毒疫苗（或 793B 毒株的疫苗）	点眼或滴鼻	1 羽份
10~13	① 新城疫Ⅳ系 + 传染性支气管炎 Ma5 活疫苗 ② 新城疫 - 禽流感二价油乳剂灭活疫苗	点眼或滴鼻 颈部皮下注射	1 羽份 0.3 毫升
14	传染性法氏囊炎活疫苗（D78）	滴口或饮水	0.8~1 羽份
19~21	新城疫Ⅳ系 +H52 活疫苗	喷雾或饮水	2 羽份
24~26	传染性法氏囊病活疫苗（法倍灵）	滴口或饮水	1~1.5 羽份
30~35	鸡痘疫苗（疫区用）	皮肤刺种	1 羽份
40	传染性喉气管炎疫苗（疫区用）	点眼或涂肛	1 羽份
60	VH-H120 二联苗或新城疫 - 传染性支气管炎二联苗 同时免疫新城疫 - 禽流感多价油乳剂灭活疫苗	点眼或滴鼻 颈部皮下注射	1 羽份 0.5 毫升

注：35~45 日龄出栏的鸡，24~26 日龄的疫苗可不用免疫。其他如球虫病、支原体病、大肠杆菌病、葡萄球菌病等视疫情而定是否进行免疫。①和②最好同时使用。

参考文献

[1] 廖明. 禽病学 [M]. 3 版. 北京：中国农业出版社，2021.
[2] 孙卫东，李银. 鸡病类症鉴别与诊治彩色图谱 [M]. 北京：化学工业出版社，2020.
[3] 刁有祥. 简明鸡病诊断与防治原色图谱 [M]. 2 版. 北京：化学工业出版社，2019.
[4] 孙卫东. 鸡病诊治原色图谱 [M]. 北京：机械工业出版社，2018.
[5] 岳华，汤承. 禽病临床诊断与防治彩色图谱 [M]. 北京：中国农业出版社，2018.
[6] 陈鹏举，尹仁福，张宜娜，等. 禽病诊治原色图谱 [M]. 郑州：河南科学技术出版社，2017.
[7] 刘金华，甘孟侯. 中国禽病学 [M]. 2 版. 北京：中国农业出版社，2016.
[8] PLUMB D C. 兽药手册 [M]. 沈建忠，冯忠武，曹兴元，译. 7 版. 北京：中国农业大学出版社，2016.
[9] 孙卫东. 鸡病鉴别诊断图谱与安全用药 [M]. 北京：机械工业出版社，2016.
[10] 王新华，银梅. 鸡病诊疗原色图谱 [M]. 2 版. 北京：中国农业出版社，2015.
[11] 王永坤，高巍，等. 禽病诊断彩色图谱 [M]. 北京：中国农业出版社，2015.
[12] 孙卫东. 土法良方治鸡病 [M]. 2 版. 北京：化学工业出版社，2014.
[13] BESTMAN M. 蛋鸡的信号 [M]. 马闯，马海艳，译. 北京：中国农业科学技术出版社，2014.
[14] 胡元亮. 兽医处方手册 [M]. 3 版. 北京：中国农业出版社，2013.
[15] SAIF Y M. 禽病学 [M]. 苏敬良，高福，索勋，译. 12 版. 北京：中国农业出版社，2012.
[16] 崔治中. 禽病诊治彩色图谱 [M]. 2 版. 北京：中国农业出版社，2010.